职业院校教学用书（电子类专业）

NI Multisim11 电路仿真应用

雷 跃 谭永红 主 编
严晓林 副主编

电子工业出版社

Publishing House of Electronics Industry

北京 · BEIJING

内 容 简 介

本书以最新版本的电子仿真软件 NI Multisim11 为平台，从快速入门和实用技巧的角度出发，采用项目教学教材编写模式，通过具体的任务实施过程，让读者在"做中学，学中做"，轻松、高效地掌握 NI Multisim11 仿真软件的实用技巧。

全书共分为十一个项目。项目一为 NI Multisim11 的基本功能与基本操作；项目二为 NI Multisim11 虚拟仿真仪器的使用；项目三为 NI Multisim11 分析方法的应用；项目四为 NI Multisim11 在电路分析中的应用；项目五为 NI Multisim11 在模拟电子技术中的应用；项目六为 NI Multisim11 在数字电子技术中的应用；项目七为 NI Multisim11 在通信电子技术中的应用；项目八为 NI Multisim11 在电力电子技术中的应用；项目九为 NI Multisim11 中的 LabVIEW 虚拟仪器的使用；项目十为 基于 NI Multisim11 的单片机仿真；项目十一为 NI Multisim11 在课程设计中的应用。书中还提供了附录 A：NI Multisim11 元器件库图标及对应的元器件（采用 DIN 标准）；附录 B：NI Multisim11 常用快捷键。

本书可作为职业院校应用电子技术、电子信息工程技术、电气自动化技术、通信技术等专业的教材，同时也可供电子设计人员阅读参考。

图书在版编目（CIP）数据

NI Multisim 11 电路仿真应用 / 雷跃，谭永红主编. —北京：电子工业出版社，2011.7
职业院校教学用书. 电子类专业
ISBN 978-7-121-14105-8

Ⅰ. ①N⋯　　Ⅱ. ①雷⋯　②谭⋯　　Ⅲ. ①电子电路－计算机仿真－应用软件，NI Multisim 11－中等专业学校－教材　　Ⅳ. ①TN702

中国版本图书馆 CIP 数据核字（2011）第 139257 号

策划编辑：杨宏利
责任编辑：杨宏利
印　　　刷：河北虎彩印刷有限公司
装　　　订：河北虎彩印刷有限公司
出版发行：电子工业出版社
　　　　　　北京市海淀区万寿路 173 信箱　邮编　100036
开　　本：787×1 092　1/16　印张：14.75　字数：377.6 千字
版　　次：2011 年 7 月第 1 版
印　　次：2025 年 7 月第 18 次印刷
定　　价：28.00 元

前 言

2010 年 1 月，美国国家仪器公司（National Instruments，NI）推出了教育版、专业版的电路设计与仿真软件 Multisim11。

本书以教育版的 NI Multisim11 仿真软件为平台，既保留了传统的学科理论体系，又以项目教学为核心。采用大量的具体任务为驱动，明确学习内容，按照典型性、对知识和能力的覆盖性及可行性原则，遵循深入浅出、循序渐进的规律，通过任务实施过程使读者轻松、高效地掌握 NI Multisim11 仿真软件的实用技巧。

全书共分为十一个项目。项目一为 NI Multisim11 的基本功能与基本操作；项目二为 NI Multisim11 虚拟仿真仪器的使用；项目三为 NI Multisim11 分析方法的应用；项目四为 NI Multisim11 在电路分析中的应用；项目五为 NI Multisim11 在模拟电子技术中的应用；项目六为 NI Multisim11 在数字电子技术中的应用；项目七为 NI Multisim11 在通信电子技术中的应用；项目八为 NI Multisim11 在电力电子技术中的应用；项目九为 NI Multisim11 中的 LabVIEW 虚拟仪器的使用；项目十为基于 NI Multisim11 的单片机仿真；项目十一为 NI Multisim11 在课程设计中的应用。每一个项目均以具体任务为驱动，以典型实例进行深化、强化读者的操作应用能力，使读者全过程体验"学中做，做中学"的教学模式。

本书提供 NI Multisim11 教育版软件，设计实例的文件及仿真电路图，可登录华信教育资源网 www.hxedu.com.cn，注册后免费下载。

本书可作为职业院校应用电子技术、电子信息工程技术、电气自动化技术、通信技术等专业的教材，也可供电子设计人员阅读参考。

本书由雷跃、谭永红、严晓林、陈月胜、周俭雄编写。雷跃、谭永红任主编，严晓林任副主编。由于编者水平有限，书中难免有疏漏和错误之处，敬请各位读者批评指正。

编 者
2011 年 7 月

目 录

项目一 NI Multisim11 的基本功能与基本操作

任务一 NI Multisim11 的安装

一、任务目标

1. 熟悉 NI Multisim11 软件的安装方法。
2. 了解基本仿真流程。

二、任务实施过程

1. 安装 NI Multisim11 的系统程序

将 NI Multisim11 安装系统盘放入光驱，系统将自动启动 NI Multisim11 的安装程序。也可将 NI Multisim11 安装文件复制到硬盘上进行安装。NI Multisim11 的安装过程比较简单，根据提示进行相应的设置即可。安装程序的启动界面如图 1-1-1 所示。

图 1-1-1 NI Multisim11 的启动界面

（1）单击【Install NI Circuit Design Suite 11.0】选项，出现如图 1-1-2 所示的安装说明界

面。系统自动开始安装初始程序。

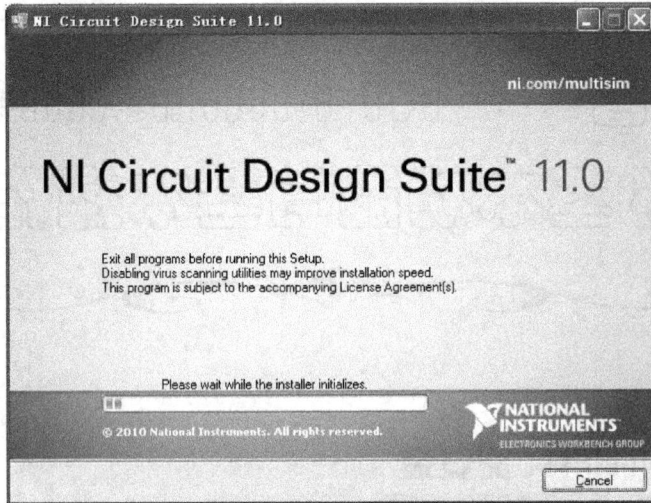

图 1-1-2　NI Multisim11 的安装说明界面

（2）启用安装后会弹出如图 1-1-3 所示的"User Information"（用户信息）对话框，要求用户输入相关信息，其中"Full Name"（用户名）和"Organization"（组织名）可以任意填写，"Serial Number"文本框中必须输入该软件的序列号。该序列号可以在软件的包装盒或者软件光盘包装上找到。输入完成后，单击【Next】按钮，继续下一步安装。

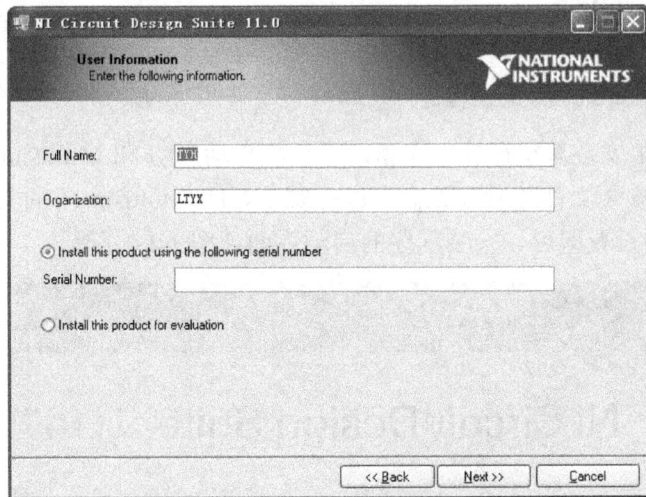

图 1-1-3　"User Information"对话框

（3）如果序列号输入正确，将可以进行 NI Multisim11 的下一步安装。单击【Next】按钮，直到弹出如图 1-1-4 所示的"Destination Directory"（安装位置选择）对话框，系统默认的安装位置为"C: \Program Files\National Instruments\"，选择安装位置后，单击【Next】按钮继续。

（4）这时弹出如图 1-1-5 所示的 NI Multisim11"Features"（组件安装）对话框。单击【Next】按钮继续。

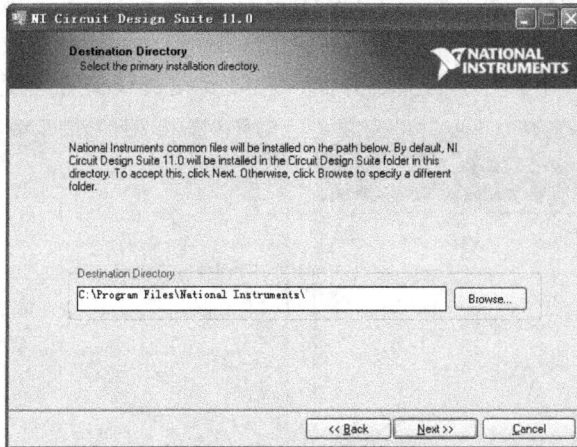

图 1-1-4 "Destination Directory"

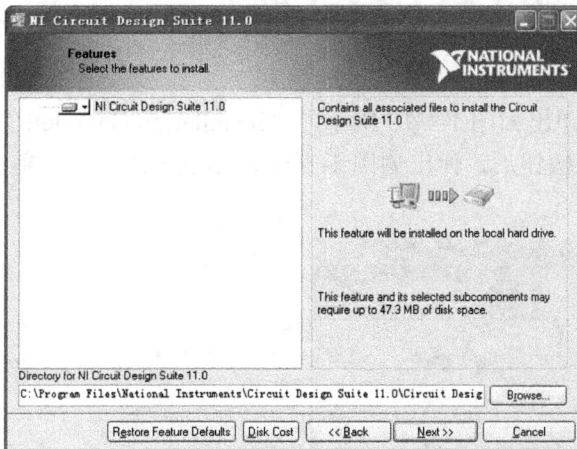

图 1-1-5 "Features"对话框

（5）这时弹出如图 1-1-6、图 1-1-7 所示的"License Agreement"（软件许可协议）对话框。阅读完后，陆续选中【I accept the License Agreement】、【I accept the above 2 License Agreement(s)】单选按钮，再单击【Next】按钮继续。

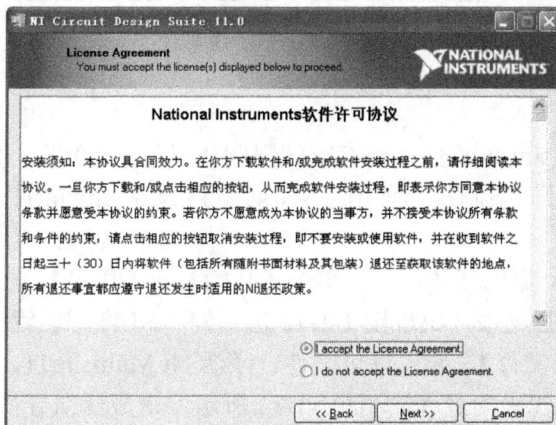

图 1-1-6 "License Agreement"对话框 1

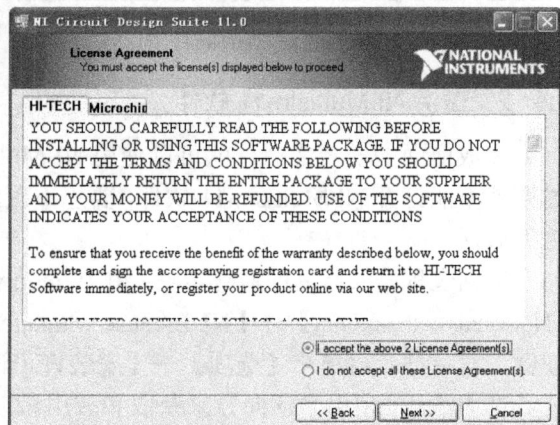

图 1-1-7 "License Agreement"对话框 2

（6）单击【Next】按钮后，弹出如图 1-1-8 所示的"Start Installation"对话框，再单击【Next】按钮继续。

（7）这时弹出如图 1-1-9 所示的安装界面，此时要花费较长时间复制和安装模块。

图 1-1-8　"Start Installation"对话框　　　　　　　　图 1-1-9　安装界面

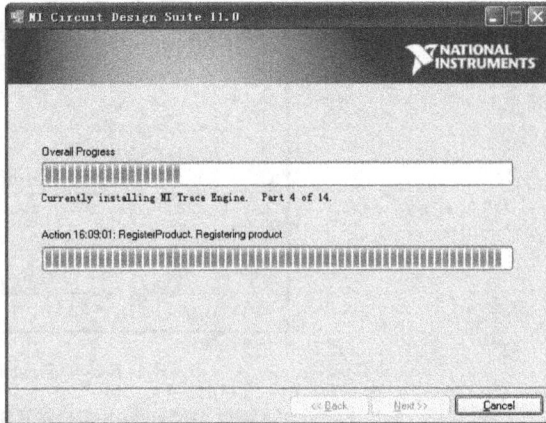

（8）安装完成后，弹出如图 1-1-10 所示的"Installation Complete"（安装完成）界面。

（9）单击【Finish】按钮后，弹出如图 1-1-11 所示的消息窗口，单击【Restart】按钮重启计算机。

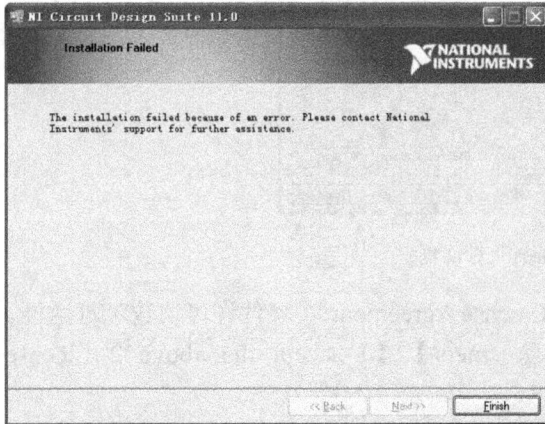

图 1-1-10　"Installation Complete"对话框　　　　　　图 1-1-11　消息框

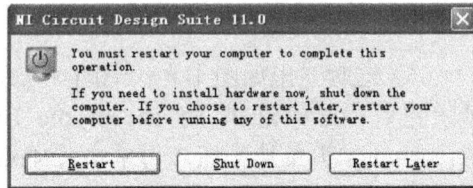

2．激活 NI Multisim11 软件

完成前面的安装之后，就可以使用 NI Multisim11 软件，但有时间限制，只能用 30 天，过期就不能打开 NI Multisim11 软件，要想不受时间限制长期使用下去，必须将 NI Multisim11 软件激活。

激活过程是安装后的最终步骤：在 Windows 桌面任务栏上，单击【开始】→【程序】→【National Instruments】→【NI License Manager】选项，出现图 1-1-12 所示的"NI 许可证管理器"对话框。再单击【选项】→【安装许可证文件】，装入许可文件，激活 NI Multisim11。或者选中激活，使用激活向导来获取和应用激活代码的过程。如图 1-1-13 所示"NI 激活向导"对话框。

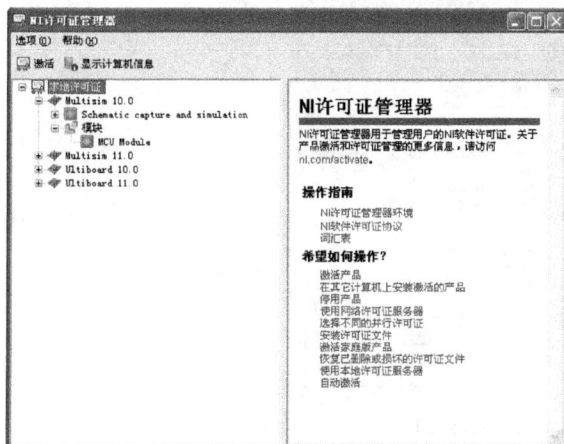

图 1-1-12　NI 许可证管理器对话框　　　　图 1-1-13　NI 激活向导对话框

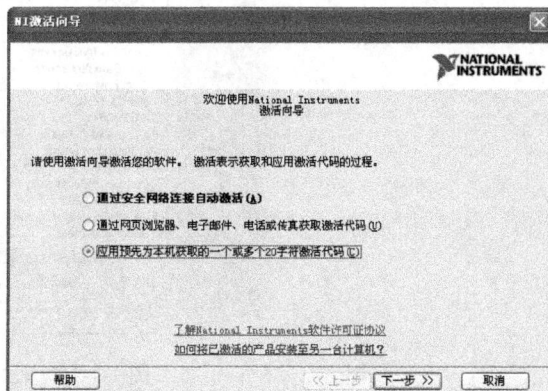

3. 打开 NI Multisim11 范例文件进行仿真分析

在 Windows 桌面任务栏上，单击【开始】→【程序】→【National Instruments】→【Circuit Design Suite 11.0】→【Multisim11】选项，启动 NI Multisim11，这时会自动打开一个新文件，以 NI Multisim11 默认的名称 Design1 来命名，如图 1-1-14 所示。

单击图 1-1-14 中的 📂 按钮（打开范例文件），弹出如图 1-1-15 所示的窗口，选择"Frequency Divider.ms11"（分频器）文件并将其打开，双击图 1-1-16 所示的双踪示波器图标，启动仿真开关 或运行按钮 ▷，即可得到图 1-1-16 所示分频器的输入和输出波形以及探针测试的结果。

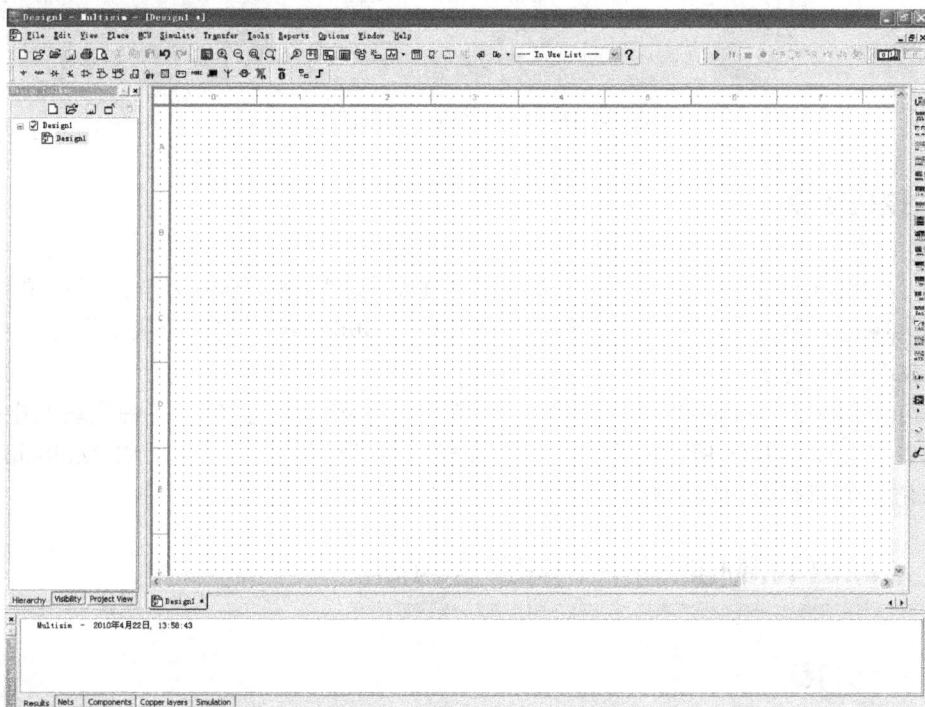

图 1-1-14　安装后自动打开的新文件

图 1-1-15　范例文件弹出窗口

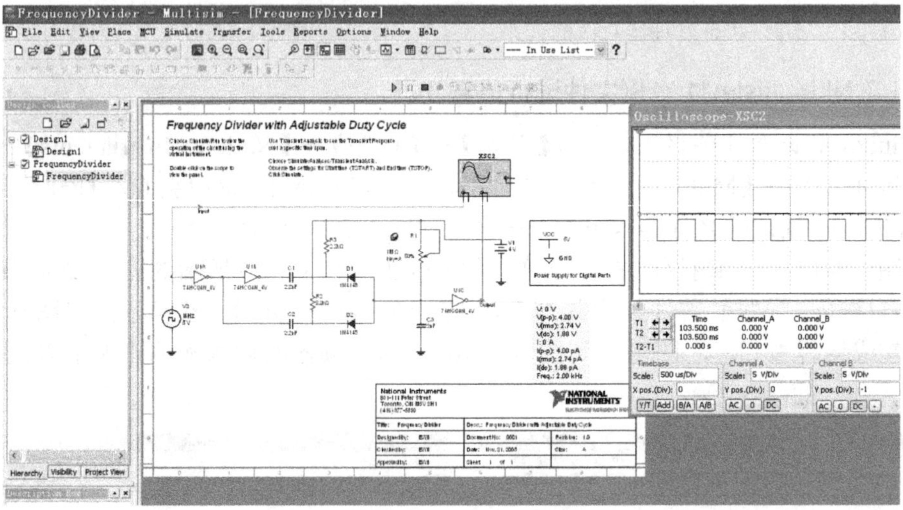

图 1-1-16　分频器电路及仿真结果

三、技巧要点

- NI Multisim11 的激活：查看 NI 许可证管理器中 ⊟ ▤▦ Multisim 11.0 的下拉菜单图标，若为绿色表示已激活。若不能激活，逐级单击 Multisim11 的下拉菜单图标，查看许可证文件状态提示。
- 打开范例文件：NI Multisim11 具有一个范例文件库，库中提供了各种模块的电路实例。读者可在图 1-1-15 所示的窗口，任意选择电路进行仿真，从而对 NI Multisim11 的基本仿真流程有个初步了解。

任务二　熟悉 NI Multisim11 的基本界面

一、任务目标

熟悉 NI Multisim11 的基本界面。

二、任务分析

NI Multisim11 的基本界面如图 1-2-1 所示。可以看出，NI Multisiml1 的基本界面如同一个实际的电子实验台。屏幕中央区域最大的窗口就是电路工作区，在电路工作区内可将各种电子元器件和测试仪器仪表连接成实验电路。其次是菜单栏、标准工具栏、元器件工具栏、仪器工具栏、系统工具栏、设计工具箱等。从菜单栏可以选择电路连接、实验所需的各种命令。标准工具栏包含常用的操作命令按钮。通过鼠标操作即可方便地使用各种命令和实验设备。元器件工具栏存放各种电子元器件，仪器工具栏存放各种测试仪器仪表，用鼠标操作可以很方便地从元器件和仪器库中提取实验所需的各种元器件及仪器、仪表到电路工作窗口并连接成实验电路。单击电路工作窗口右上方的"仿真启动/停止"开关或"仿真暂停/恢复"按钮，可以方便地控制实验的进程。

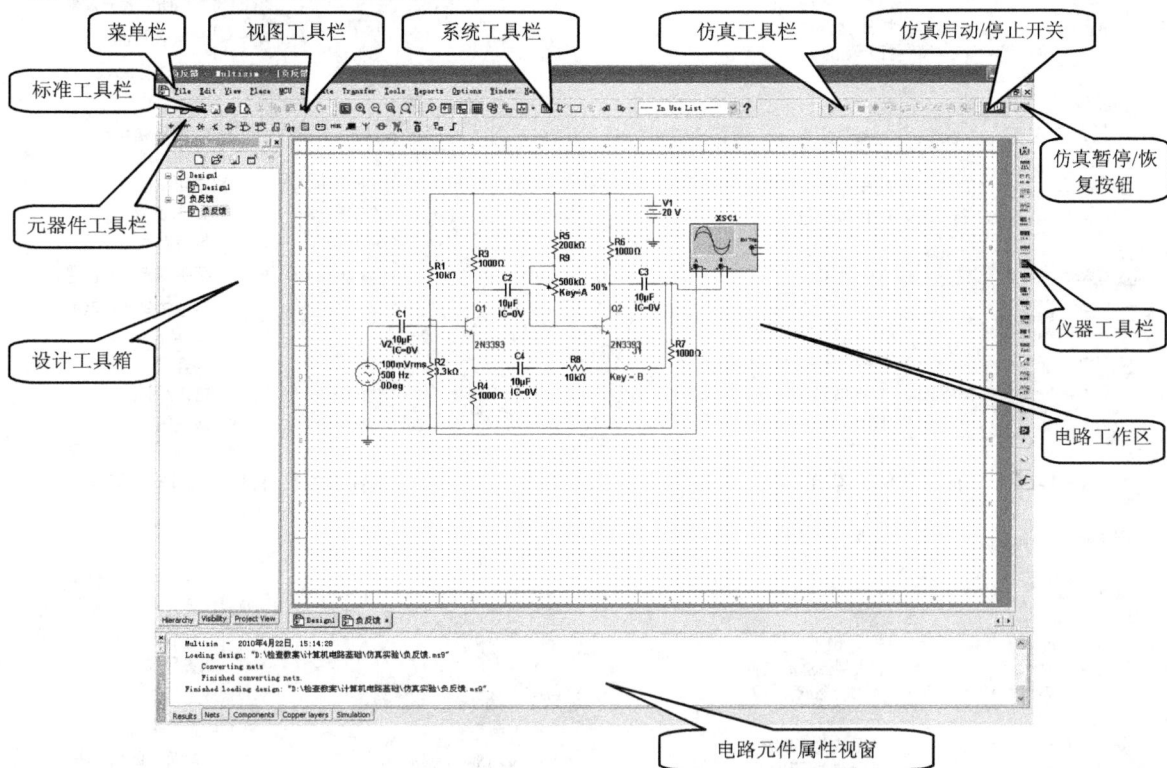

图 1-2-1 NI Multisim11 的基本界面

三、任务实施过程

1. 认识菜单栏

NI Multisim11 有 12 个主菜单如图 1-2-2 所示，菜单中提供了几乎所有的功能命令。

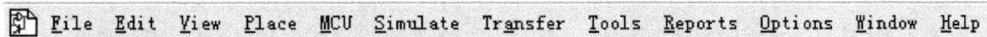

图 1-2-2 NI Multisim11 主菜单

　　主菜单从左至右依次为 File（文件）菜单如图 1-2-3 所示；Edit（编辑）菜单如图 1-2-4 所示；View（视图）菜单如图 1-2-5 所示；Place（放置）菜单如图 1-2-6 所示；MCU（微控制器）菜单如图 1-2-7 所示；Simulate（仿真）菜单如图 1-2-8 所示；Transfer（文件传输）菜单如图 1-2-9 所示；Tools（工具）菜单如图 1-2-10 所示；Reports（报告）菜单如图 1-2-11 所示；Options（选项）菜单如图 1-2-12 所示；Window（窗口）菜单如图 1-2-13 所示；Help（帮助）菜单如图 1-2-14 所示。

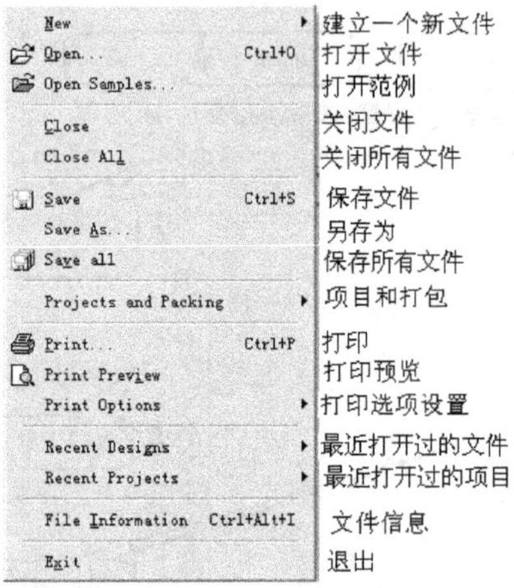

New	▶	建立一个新文件
Open...	Ctrl+O	打开文件
Open Samples...		打开范例
Close		关闭文件
Close All		关闭所有文件
Save	Ctrl+S	保存文件
Save As...		另存为
Save all		保存所有文件
Projects and Packing	▶	项目和打包
Print...	Ctrl+P	打印
Print Preview		打印预览
Print Options		打印选项设置
Recent Designs	▶	最近打开过的文件
Recent Projects	▶	最近打开过的项目
File Information	Ctrl+Alt+I	文件信息
Exit		退出

图 1-2-3　File（文件）菜单

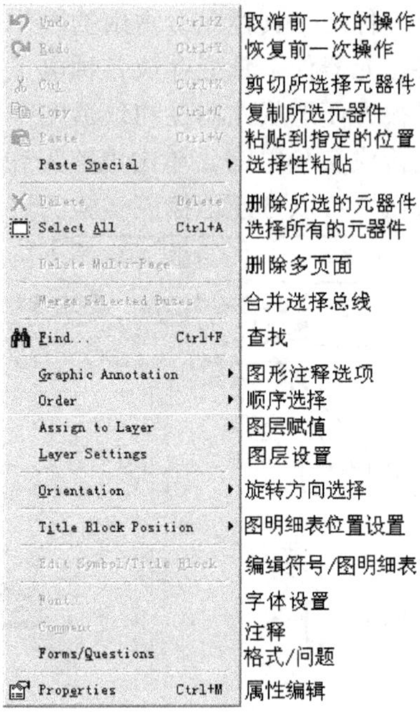

Undo	Ctrl+Z	取消前一次的操作
Redo	Ctrl+Y	恢复前一次操作
Cut	Ctrl+X	剪切所选择元器件
Copy	Ctrl+C	复制所选元器件
Paste	Ctrl+V	粘贴到指定的位置
Paste Special	▶	选择性粘贴
Delete	Delete	删除所选的元器件
Select All	Ctrl+A	选择所有的元器件
Delete Multi-Page		删除多页面
Merge Selected Buses		合并选择总线
Find...	Ctrl+F	查找
Graphic Annotation	▶	图形注释选项
Order	▶	顺序选择
Assign to Layer	▶	图层赋值
Layer Settings		图层设置
Orientation	▶	旋转方向选择
Title Block Position	▶	图明细表位置设置
Edit Symbol/Title Block		编辑符号/图明细表
Font...		字体设置
Comment		注释
Forms/Questions		格式/问题
Properties	Ctrl+M	属性编辑

图 1-2-4　Edit（编辑）菜单

Full Screen		全屏
Parent Sheet		层次
Zoom In	F8	放大
Zoom Out	F9	缩小
Zoom Area	F10	放大面积
Zoom Fit to Page	F7	放大到合适的页面
Zoom to Magnification...	F11	按比例缩放
Zoom Selection	F12	放大选择
Show Grid		显示或关闭删格
Show Border		显示或关闭边框
Show Print Page Bounds		显示或关闭页边界
Ruler Bars		显示或关闭标尺
Status Bar		显示或关闭状态栏
Design Toolbox		显示或关闭设计工具箱
Spreadsheet View		显示或关闭电路元件属性视窗
SPICE Netlist Viewer		显示或关闭网表查看器
Description Box	Ctrl+D	显示或隐藏电路描述框
Toolbars	▶	显示或关闭工具栏
Show Comment/Probe		显示注释/探针
Grapher		显示或关闭图形编辑器

图 1-2-5　View（视图）菜单

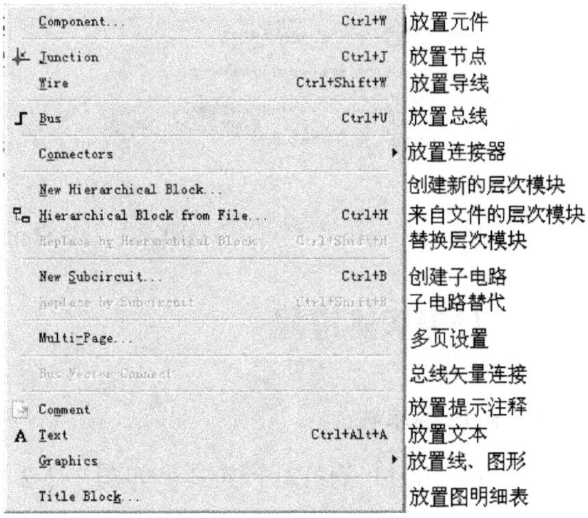

Component...	Ctrl+W	放置元件
Junction	Ctrl+J	放置节点
Wire	Ctrl+Shift+W	放置导线
Bus	Ctrl+U	放置总线
Connectors	▶	放置连接器
New Hierarchical Block...		创建新的层次模块
Hierarchical Block from File...	Ctrl+H	来自文件的层次模块
Replace by Hierarchical Block	Ctrl+Shift+H	替换层次模块
New Subcircuit...	Ctrl+B	创建子电路
Replace by Subcircuit	Ctrl+Shift+B	子电路替代
Multi-Page...		多页设置
Bus Vector Connect		总线矢量连接
Comment		放置提示注释
Text	Ctrl+Alt+A	放置文本
Graphics	▶	放置线、图形
Title Block...		放置图明细表

图 1-2-6　Place（放置）菜单

No MCU Component Found		没有创建MCU器件
Debug View Format ▶		调试格式
MCU Windows...		显示MCU窗口
Show Line Numbers		显示线路数目
Pause		暂停
Step Into		单步进入
Step Over		单步跨过
Step Out		离开
Run to Cursor		运行到光标处
Toggle Breakpoint		设置断点
Remove All Breakpoints		删除所有断点

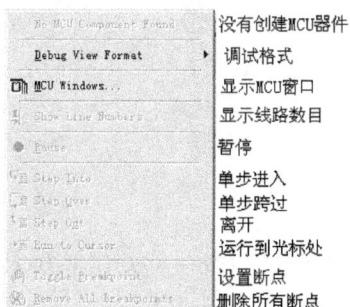

图 1-2-7　MCU（微控制器）菜单

▶ Run	F5	开始仿真
Pause	F6	暂停仿真
Stop		停止仿真
Instruments ▶		选择仪器仪表
Interactive Simulation Settings		交互式仿真设置
Mixed-Mode Simulation Settings		混合模式仿真设置
Analyses ▶		选择仿真分析法
Postprocessor		启动后处理器
Simulation Error Log/Audit Trail		仿真错误记录/查询索引
XSPICE Command Line Interface		显示XSPICE命令界面
Load Simulation Settings...		加载仿真设置
Save Simulation Settings...		保存仿真设置
Auto Fault Options		自动故障选择
Dynamic Probe Properties		动态探针属性设置
Reverse Probe Direction		探针极性反向
Clear Instrument Data		清除仪器数据
Use Tolerances		使用元件容差设置

图 1-2-8　Simulate（仿真）菜单

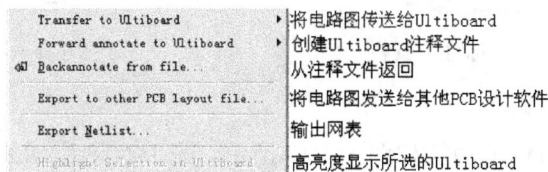

Transfer to Ultiboard ▶		将电路图传送给Ultiboard
Forward annotate to Ultiboard		创建Ultiboard注释文件
Backannotate from file...		从注释文件返回
Export to other PCB layout file...		将电路图发送给其他PCB设计软件
Export Netlist...		输出网表
Highlight Selection in Ultiboard		高亮度显示所选的Ultiboard

图 1-2-9　Transfer（文件传输）菜单

Component Wizard		创建元件向导
Database ▶		数据库
Variant Manager		变量管理器
Set Active Variant...		设置动态变量
Circuit Wizards ▶		电路设计向导
SPICE Netlist Viewer ▶		SPICN网表查看者器
Rename/Renumber Components		元件重新命名、编号
Replace Components		元件替换
Update Circuit Components		更新电路元件
Update HB/SC Symbols		更新HB/SC符号
Electrical Rules Check...		电气规则检查
Clear ERC Markers...		清除ERC标记
Toggle NC Marker		切换NC标记
Symbol Editor		符号编辑器
Title Block Editor		标题块编辑器
Description Box Editor		电路描述编辑器
Capture Screen Area		捕捉图区域
Online Design Resources ▶		在线设计资源

图 1-2-10　Tools（工具）菜单

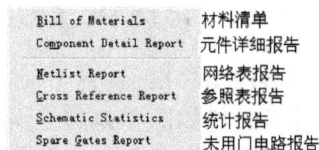

Bill of Materials		材料清单
Component Detail Report		元件详细报告
Netlist Report		网络表报告
Cross Reference Report		参照表报告
Schematic Statistics		统计报告
Spare Gates Report		未用门电路报告

图 1-2-11　Reports（报告）菜单

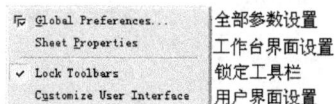

Global Preferences...		全部参数设置
Sheet Properties		工作台界面设置
✓ Lock Toolbars		锁定工具栏
Customize User Interface		用户界面设置

图 1-2-12　Options（选项）菜单

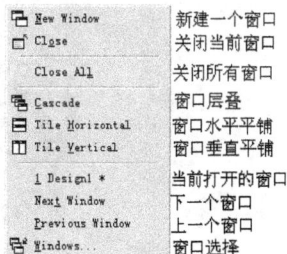

New Window		新建一个窗口
Close		关闭当前窗口
Close All		关闭所有窗口
Cascade		窗口层叠
Tile Horizontal		窗口水平平铺
Tile Vertical		窗口垂直平铺
1 Design1 *		当前打开的窗口
Next Window		下一个窗口
Previous Window		上一个窗口
Windows...		窗口选择

图 1-2-13　Window（窗口）菜单

? Multisim Help	F1	Multisim 帮助
Component Reference		元件索引
NI ELVISmx 4.0 Help		NI ELVISmx 4.0的帮助
Find Examples...		查找样例文件
Patents		专利权
Release Notes		版本注释
File Information	Ctrl+Alt+I	文件信息
About Multisim		有关Multisim11的说明

图 1-2-14   Help（帮助）菜单

2. 认识工具栏

（1）标准和视图工具栏

图 1-2-15、图 1-2-16 所示分别为标准工具栏、视图工具栏，包含一些常用的基本功能按钮，与 Windows 的同类按钮类似，不再赘述。

图 1-2-15   标准工具栏   图 1-2-16   视图工具栏

（2）系统、仿真工具栏

系统工具栏各图标名称及功能如图 1-2-17 所示，图 1-2-18 所示为仿真工具栏。它们为用户提供对电路进行建立、仿真、分析和输出等操作的工具，每个工具图标在菜单中都有相应的命令，使用该工具栏进行电路设计会更加方便快捷。

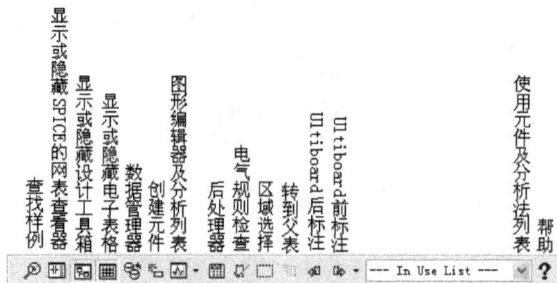

图 1-2-17   系统工具栏   图 1-2-18   仿真工具栏

（3）元器件工具栏

元器件工具栏如图 1-2-19 所示，按功能分别存放在 19 个元件分类库中，每个元件分类库又包含多个元件族分类，每个元件族分类库又包含许多具体型号的元件。

图 1-2-19   元器件工具栏

（4）仪器工具栏

仪器工具栏的图标及说明如图 1-2-20 所示。

（5）设计工具箱

设计工具箱如图 1-2-21 所示，利用设计工具箱可以把有关电路设计的原理图、PCB 图、相关文件、电路的各种统计报告进行分类管理，同时也用于原理图层次的控制显示和隐藏不同的层。Visibility 标签页，用于设置哪一层在当前工作区中显示。Hierarchy 标签页，它显示了打开的设计中文件的从属关系。Project View 标签页显示了当前项目的信息。可以在当前项目现有的文件夹中添加文件，控制文件的访问，并将设计存档。

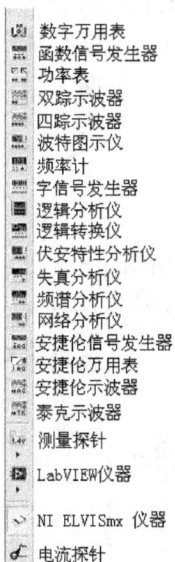

图 1-2-20　仪器工具栏　　　　　　　　　图 1-2-21　设计工具箱

四、技巧要点

- 若找不到上述的工具栏，可单击【View】→【Toolbars】菜单项，从【Toolbars】菜单项的级联菜单中即可找到。
- 主菜单的命令与所有 Windows 应用程序一样，许多操作也可通过快捷工具按钮、右键菜单和快捷键等方式来实现。例如与系统相关联的快捷菜单：
  - ➢ 不选择元件时的鼠标右键快捷菜单。
  - ➢ 选中元件或仪器时的鼠标右键快捷菜单。
  - ➢ 选中线段时的鼠标右键快捷菜单。
  - ➢ 选中文本块或图形时的鼠标右键快捷菜单。
  - ➢ 选中注释或仪器栏时的鼠标右键快捷菜单。
- 对上述菜单和工具栏的名称不必急于一时全记住，可以在使用 NI Multisim11 中进行回顾。

任务三　设计电路的个性化操作界面

一、任务目标

1. 熟悉用户界面的定制。

2．学习设计电路的个性化操作界面。

二、任务实施过程

1．定制用户界面

NI Multisim11 允许用户自定义使用界面，定制用户界面的目的在于方便原理图的创建、电路的仿真分析和观察理解等。因此，创建一个电路之前，最好根据具体电路的要求和用户的习惯设置一个特定的用户界面。其界面包括电路的显示颜色、页面大小、聚焦倍数、自动保存时间、符号系统（选择 ANSI 或 DIN）和打印设置等。

定制用户界面的设置步骤如下。

（1）总体参数设置

单击菜单【Options】→【Global Preferences】命令，弹出如图 1-3-1 所示的对话框，在该对话框中可以对电路的总体参数进行设置。需要注意的是，该设置是对 NI Multisim 11 界面的整体改变，以后启动即按改变后的界面运行。该对话框有 6 页，每页中有若干功能选项。这 6 页基本包括了电路界面中所有的设置。

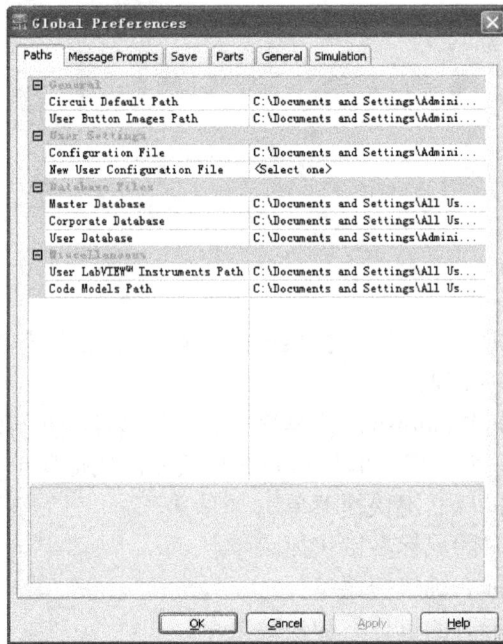

图 1-3-1 "Global Preferences"对话框中的 Paths 页

● Paths 页（路径设置）

Paths 页如图 1-3-1 所示。元件库、电路图等文件的存储位置，系统默认为 NI Multisim 11 安装目录。改变其存储位置的操作如下。

General 区：

Circuit Default Path：NI Multisim 11 默认的电路图存储目录，此项设置非常重要，一般将它设置到硬盘的其他分区的目录下或者单独建立目录。

User Button Images Path：用户按钮图形存储目录，用户自己设计的按钮图形的存放目录。

User Settings 区：

Configuration File（配置文件）：用户自己设定界面后的配置文件存放位置。

New User Configuration File：新的用户配置文件。

Database Files 区：用来设定元件库 Master Database，Corporate Database 和 User Database 的存放目录。

Miscellaneous 区：

User LabVIEW Instruments Path：用户创建的 LabVIEW 仪器存储目录。

Code Models Path：用户创建的代码模型存储目录。

注意：上两项设置将影响下一次启动程序。

● Message Prompts 页（信息提示）

Message Prompts 页如图 1-3-2 所示，包括如下 4 个区。

Netlist change 区：网表变化。

NI Example Finder 区：范例查找。

Project packing 区：项目打包。

SPICE Netlist Viewer 区：SPICE 网表查看器。

● Save 页（保存设置）

该页中可以设置一个自动备份定时器，以及选择是否需要保存需要保存仿真仪器数据等，如图 1-3-3 所示，其各项的含义如下。

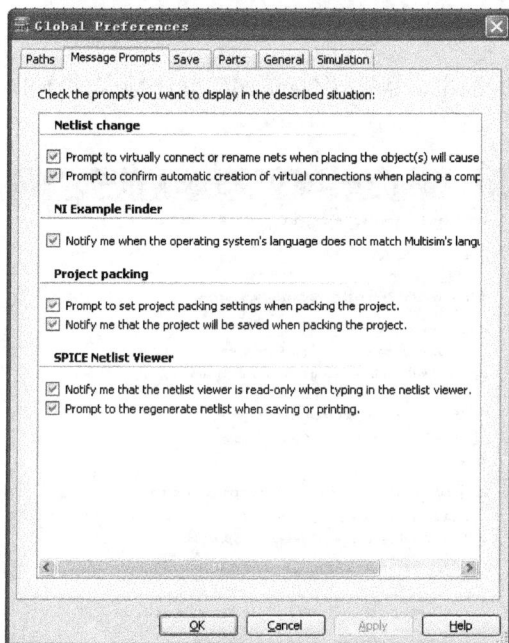

图 1-3-2　Message Prompts 页

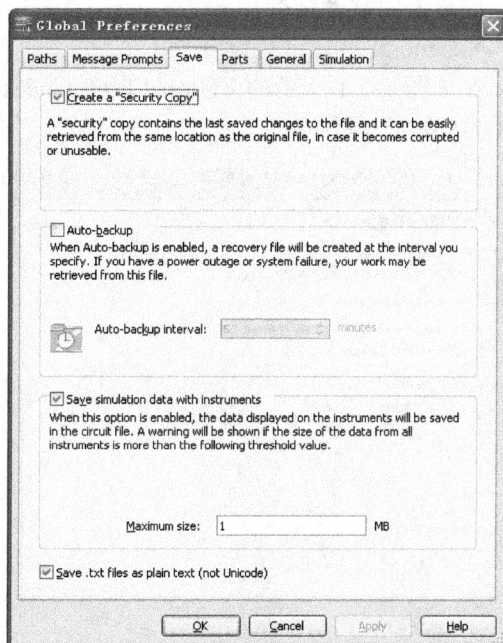

图 1-3-3　Save 页

Create a "Security Copy" 复选框区：是否设置电路图安全备份，此文件与电路图文件存储在同一个目录。

Auto-backup 复选框区：用于确定选择自动备份功能和备份时间间隔，以便在断电或系统故障后恢复以前创建的文件。

Auto-backup interval：以分钟为单位，指定自动保存时间间隔。

Save simulation data with instruments 复选框区：是否设置将仿真结果与仪器一起保存。如果是，则将仿真结果保存在电路图文件中。当文件的大小大于指定仿真数据大小时，会弹出警告提示框。Maximum size：以兆比特（Mbit）为单位，指定仿真数据最大保存量的大小。

Save .txt files as plain text（not Unicode）复选框：以纯文本格式存储文件。

● Parts 页（元件放置及符号标准设置）

在如图 1-3-1 所示的 "Global Preferences" 对话框中，单击 "Parts" 页选项卡，弹出如图 1-3-4 所示对话框。

Place component mode 区：选择放置元件的方式。

Return to Component Browser after placement：放置器件之后，是否返回 "Selecta Component" 窗口（元件浏览窗口），这个功能选项可以方便放置不同的元器件。

Place single component：该项仅允许一次放置一个被选元件，不管该元件是单个封装还是复合封装。

Continuous placement for multi-section part only（ESC to quit）：适合于复合封装元件，可连续放置，直至全部放置。如 74LSOOD 有 4 个 NAND 门，按【Esc】键或单击鼠标右键可以结束放置。

Continuous placement（ESC to quit）：是指选取一次元件，可连续放置多个该元件。不管该元件是单个封装还是复合封装，直至按【Esc】键或单击鼠标右键结束放置。

Symbol standard 区：选择元器件符号标准，其中"ANSI"选项设置采用美国标准，而"DIN"选项设置采用欧洲标准。

● General 页（常规设置）

在如图 1-3-1 所示的 "Global Preferences" 对话框中，单击 "General" 页选项卡，弹出如图 1-3-5 所示对话框。

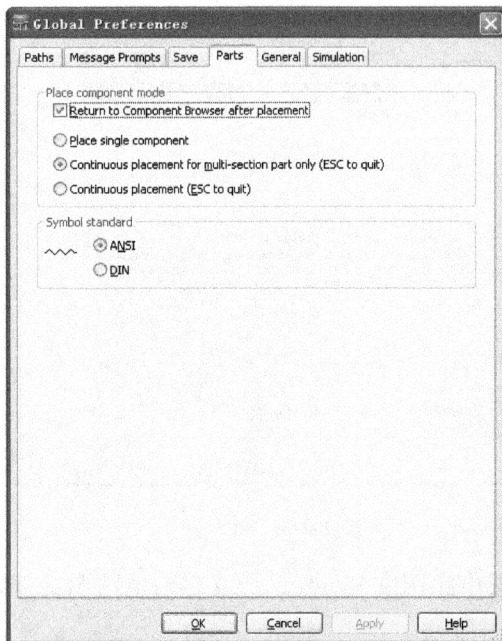

图 1-3-4　Parts 页

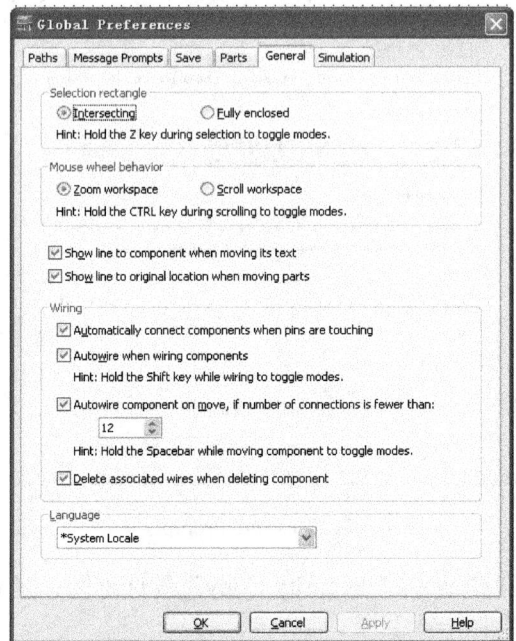

图 1-3-5　General 页

Selection rectangle 区：设置选择矩形方式。

Intersecting：选择选择框以内。

Fully enclosed：包围式全部选择。

提示：这两种方式可以在选择过程中按"Z"键切换。

Mouse wheel behavior 区：鼠标滚动模式。

Zoom workspace：鼠标滚动时可以放大或缩小电路图工作区；

Scroll workspace：鼠标滚动时可以实现电路图的翻页操作。

提示：按住"Ctrl"键可以切换滚动模式。

Wiring 区：连线设置区。

Automatically Connect Conponents when Pins are touching：触碰元件引脚时自动配线。

Autowire when wiring Components：元件自动配线。

提示：这两种配线方式可以在选择过程中按"Shift"键切换。

Autowire Components on move, if number of Connections is fewer than：如果连接数少于下拉框中的数目，移动元件时，自动重新配线。

提示：按住空格键可以切换移动元件模式。

Delete associated wires when deleting component：删除器件时删除与之相连的连线。

Landuage 区：使用的语言（有 5 种选择）。

● Simulation 页（仿真设置）

Simulation 页如图 1-3-6 所示，包括如下 3 个区：

Netlist errors 区：网表错误。

When a netlist error occurs：网表发生错误。

When a netlist warning occurs：网表发生警报。

Garphs 区：图表。

Default background color graphs and instruments：默认背景颜色和图形工具。

Positive phase shift direction 区：该选项组中的选项仅对 AC 信号图形显示方式有效。

Shift right：图形曲线右移。

Shift left：图形曲线左移。

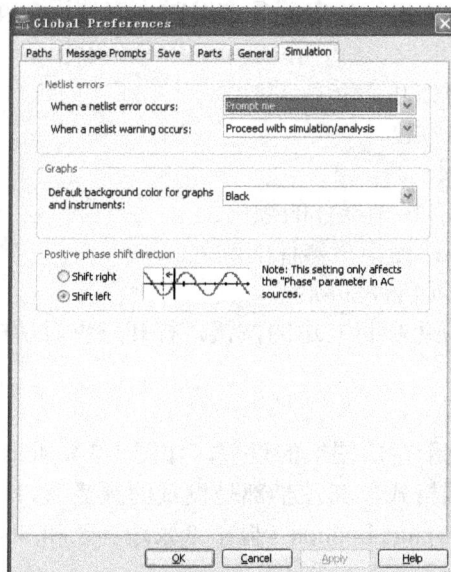

图 1-3-6　Simulation 页

（2）电路图表属性设置

执行菜单命令【Options】→【Sheet Properties】或者【Edit】→【Preference】，弹出如图 1-3-7 所示的"Sheet Properties"对话框。该对话框有 6 个标签，每个标签都有若干功能选项，基本包括了 NI Multisim 11 界面电路图工作区设置的选项。用户可以根据需要和喜好对各种参数进行设置选择。

● Circuit 页

Circuit 页如图 1-3-7 所示，这是对电路窗口内电路图形的设置，其各项的含义如下。

Show 区：设置窗口图纸格式，其左半部是设置的预览窗口，右半部是选项栏，分别有 3个分区。

Component 分区：共有 8 个选项，设置元器件相关参数。

Labels：是否显示元器件的标识文字。

Ref Des：是否显示元器件的序号（同一电路中序号是唯一的）。

Values：是否显示元器件数值。

Initial conditions：是否显示初始条件。

Tolerance：是否显示容差值。

Attributes：是否显示元器件属性。

Symbol pin names：是否显示元器件符号引脚名称。

Footprint pin names：是否显示元器件封装引脚名称。

Net names 分区：共有 3 个选项，设置网络名称相关参数。

Show all：是否全部显示。

Use net-specific Setting：是否特殊设置。

Hide all：是否全部隐藏。

Bus entry 分区：设置总线说明相关参数。

Show labels：是否显示总线的标识。

Color 区：设置编辑窗口内各元器件和背景的颜色。

在下拉框中可以指定程序预置的 5 种配色方案。如果预置的配色方案都不合适，可选"Custom"自行指定配色方案。自行指定配色方案时，应使用右侧的选项来分别指定各项目的颜色，其中，

Background：编辑区的背景色。

Selection：选中元器件的颜色。

Wire：元器件连接线的颜色。

Component with model：有模型器件的颜色。

Component without model：无模型器件的颜色。

Virtual component：虚拟元器件的颜色。

设置时，单击所要设置颜色项目右边的按钮，打开颜色对话框，选取所需颜色，然后单击【OK】按钮即可。

● Workspace 页

Workspace 页用于电路显示窗口图纸的设置，如图 1-3-8 所示，包含如下 3 个区。

Show 区：设置窗口图纸格式，其左半部是设置的预览窗口，右半部是选项栏，分别有Show grid（显示栅格）、Show page bounds（显示纸张边界）和 Show border（显示边框）3 个选项。

Sheet size 和 Custom size 区：设置窗口图纸的规格大小及方向。在 Sheet size 区的左上方，

程序提供了 A、B、C、D、E、A4、A3、A2、A1、A0、Legal、Executive、Folio 13 种标准规格的图纸。如果要自定义图纸尺寸，则选择 Custom 项，然后在 Custom size 区内指定图纸宽度（Width）和高度（Height），而其单位可选择英寸（Inches）或厘米（Centimeters）。另外，在左下方的"Orientation"区内，可设置图纸放置的方向，Portrait 为纵向图纸，Landscape 为横向图纸。

- Wiring 页

Wiring 页用于设置电路导线的宽度与连线的方式，如图 1-3-9 所示。

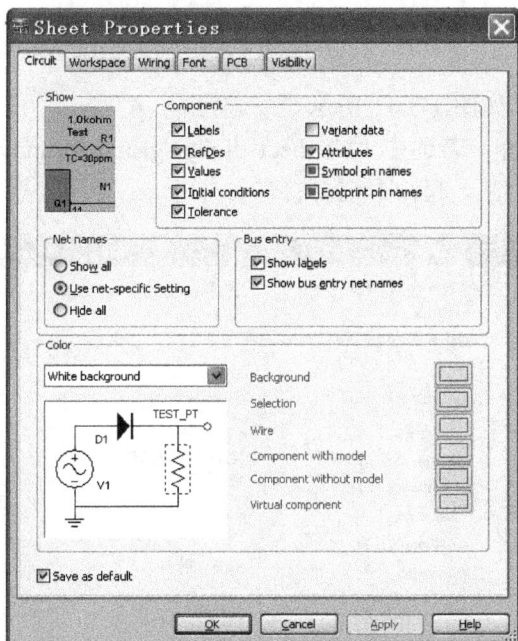

图 1-3-7　"Sheet Properties"对话框的 Circuit 页

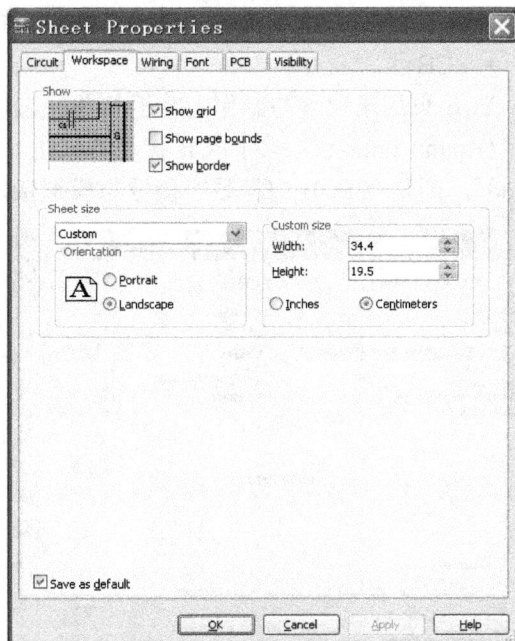

图 1-3-8　Workspace 页

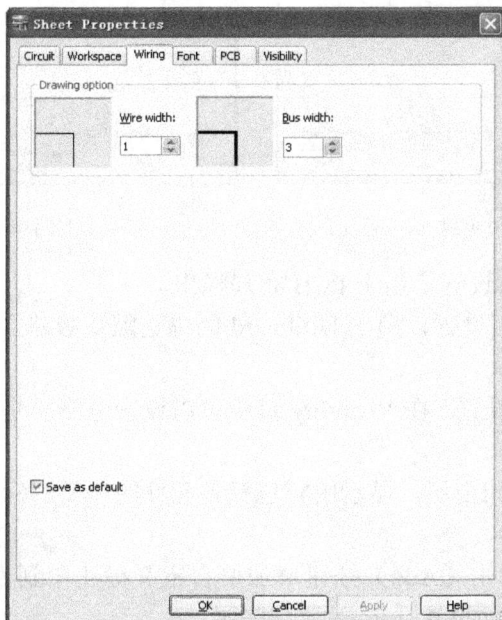

图 1-3-9　Wiring 页

Drawing option 区：

Wire width：用于设置导线的宽度（像素）及预览窗口，导线宽度选择值为 1～15 的整数，数值越大，导线越宽。

Bus width：用于设置总线的宽度（像素）及预览窗口，总线宽度选择值为 3～45 的整数，同样数值越大，导线越宽。

● Font 页

Font 页用于设置元件的标识和参数值、节点、引脚名称、原理图文本和元器件属性等，对话框如图 1-3-10 所示。设置方法与 Windows 操作系统相似。

● PCB 页

PCB 页用于设置与制作电路板相关的选项，如图 1-3-11 所示。

Ground option 区：对 PCB 接地方式进行选择。若选中 "Connect digital groud to analog groud"，则是在 PCB 中将数字接地与模拟接地连在一起；否则要将二者分开。

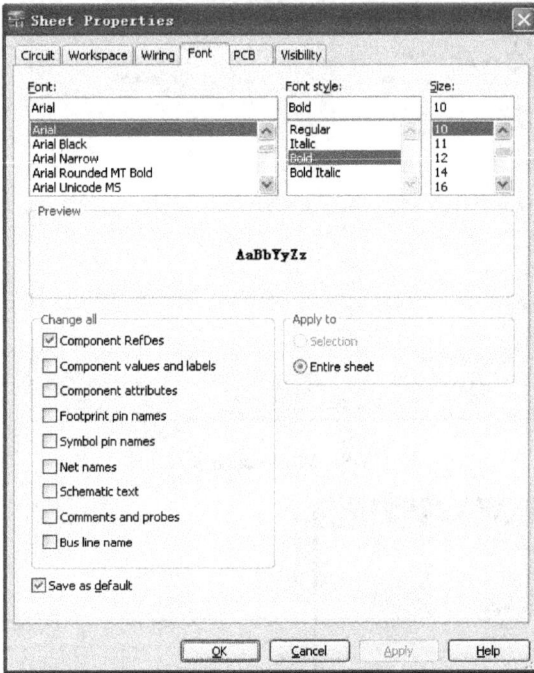

图 1-3-10　Font 页　　　　　　　　　　图 1-3-11　PCB 页

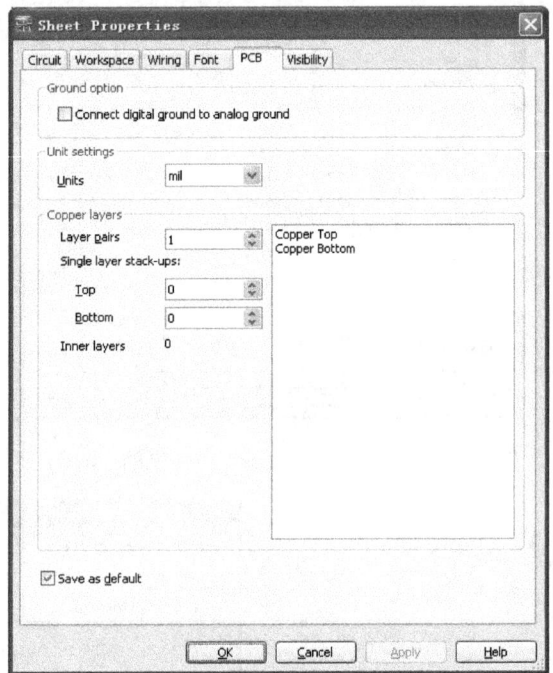

Unit settings 区：单位设置，用于 PCB 布局导出。

Copper layers 区：铜层设置，用于 Ultiboard 的确定默认版建立。

● Visibility 页

该页为提高可视性的设置。在 Visibility 页中可以设置电路层是否显示，还可以添加注释层，如图 1-3-12 所示。

Fixed layers 区：默认固定层，显示内容包括各元件的序号、标志、值、引脚名、引脚标号等。

Custom layers 区：单击【Add】按钮增加要自定义标注层到表格里，还可以在 Design Toolbox（设计工具箱）里面设置显示/隐藏这些层。

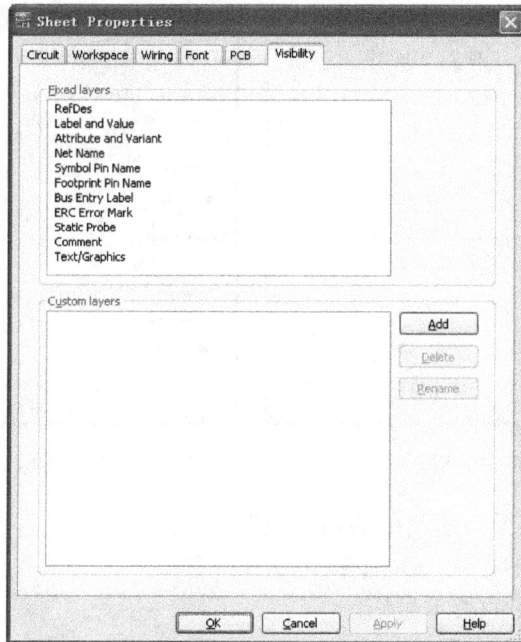

图 1-3-12　Visility 页

2．设计电路的个性化操作界面

为了方便电路的创建和仿真分析。因此，在创建一个电路之前，最好根据具体电路的要求和用户习惯设置一个特定的用户界面。

定制用户界面的操作可通过菜单 View 的各个命令，或执行【Options】→【Global Preferences】命令和【Options】→【Sheet Properties】命令来实现。可使用对话框中的若干个选项来实现本任务：

单击【Options】→【Global Preference】命令打开对话框。然后打开"Parts"页，如图 1-3-4 所示，选中"Symbol standard"区内的"DIN"项。

单击【Options】→【Sheet Preference】命令打开对话框。然后打开"Circuit"页，如图 1-3-7 所示，选中"Net names"区内的"Use net-specific Setting"项。再打开"Workspace"页，如图 1-3-8 所示，选中"Show"区内的选项"Show grid"（也可在"View"菜单中选取），在电路窗口中会出现栅格。选中"Sheet size"为 Custom。

增加标题栏。执行【Place】→【Title Block】命令，弹出如图 1-3-13 所示的"打开"对话框，单击标题栏模板文件，再单击【打开】按钮。在绘图窗口出现标题栏虚框，移动鼠标指针到指定位置，放置在标题栏上。双击标题栏，弹出属性修改对话框，输入相应信息，如图 1-3-14 所示。

Title：当前电路图的图名，程序会自动的将文件名设定为图名。

Description：当前电路图的功能描述，可以用来说明该电路图。

Designed by：当前电路图的设计人。

Checked by：当前电路图的核对人。

Approved by：当前电路图的审核人。

Document No.：当前电路图的图号。

Date：当前电路图的绘制日期。

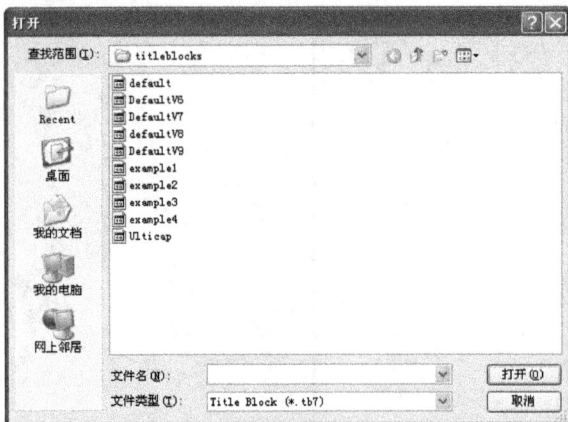

图 1-3-13 "打开"对话框   图 1-3-14 标题栏对话框

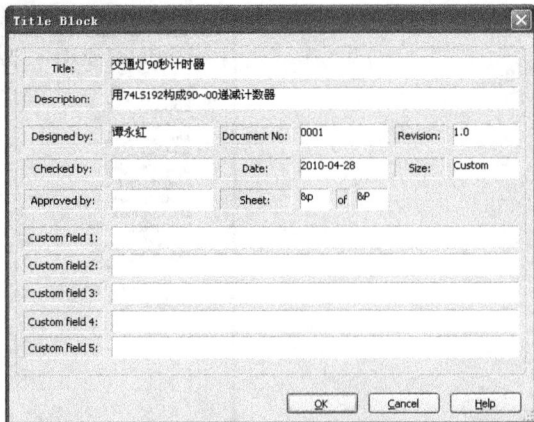

Sheet：标明当前电路图为图集中的第几张图。

of：当前电路图所属的图集一共有多少张图。

Revision：当前电路图的版本号码。

Size：当前电路图的图纸尺寸。

经过以上简单的几项设置后，电路界面如图 1-3-15 所示。

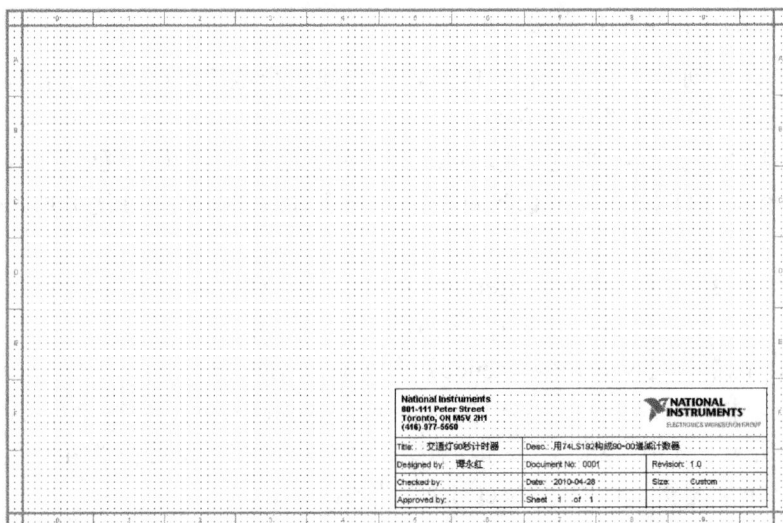

图 1-3-15 设计电路的个性化操作界面

三、技巧要点

- 我国的电气符号标准与欧洲标准相近，故选择 DIN 较好。符号标准的选用，仅对现行及以后编辑的电路有效，但不会更改以前编辑的电路。
- 使用栅格可方便电路元件之间的连接，使创建的电路图整齐美观。
- 界面定制设置和电路一起保存。可以将不同的电路定制成不同的颜色，也可以将同一种设置应用到不同的电路中，还可以在同一个电路中对不同的对象（包括元器件、导线和节点等）进行不同的设置。

任务四　完成一个简单电路的设计与仿真

一、任务目标

1．学会编辑电路原理图。
2．掌握对所编辑的电路进行仿真测试的方法。

二、任务分析

利用 NI Multisim11 在任务三所设计的操作界面中，编辑如图 1-4-1 所示的交通灯 90 秒计时器的仿真电路图。电路中当开关 K 接 VCC 时，计时器清零，当开关 K 接地时，计时器从 90～00 秒进行倒计时。时钟脉冲发生器直接选用 NI Multisim11 信号源库中提供的时钟脉冲电压源（CLOCK_VOLTAGE）。显示电路也采用 NI Multisim11 指示元件库中提供的七段显示器。

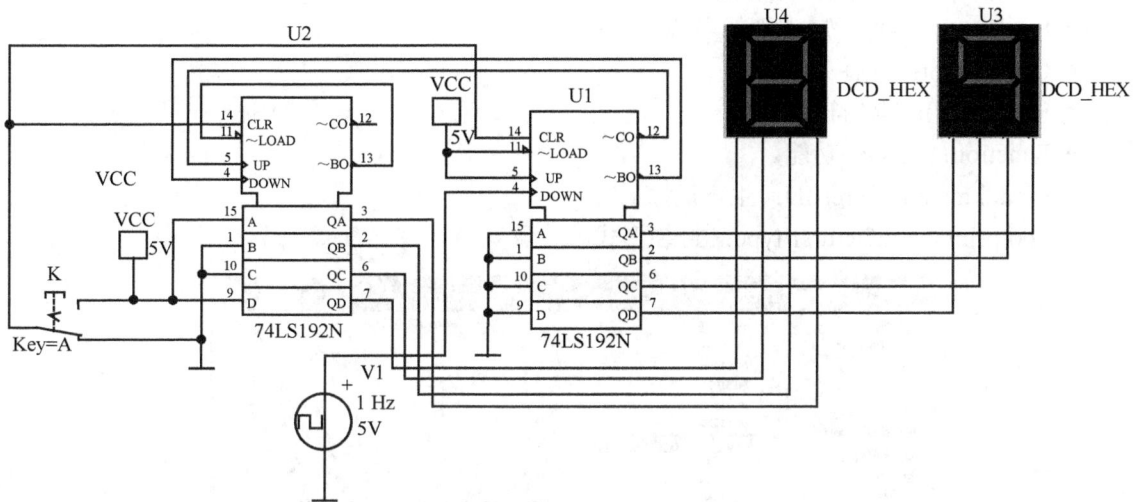

图 1-4-1　交通灯 90 秒计时器的仿真电路图

三、任务实施过程

1．编辑仿真电路图

编辑仿真电路图包括建立文件、设计电路界面、放置元件、连接线路、编辑处理及保存文件等步骤。

（1）建立文件

运行 NI Multisim11 系统，这时会自动打开一个名为"Design1"空白电路文件，也可通过菜单栏中【File】→【New】命令新建一个电路文件，或通过系统工具栏中的快捷按钮□来新建一个电路文件，该文件可以在保存时重新命名。

（2）设计电路界面

具体的设计过程参照任务三。

（3）放置元件

放置元件通常有 4 种途径：利用元器件工具栏放置元件；通过菜单栏执行【Place】→【Component】命令放置元件；在电路工作区单击鼠标右键，利用弹出菜单中的【Place Component】命令放置元件及利用快捷键【Ctrl+W】放置元件。第 1 种方式适合已知元件在元件库的哪一类中，其他 3 种方式必须打开元件库对话框进行分类查找。

① 放置 74LS192N。

在工具栏中单击 🖦 按钮，打开"Select a Component"对话框，如图 1-4-2 所示。在该对话框的 Database 下拉列表中选择 "Master Database"，在 Group 下拉列表框中选择"TTL"项，在 Family 列表框中单击"74LS"，在"Component"列表框中找到 74LS192N 并单击，再单击【OK】按钮，然后该器件在电路工作区中随鼠标指针移动，单击鼠标左键即可将该器件放置在电路工作区中。

"Select a Component"对话框中各选项的含义具体如下：

- Database：所属元器件库的名称。
- Group：所属元器件组的类别。
- Family：元器件所属类别的名称。
- Component：元件列表。
- Symbol：元器件符号预览。
- Function：元器件功能。
- Model manufacturer/ID：生产厂家。
- Footprint manufacturer/type：封装形式。

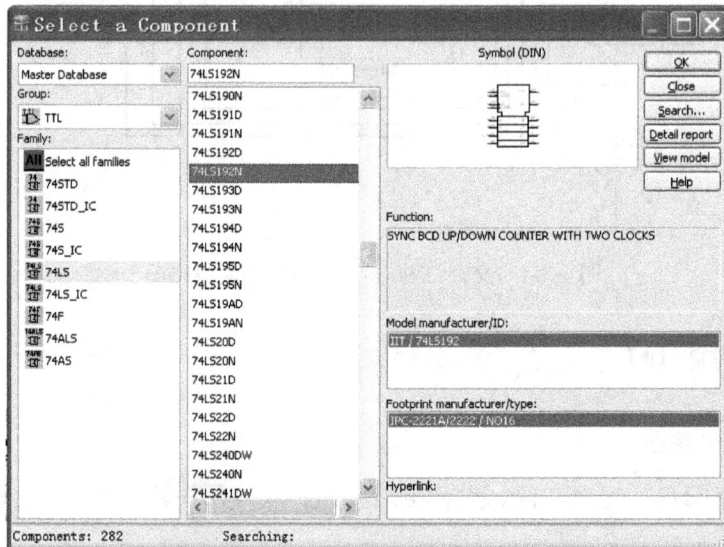

图 1-4-2 "Select a Compoonent"对话框

② 放置数码管。

在工具栏中单击 🖩 按钮，打开"Select a Component"对话框，如图 1-4-3 所示。在该对话框的 Database 下拉列表中选择 "Master Database"，在 Group 下拉列表框中选择"Indicators"

项，在 Family 列表框中单击"HEX_DISPLAY"项，在"Component"列表框中找到"DCD_HEX"并单击，再单击【OK】按钮。

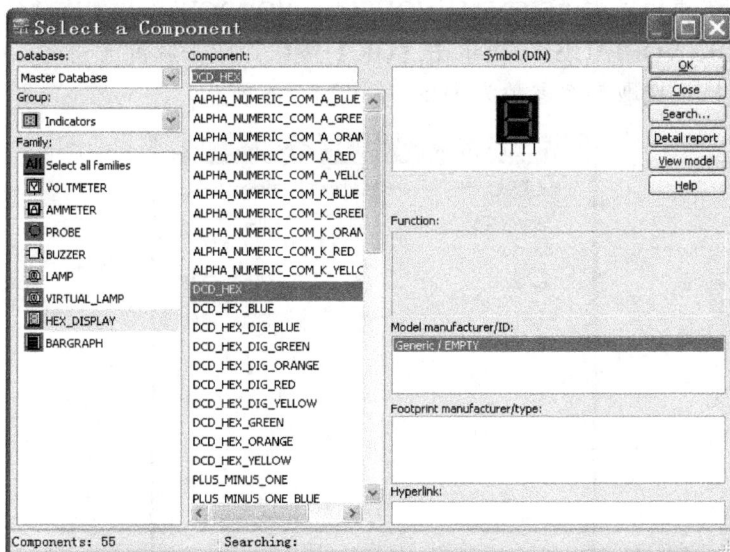

图 1-4-3 选择数码管示意图

③ 放置单刀双掷开关 SPDT。

放置过程与上述类同，在工具栏中单击 ～ 按钮，如图 1-4-4 所示 Group 下拉列表框中选择"Basic"项，在 Family 列表框中单击"SWITCH"，再单击【OK】按钮。双击开关符号弹出图 1-4-5 所示"Switch"（开关）对话框，在"key for toggle"（键切换）下拉列表中选择控制开关的按键为【Space】键（空格键）。

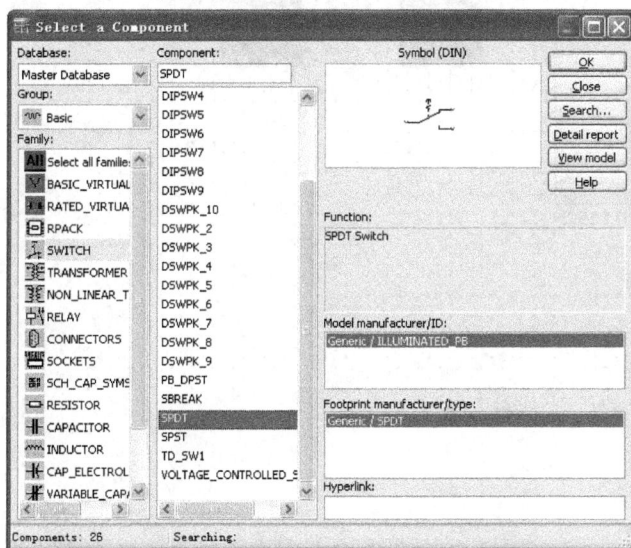

图 1-4-4 选择开管示意图

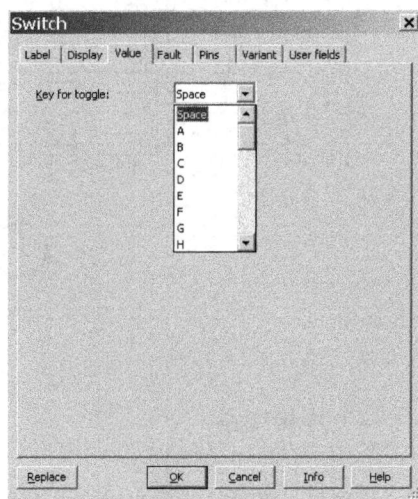

图 1-4-5 "Switch"对话框

④ 放置电源、接地端及脉冲源。

在工具栏中单击 ÷ 按钮，Group 下拉列表框中选中"Sources"项，在 Family 列表框中单击"POWER SOURCES"项，在"Component"列表框中找到 GROUND/VCC 并单击，再单击【OK】按钮即可。

在 Family 列表框中单击"SIGNAL_VOLTAGE_SOURCES"项，在"Component"列表框中找到"CLOOK_VOLTAGE"，再单击【OK】按钮。双击脉冲源符号，弹出"CLOOK_VOLTAGE"对话框，选取频率参数为 1Hz，如图 1-4-6 所示。

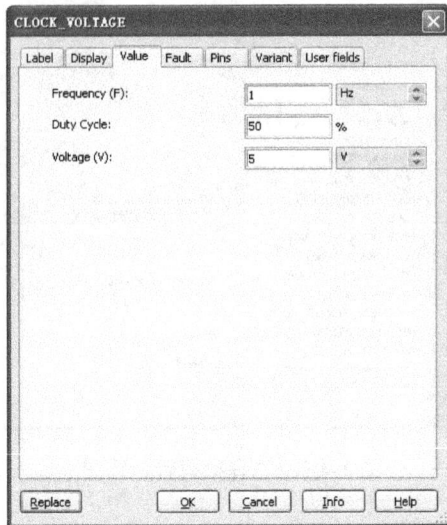

图 1-4-6 "CLOOK_VOLTAGE"对话框

放置完全部元器件并适当调整和修改参数后的电路窗口如图 1-4-7 所示。

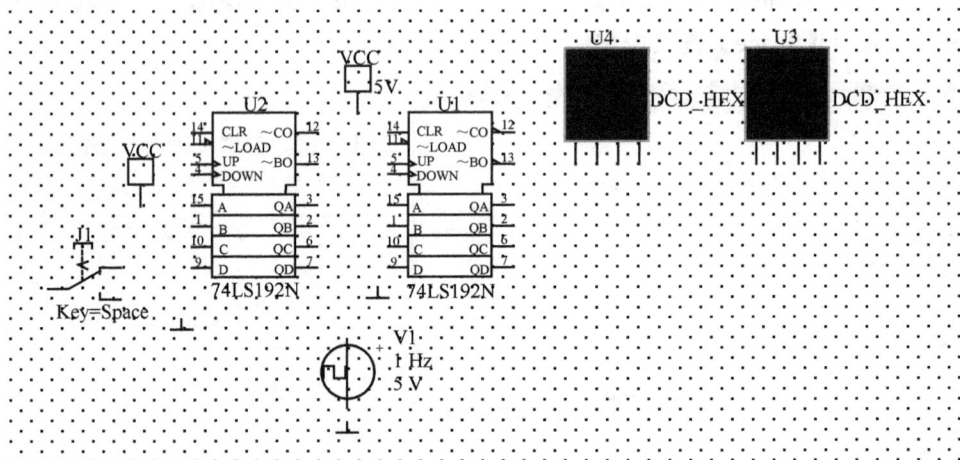

图 1-4-7 元件布置图

（4）连接线路

① 元件之间的连接。

将鼠标指针移近至 VCC 电源的端点，鼠标指针自动变成"十字中心加黑点"的形状，按鼠标左键并拖动出一根虚线，拖向开关端点再单击鼠标左键，完成了 VCC 与开关的连接，如图 1-4-8 所示。

② 元件与线路的中间连接。

从元件引脚开始，指针指向该引脚并单击，然后拖向所要连接的线路上再单击，系统不但自动连接两个点，同时在所连接线路的交叉点上自动放置一个连接点。如果两条线只是交叉而过，不会产生连接点，即两条交叉线并不相连接，如图 1-4-9 所示。

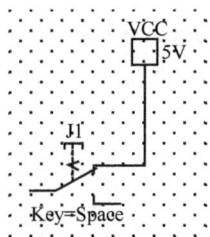

图 1-4-8　元件连接示意图　　　　　　图 1-4-9　交叉线并相连接示意图

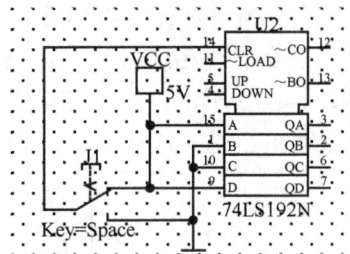

③ 导线的调整。

● 轨迹的调整。

对已连接好的导线轨迹进行调整，先选中相应的导线并单击鼠标左键，拖动线上的小方块或两小方块之间的线段至适当位置后松开即可，如图 1-4-10 所示。

● 导线颜色的调整。

为突出某些导线和节点，可通过对其设置不同的颜色来区分。将鼠标指针指向需要改变颜色的导线或连接点，单击鼠标右键，从弹出快捷菜单中选择【Change Color】，将"颜色"对话框打开，在"Standard"页中选取所需的颜色，如图 1-4-11 所示，然后单击【OK】按钮。或者在颜色对话框的"Custom"

图 1-4-10　改变导线的轨迹

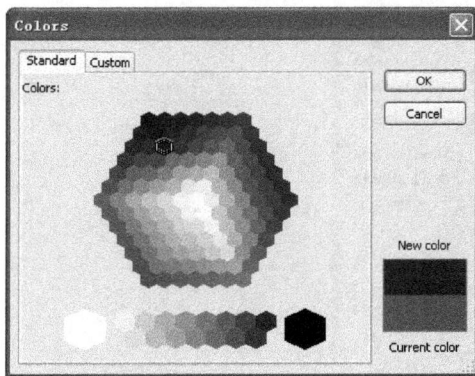

页中设置相关参数自定义颜色，如图 1-4-12 所示，然后单击【OK】按钮。这时节点及其连接的导线的颜色将同时改变。若只是改变节点的颜色，需选择【Color Segment】命令，直接选所需的颜色，单击【OK】按钮即可。

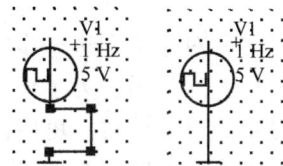

图 1-4-11　颜色对话框的"Standard"页　　　　图 1-4-12　颜色对话框的"Custom"页

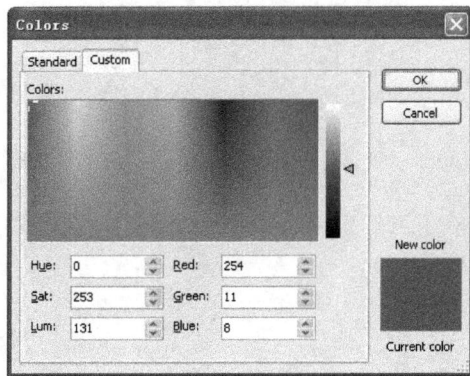

④ 导线和节点的删除。

如果要删除某导线或某节点，可以选择所要删除的对象，并按下【Delete】键，或者在删除对象上单击鼠标右键，在出现快捷菜单中选择【Delete】命令即可，如图 1-4-13 所示。

⑤ 连线中插入元器件。

要在连线中插入元器件，只需选中要插入的元器件按住鼠标左键并拖到导线上，使元器件的引脚与连线重合松开鼠标左键即可。

⑥ 手动添加连接点。

在丁字形交叉点 NI Multisim11 会自动在交叉点放置一个连接点，但十字形交叉点处默认不会自动放置一个连接点如图 1-4-14 所示。

若要让十字形交叉线相连接，则需要执行【Place】→【Junction】命令在交叉点处放置一个节点，如图 1-4-15 所示。为了可靠连接，用鼠标稍微移动一下与该节点相连的其中一个元件，若连线跟着走，说明连接上了，否则需要重新连接。

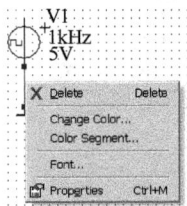

图 1-4-13　导线和节点

删除示意图

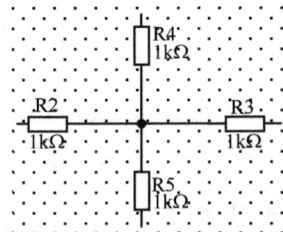

图 1-4-14　丁字形交叉点和

十字形交叉点

图 1-4-15　十字形交叉线

相连接示意图

（5）对电路图进一步的编辑处理

放置元件后，为了使元件符合图中的要求，有时需要移动、旋转、删除元件或改变元件的显示颜色。这时，可用鼠标进行相应操作或用鼠标右击元件，然后在弹出的菜单中选择相应的操作，如图 1-4-16 所示。

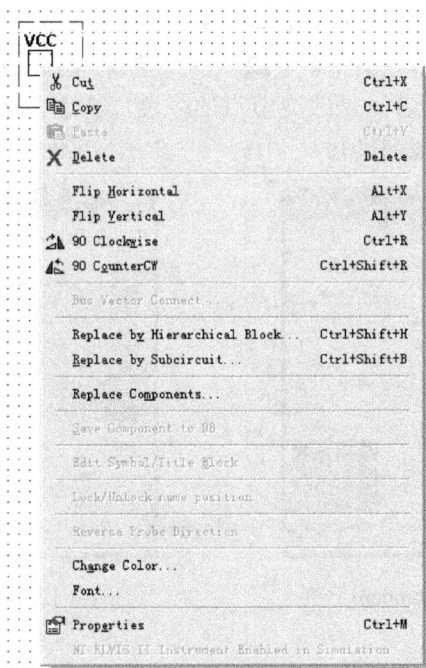

图 1-4-16　元器件或仪器的鼠标右键快捷菜单

① 移动元件。

指针指到所要移动的元件上，按住鼠标左键，然后移动鼠标，将其移动到适当的位置后放开左键。

②　删除元件。

指针指向所要删除的元件，单击鼠标左键则在该元件的四角将各出现一个小方块，然后按下【Delete】键，或者单击鼠标右键，在出现的快捷菜单中选择【Cut】命令或【Delete】命令。

③　旋转元件。

鼠标指针指向元件并单击鼠标左键，在该元件的四角将各出现一个小方块，然后单击鼠标右键，在出现的快捷菜单中选择【Flip Horizontal】命令即可水平翻转；选择【Flip Vertical】命令即可垂直翻转；选择【90 Clockwise】命令即可顺时针旋转 90°，选择【90 Counter CW】命令即可逆时针旋转 90°。

④　修改元件的参考序号。

元件的参考序号是在元件选取时由系统自动给定的，但有时与我们的习惯表示不同。如本编辑的电路图中开关，系统自动给定的参考序号为 J1，而习惯表示 K，可以双击该元件符号，在其属性对话框中修改其参考序号，如图 1-4-17 所示，将 Label 页上 RefDes 栏内的 J1改为 K。

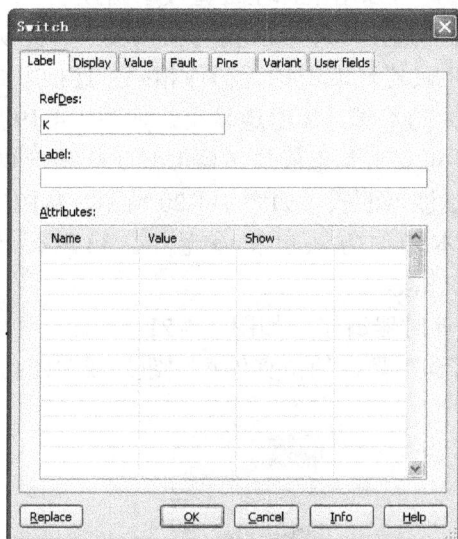

图 1-4-17　修改元件的参考序号示意图

最后编辑完的电路图如图 1-4-18 所示。

（6）保存文件

编辑电路图之后可以将其换名保存，方法与保存一般文件相同。对本任务，原来系统自动命名为 Design1，现将其重新命名为"交通灯 90 秒计时器"，保存类型自动默认为 Multisim 11 Files (*.ms11)，并保存在适当的路径下。

2．仿真测试

对所编辑的图 1-4-18 所示电路进行仿真测试验证其功能是否符合设计要求。

仿真测试步骤：

①　为了仿真测试方便，将脉冲源 V1 的频率调整为 50Hz（实际应用为 1Hz），调整方法与图 1-4-6 所示的方法相同。

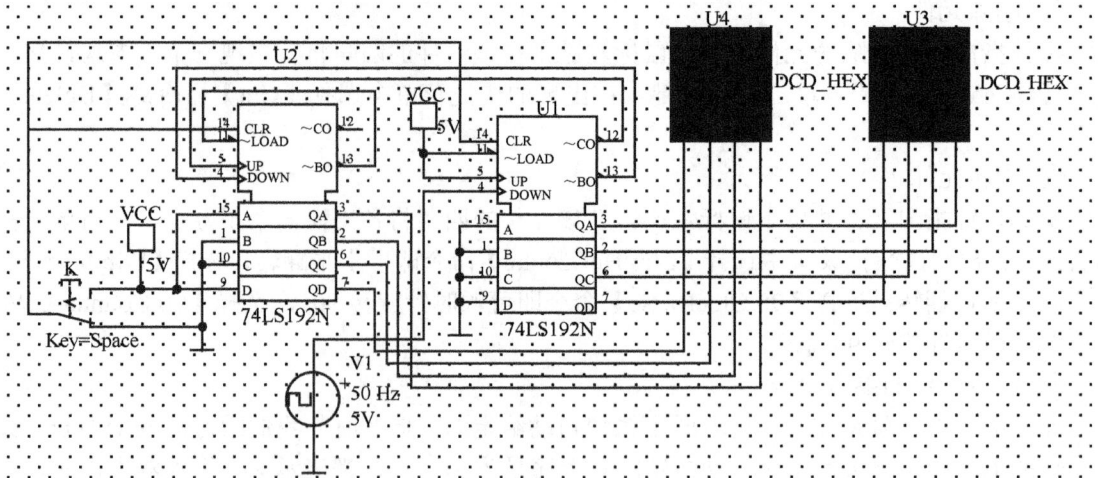

图 1-4-18　交通灯 90 秒计时器仿真电路图

② 将开关 K 接至接地端，可以用鼠标左键直接单击控制，或者通过空格键控制。

③ 将示波器接入脉冲源的输出端即计时器的输入端。首先从仪器工具栏中调出一台双踪示波器，方法与从元器件工具栏选取虚拟元器件相同，连接方式也一样，将示波器 XSC1 的 A 通道接 U1（74LS192N）的④脚，B 通道悬空，如图 1-4-19 所示。

④ 启动仿真开关 ，可观察到七段显示器 U4U3 从 90～00 进行倒计时显示。同时，双击示波器图标，即可打开示波器面板，如图 1-4-20 所示。从图中看出，该虚拟示波器与实际的示波器很相似，其基本操作方法也相差无几。可测得计时器的输入波形为周期 $T=20.149\text{ms}$，幅度 $U_m=5\text{V}$ 的方波。

⑤ 将开关 K 接至 VCC 计时器清零，如图 1-4-21 所示。

⑥ 停止仿真，可单击仿真工具栏的仿真停止按钮，或关闭仿真开关。

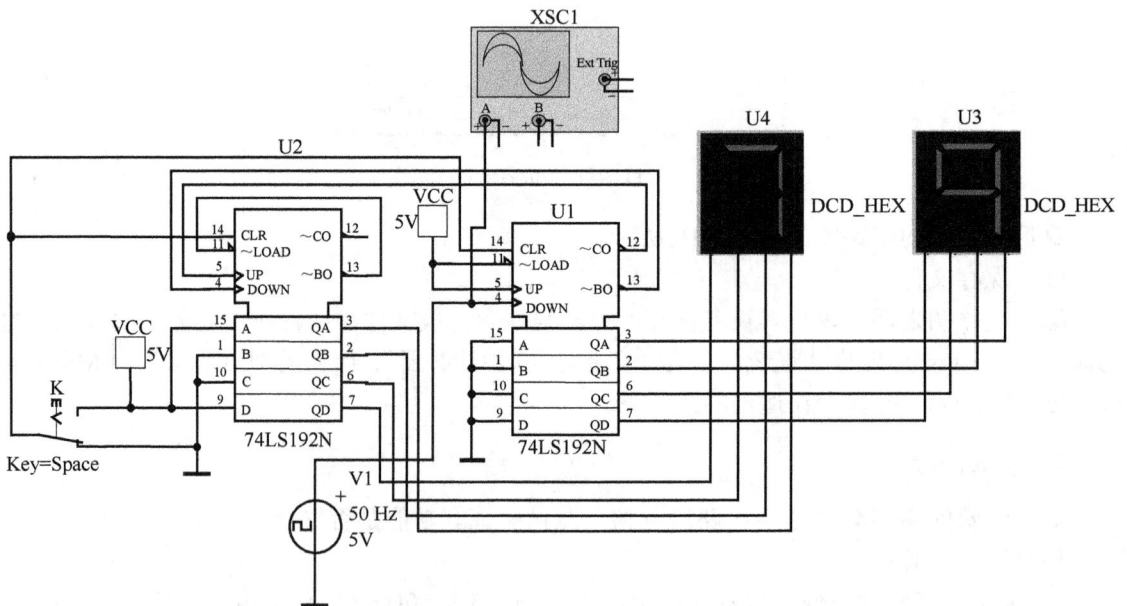

图 1-4-19　计时器仿真测试

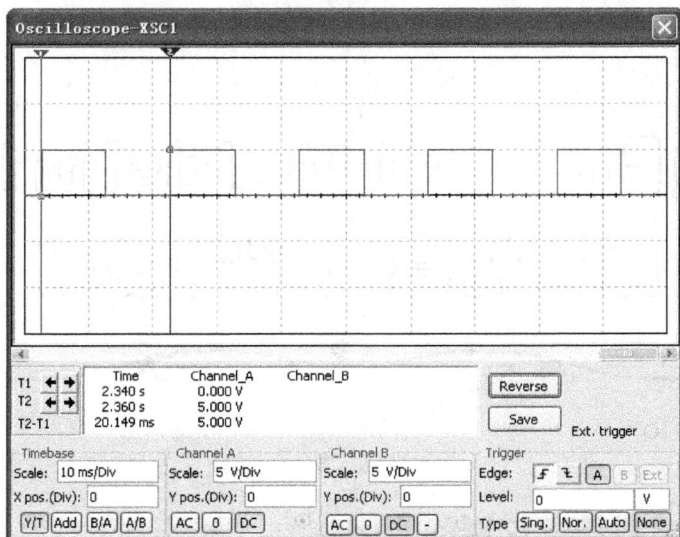

图 1-4-20　示波器面板

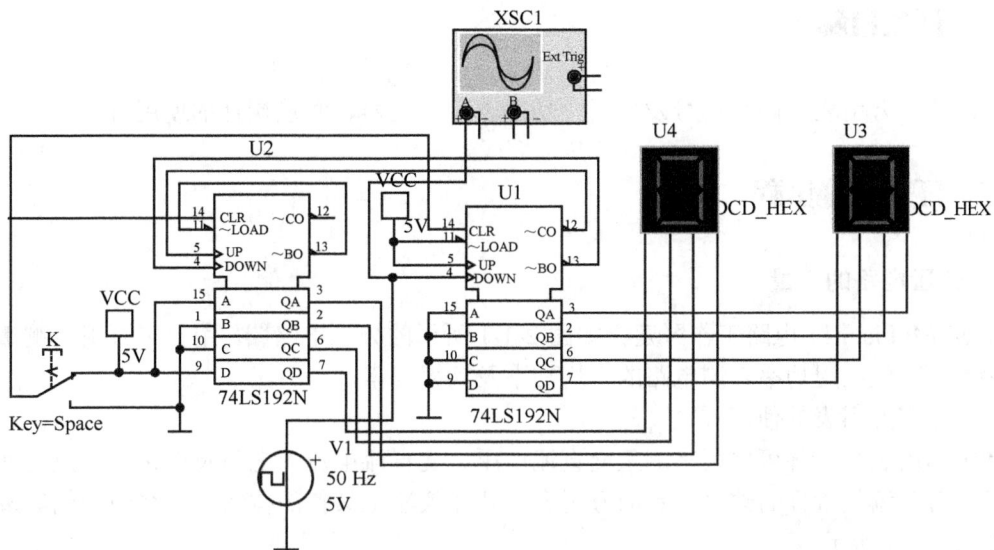

图 1-4-21　计时器清零

四、技巧要点

- 把一些常用的元器件库设置在基本界面中，例如：电源库，可单击【View】→【Toolbars】→【Power Sources Components】即可。这样可方便地将需放置元器件直接拖放到电路工作区。
- 在基本界面中 In Use List 栏内列出了当前电路所使用的全部元件，若还需放置表中相同的元件，可直接从 In Use List 下拉列表中选取。

项目二 NI Multisim11 虚拟仿真仪器的使用

任务一 常用虚拟仿真仪器的使用

一、任务目标

学习数字万用表、函数信号发生器、功率表、示波器、测量探针的使用方法。

二、任务实施过程

1. 分压电路的测量

在 NI Multisim11 电路工作区建立如图 2-1-1 所示的分压电路图。用数字万用表测量直流电源两端电压值；用功率表测电路的平均功率及功率因素。

（1）数字万用表的使用

数字万用表是一种可以用来测量交直流电压、交直流电流、电阻及电路中两点之间的分贝损耗，自动调整量程的数字显示的万用表。其在仪器工具栏的按钮、电路中的图标及控制面板如图 2-1-2 所示。

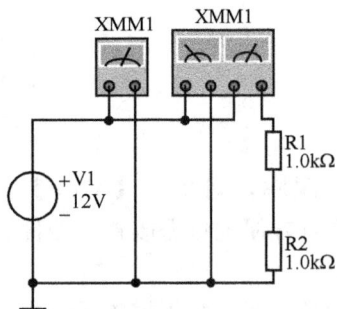

图 2-1-1　分压电路　　　　　　图 2-1-2　数字万用表的按钮、图标及控制面板

数字万用表的控制面板中：

A：电流挡，测量电路中某支路的电流，表应串联在待测支路中。

V：电压挡，测量电路两节点之间的电压，表应与两节点并联。

Ω：欧姆挡，测量电路两节点之间的电阻，被测节点和节点之间的所有元件当做一个"元件网络"，表应与"元件网络"并联。

dB：电压损耗分贝挡，测量电路中两节点间压降的分贝值，表应与两节点并联。电压损耗分贝的计算公式，$dB=20\times\log_{10}[\frac{V_o}{V_i}]$ 。

～：交流挡，测量交流信号电压或电流的有效值。

—：直流挡，测量直流信号电压或电流的大小。

＋：对应数字万用表的正极； —：对应数字万用表的负极。

设置…：单击该按钮弹出如图 2-1-3 所示的对话框。在其中可对数字万用表的表内阻的量程等参数进行设置。

① Electronic setting（电子设置）栏。

Ammeter resistance(R)：设置电流表的表头内阻，其大小会影响电流测量的精度。

Voltmeter resistance(R)：设置电压表的表头内阻，其大小会影响电压测量的精度。

Ohmmeter resistance(I)：设置欧姆表的表头内阻。理想的电表的内部电阻对测量结果无影响。而在实际测量中，测量结果在一定程度上受到电表内阻的影响，在 NI Multisim11 中可以通过内部参数的设置来模拟实际测量的结果。

dB relative value(V)：相应的 dB 电压值。

② Display setting（显示设置）栏。

Ammeter overrange(I)用来设定电流表的量程。

Voltmmeter overrange(V)：用来设定电压表的量程。

Ohmmeter overrange(R)：用来设定欧姆表的量程。

（2）功率表的使用

功率表用于测量电路的功率及功率因数，其在仪器工具栏的按钮、电路中的图标及控制面板如图 2-1-4 所示。

功率表的连接如图 2-1-1 所示，图标左边 V 标记的两个端子用于测量电压，与被测端并联；右边 I 标记的两个端子用于测量电流，与所要测试电路串联。测试结果显示平均功率为72.000mW，功率因素为 1，如图 2-1-4 所示。

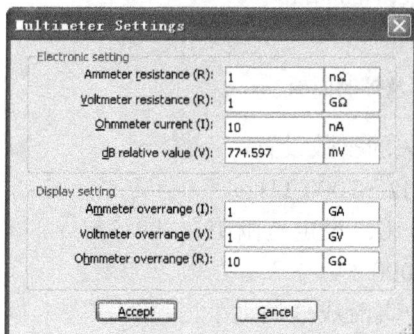

图 2-1-3　数字万用表的设置对话框   图 2-1-4　功率表的按钮、图标及控制面板

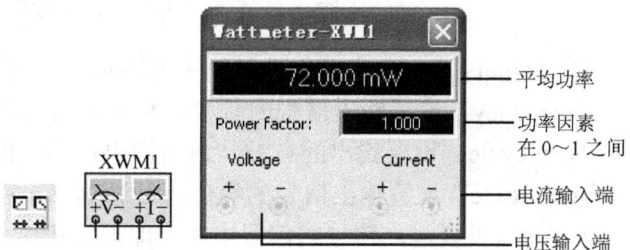

2. 半波整流电路的测量

在 NI Multisim11 电路工作区建立如图 2-1-5 所示的半波整流仿真电路图。用函数信号发生器提供半波整流电路的输入信号：频率为 1kHz，幅度为 10V 的正弦交流信号。用示波器

测量半波整流电路的输入和输出波形；用测量探针测量电压、电流及频率。

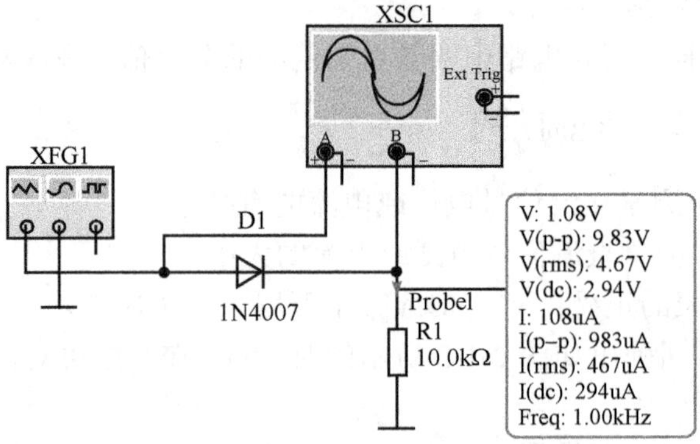

图 2-1-5   半波整流仿真电路

（1）函数信号发生器的使用

函数信号发生器是可提供正弦波、三角波和方波的信号源，其产生波形的频率、幅度、占空比和直流偏移等都可以调整。函数信号发生器的范围很宽，几乎覆盖了交流、音频乃至射频的频率信号。函数信号发生器在仪器工具栏的按钮、电路中的图标及控制面板如图 2-1-6 所示。

控制面板的各部分的功能如下所述。

① Waveforms 栏：3 种波形按钮分别表示函数信号发生器可以产生正弦波、三角波和方波信号。

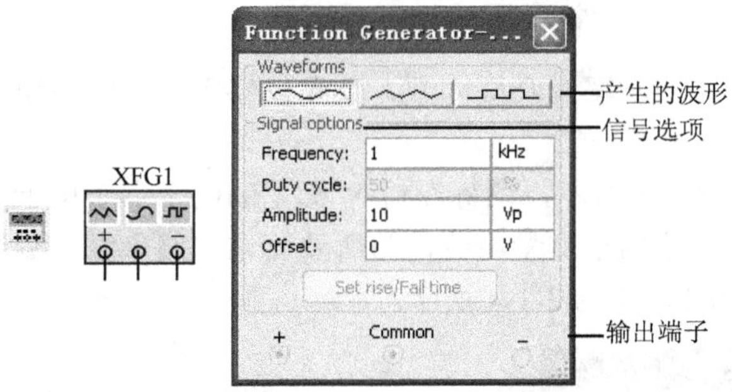

图 2-1-6   函数信号发生器的按钮、图标及控制面板

② Signal options 栏：用于对选中的波形信号进行相关的参数设置。

Frequency：设置输出信号的频率。频率可选范围 1 FHz～1000 THz。

Duty cycle：设置输出的方波和三角波电压信号的占空比。设定范围 1%～99%。

Amplitude：设置输出信号的峰值。可选范围 1 FV～1000 TV。

Offset：设置输出信号的偏置电压，即设置输出信号中直流成分的大小。

Set rise/Fall time：设置上升沿与下降沿的时间。仅对方波有效。

＋：表示波形电压信号的正极性输出端。

－：表示波形电压信号的负极性输出端。

Common：表示公共接地端。

在图 2-1-5 中，函数信号发生器产生幅值为 10V，频率为 1kHz 的正弦交流信号从"＋"、

"Common"端子输出，是正极性信号。若从"－"、"Common"端子输出，是负极性信号。连接"＋"和"－"端子，输出信号幅值是单极信号的两倍。同时连接"＋"、"Common"和"－"端子，"Common"端子作为公共地端，此时输出两个幅值相等、极性相反的信号。

（2）双踪示波器的使用

双踪示波器是用来观察信号波形并测量信号幅度、频率及周期等参数的仪器。其在仪器工具栏的按钮、电路中的图标及控制面板如图 2-1-7 所示。

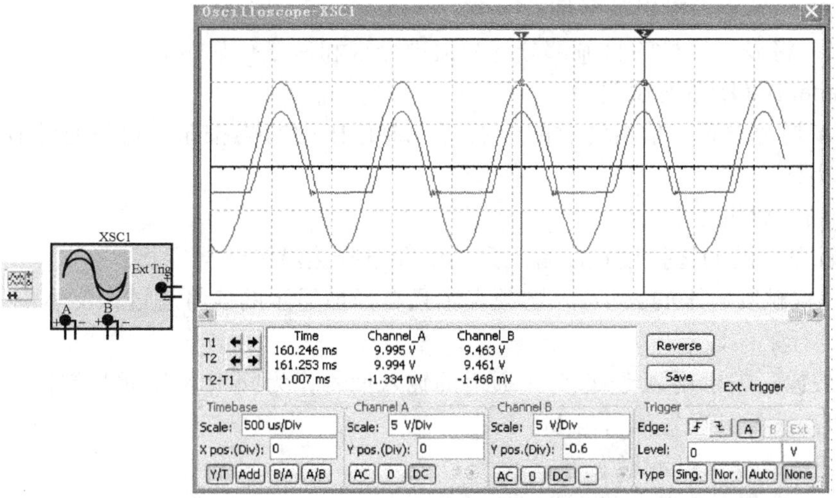

图 2-1-7　双踪示波器的按钮、图标及控制面板

双踪示波器的面板控制设置与真实示波器的设置基本一致，一共分成 3 个模块的控制设置。

① Timebase（时基设置）。

主要用来进行时基信号的控制调整。其各部分功能如下所述。

Scale 栏：X 轴刻度选择。控制在示波器显示信号时，X 轴每一格所代表的时间。单位为 ms/Div，范围为 1Fs～1000Ts。直接单击比例右侧的 X 轴刻度选择参数设置文本框，将弹出上/下拉按钮，即可为显示信号选择合适的时间刻度。

X pos.（Div）（X 轴位移）：用来调整时间基准的起始点位置。即控制信号在 X 轴的偏移位，调整的范围为–5～+5 Div。直接单击 X 位置右侧的参数设置文本框，将弹出上/下拉按钮，即可为显示信号选择合适的起点。正值使起点向右移动，负值使起点向左移动。

Y/T 按钮：选择 X 轴显示时间刻度且 Y 轴显示的电压信号幅度的示波器显示方式，即信号波形随时间变化的显示方式，是打开示波器后的默认显示方式。

Add 按钮：选择 X 轴显示时间以及 Y 轴显示的电压信号幅度为 A 通道和 B 通道的输入电压之和。

B/A 按钮：选择将 A 通道信号作为 X 轴扫描信号，将 B 通道信号施加在 Y 轴上。

A/B 按钮：选择将 B 通道信号作为 X 轴扫描信号，将 A 通道信号施加在 Y 轴上。

② Channel A（A 通道设置）。

Scale 栏：Y 轴的刻度选择。Y 轴每一格所代表的电压刻度。单位为 V/Div。范围为 1Fv～1000Tv。直接单击比例右侧的 Y 轴刻度选择参数设置文本框，将弹出上/下拉按钮，即可为显示信号选择合适的 Y 轴电压刻度。比例参数设置文本框主要用于在显示信号时，对输出信号进行适当的衰减，以便能在示波器的显示屏上观察到完整的信号波形。

③ Y pos.（Div）（Y 轴位移）：用来调整示波器 Y 轴方向的原点。即波形在 Y 轴的偏移位置，调整范围为–99～+99 Div；直接单击 Y 位置右侧的参数设置文本框，将弹出上/下拉按钮，即可为显示信号选择合适的 Y 轴起点位置。正值使波形向上移动，负值使波形向下移动。Y 位置主要用于使两个混合在一起的信号通过 Y 轴原点的设置区分开。

AC 方式：滤除显示信号的直流部分，仅仅显示信号的交流部分。

0：没有信号显示，输出端接地。

DC 方式：将显示信号的直流部分与交流部分求和后进行显示。

④ Channel B（B 通道设置）。

用法同 A 通道设置。值得注意的一点是在通道 B 中的 按钮，可将通道 B 的输入信号进行 180º 的相移。

⑤ Trigger（触发设置）。

Edge：触发边沿的选择设置，有上升边沿和下降边沿等选择方式。

Level：设置触发电平的大小，该选项表示只有当被显示的信号超过该文本框中的数值时，示波器才能进行采样显示。

A 和 B 按钮：表示用 A 通道或 B 通道的输入信号作为同步 X 轴时基扫描的触发信号。

Ext 按钮：选择外触发信号触发。

Sing 按钮：选择单脉冲触发方式。

Nor 按钮：选择一般脉冲触发方式。

Auto 按钮：自动触发方式，只要有输入信号就显示波形。

⑥ 数值显示区的设置。

T1 对应光标 1，T2 对应光标 2。单击按钮 T1 ←→ 的左右指向的两个箭头，可将光标 1 在示波器的显示屏中移动；单击 T2 ←→ 按钮也可以移动光标 2。或者直接拖光标 1、2 左右移动，在示波器显示屏下方的条形显示区中，对应显示 T1 和 T2 光标所对应的时间和相应时间所对应的 A、B 通道的波形幅值。通过这个操作，可以简要地测量 A、B 两个通道的各自波形的周期以及某一通道脉冲信号的上升和下降时间等参数。

Time 项的数值从上到下分别为：光标 1 当前位置，光标 2 当前位置，两光标之间的位置差。

Channel_A 项的数值从上到下分别为：光标 1 处 A 通道的输出电压值，光标 2 处 B 通道的输出电压值，两光标处电压差。

Reverse ：改变屏幕背景颜色（白和黑之间转换）。

Save ：以 ASCII 文件形式保存扫描数据。

对图 2-1-5 所示的半波整流仿真电路进行仿真，启动仿真开关，示波器的显示结果如图 2-1-7 所示。A 通道显示半波整流电路的输入波形为正弦波，周期 T=1.007ms，幅值 U_m=9.995V；B 通道显示半波整流电路的输出波形为半波，即负半周被削掉，其周期 T=1.007ms，幅值 U_m=9.461V。

（3）测量探针的使用

测量探针测是一种在电路中不同位置快速测量电压、电流及频率的有效工具。测量探针有以下两种情况。

① 动态探针。

在仿真过程中，将探针拖放到电路中任何配线处便可得到如图 2-1-8 所示的探针读数标签。

- 首先单击菜单【Simulate】→【Run】命令或者启动仿真开关来激活电路。
- 在仪器工具栏中找到测量探针按钮 🔲 并单击鼠标左键。此时测量探针附着在鼠标的光标旁。
- 移动光标到目标测量点，此时出现测量读数，如图 2-1-9 所示。
- 放弃激活探针，单击测量探针按钮或按下【Esc】键即可。

图 2-1-8　动态探针测量

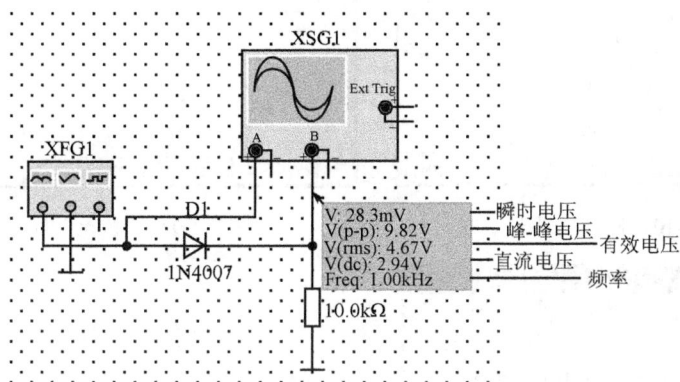

图 2-1-9　探针移动测量

- 设置动态探针的属性。

单击菜单【Simulate】→【Dynamic Probe Properties】命令，弹出"Probe Properties"（探针属性）对话框如图 2-1-10 所示。

选择"Display"（显示）标签页并在"Color"（颜色）框内设置以下选项。

- "Background"（背景）指当前所选探针的文本窗口背景颜色。
- "Text"（文本）指当前所选探针窗口文本的颜色。

在"Size"（大小）框中，输入 Width（宽）和 Height（高）的值，或者设置"Auto-resize"（自动调整大小）为允许。

选择"Font"（字体）标签页修改探针窗口中文本的字体如图 2-1-11 所示。

选择"Parameters"（参数）标签页如图 2-1-12 所示。根据需要设置"Use reference probe"（使用参考探针）复选框为允许，并从下拉框中选择所需的探针参数。动态测量需选择参考探针（代替地），使用该方法可以用来测量电压增益或相位移动。

要隐藏一个参数（V$_{pp}$），在所需设置参数的"Show"（显示）列中锁定即可。

使用"Mininum"（最小）和"Maximum"（最大）列，设置参数的范围。

根据需要，可在"Precision"（精度）列修改显示参数的有效数字。

② 静态探针。

在仿真运行前，可以将若干个探针放置到电路中需要的点上，这些探针保持固定，并且包含来自仿真的数据，直到另一个仿真开始运行，或者数据清除，如图 2-1-13 所示。

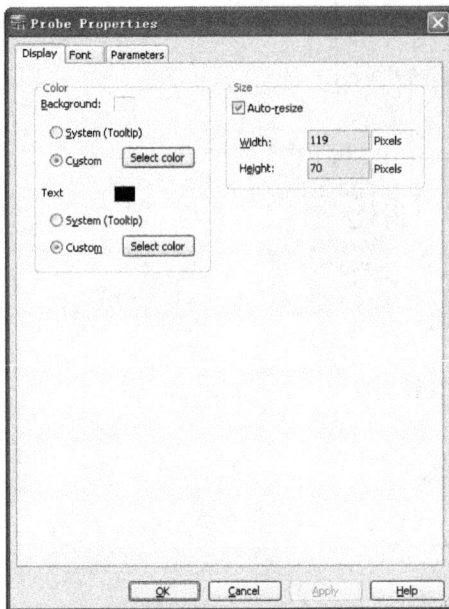

图 2-1-10　探针属性对话框

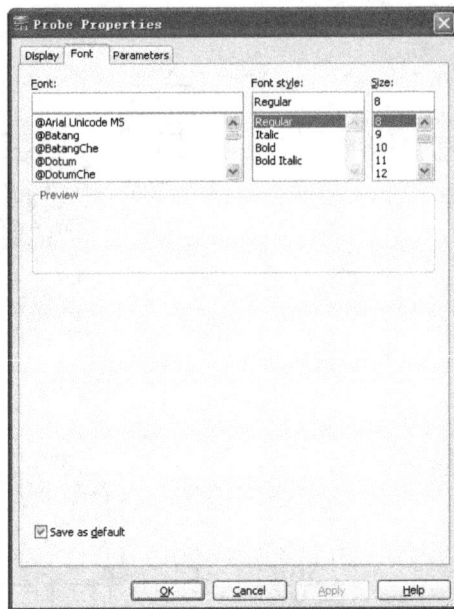

图 2-1-11　"Font"标签页

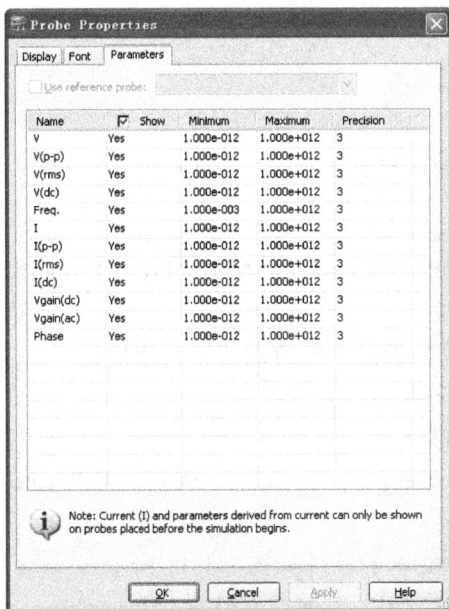

图 2-1-12　"Parameters"标签页

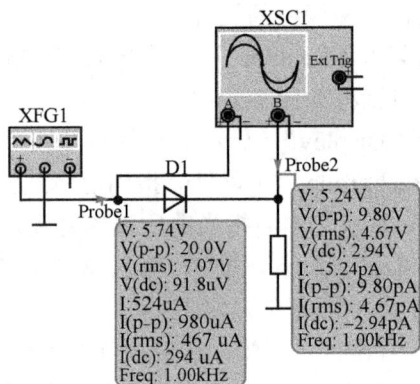

图 2-1-13　静态探针测量

- 首先在仪器工具栏中用鼠标左键单击测量探针按钮，并托放到电路中的测试点，此时，被测点上有一个带箭头 Probe1 标识，并弹出数据窗口，如图 2-1-14（a）所示。
- 单击菜单【Simulate】→【Run】命令或者启动仿真开关激活电路。此时数据窗口出现测量读数如图 2-1-14（b）所示。

若要隐藏探针的内容，可在探针上单击右键并选择【Show Content】（显示内容）命令，此时探针显示为一个箭头，如图 2-1-14（c）所示。

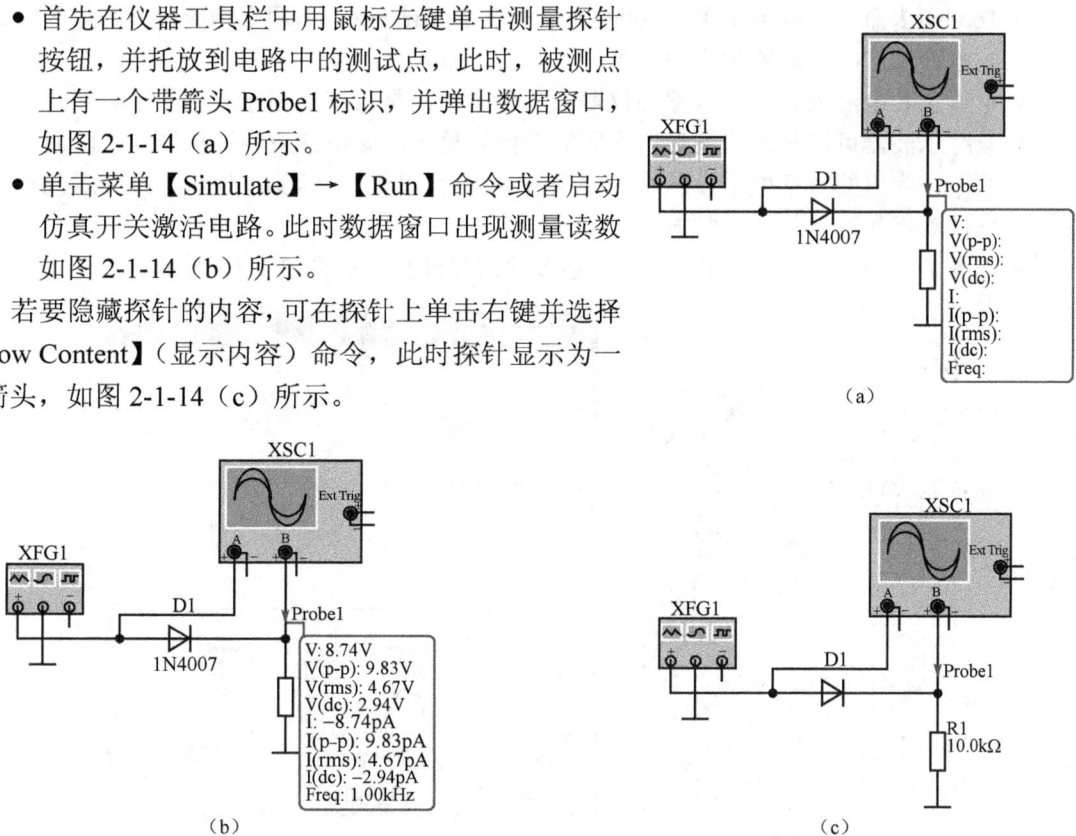

图 2-1-14　静态探针的读数标签

- 设置静态探针（已放置）的属性。

首先用鼠标左键双击所需的探针，弹出"Probe Properties"（探针属性）对话框。如图 2-1-15 所示。

选择"Display"（显示）标签页并在"Color"（颜色）框设置以下选项。

- "Background"（背景）、"Text"（文本）、"Size"（大小）框中的设置与动态探针属性设置相同。

在"RefDes"（参考注释）框中设置以下选项。

- "RefDes"（参考注释）为所选的探针输入参考注释值，默认为 Probe1，Probe12 等。
- "Hide RefDes"（隐藏参考注释）为所选的探针隐藏参考注释。
- "Show RefDes"（显示参考注释）为所选的探针设置显示参考注释。
- "Use global settings"（使用全局设置）使用"Sheet Properties"（电路图表属性）中的"circuit"（电路）标签页的设置项设置显示或隐藏参考注释值。

根据需要，禁用"Show popup window"（显示快捷窗口）复选框，隐藏所选探针的内容。

"Font"（字体）标签页、"Parameters"（参数）标签页的设置与动态探针属性设置相同。

三、技巧要点

- 若仪器工具栏没有显示出来，可单击【View】菜单下【Toobars】项中的【Instrument

Toolbar】命令，或单击【Simulate】菜单下【Instruments】项中相应仪表的命令，即可在电路工作区中放置相应的仪表。

- 电压表和电流表并没有放置在仪器工具栏中，而是放置在指示元件库中。
- 双踪示波器可以将两路波形以不同的颜色来显示，即快速双击连接 A、B 两通道的导线，在弹出的对话框中设置导线的颜色，此时波形的显示颜色便与导线的颜色相同，这样观察和测量起来非常方便。
- 在图 2-1-5 中，可用四踪示波器观察多路信号波形，如图-2-1-16 所示。

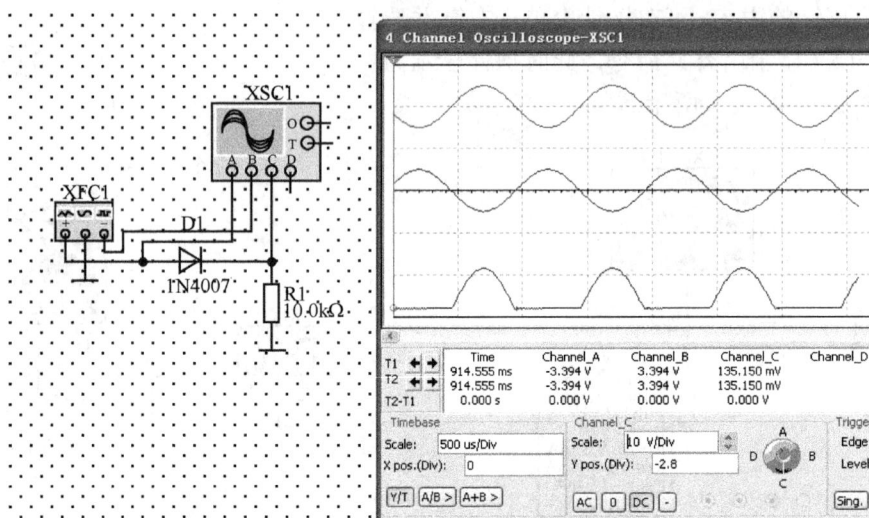

图 2-1-15　用四踪示波器观察多路信号波形

- 动态探针不能用于测量电流，静态探针在仿真运行后放置也不能测量电流。

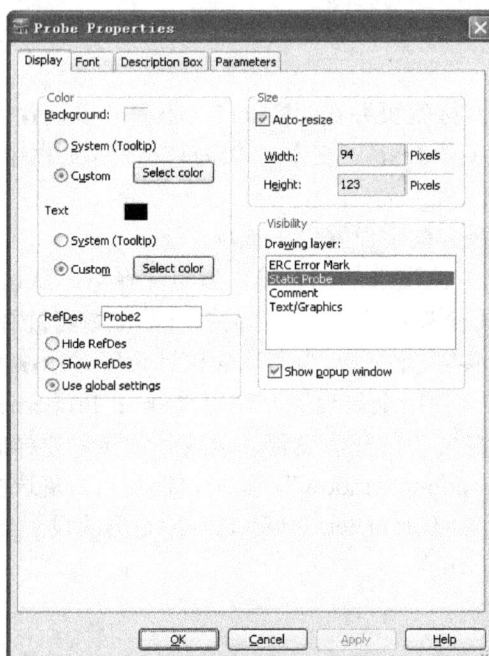

图 2-1-16　探针属性对话框

任务二　模拟电路常用虚拟仿真仪器的使用

一、任务目标

学习波特图示仪、失真分析仪、伏安特性分析仪的使用方法。

二、任务实施过程

1．用波特图示仪测量简单滤波电路

波特图示仪又称频率特性仪，主要用于测量电路的幅频特性和相频特性。波特图示仪在仪器工具栏的按钮、电路中的图标及控制面板如图2-2-1所示。

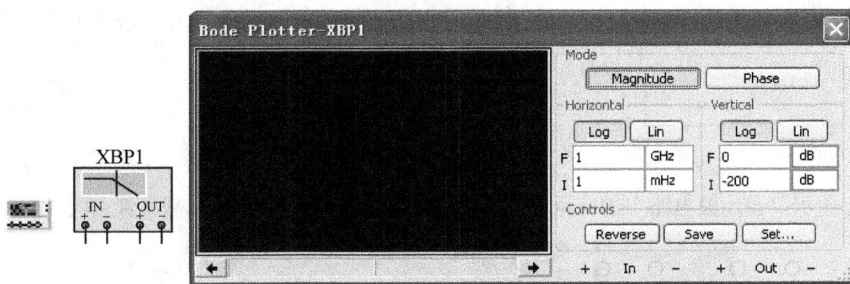

图2-2-1　波特图示仪的按钮、图标及控制面板

（1）波特图示仪的控制面板设置

① Mode（模式）区。

● Magnitude：设置选择显示幅频特性曲线。

● Phase：设置选择显示相频特性曲线。

② Horizontal（水平坐标）/Vertical（垂直坐标）设置区。

● Log（对数）：对数坐标。

● Lin（线性）：线性坐标。

● F：设置频率的最终值。

● I：设置频率的初始值。

③ Controls（控制）区。

● Reverse（反向）：用于设置显示窗口的背景颜色（黑或白）。

● Save（保存）：保存测量结果。

● Set（设置）：设置扫描的分辨率。单击该按钮弹出如图2-2-2所示的对话框，设置的数值越大，分辨率越高，但运行时间越长。

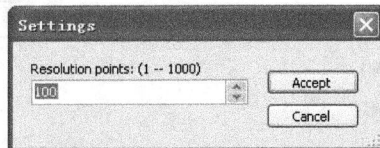

（2）彼特图示仪的连接

在彼特图示仪内部参数设置控制面板的最下方有输入

图2-2-2　设置对话框

和输出两个按钮，它们分别对应图标中的IN和OUT两个接口如图2-2-1所示。IN是被测信

号输入端口："＋"和"－"信号分别接入被测信号的正端和负端。OUT 是被测信号的输出端口："＋"和"－"分别接入仿真电路的正端和负端。

（3）简单滤波电路的测试

在 NI Multisim11 电路工作区中建立图 2-2-3 所示的仿真电路。双击 XBP1 波特图示仪图标打开控制面板，对内部参数进行如图 2-2-4 和图 2-2-5 所示的参数设置。然后单击仿真运行按钮，对电路进行仿真，在波特图示仪的显示窗口的正下方单击 ← 或 → 按钮。波特图示仪的光标将会按所设的数值单位移动。在文本框中将显示对应的水平轴的频率值和垂直刻度的值或相位值。

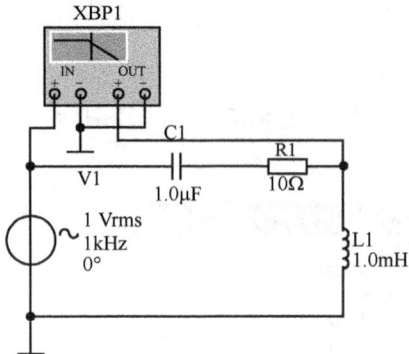

图 2-2-3　波特图示仪在滤波电路中的应用

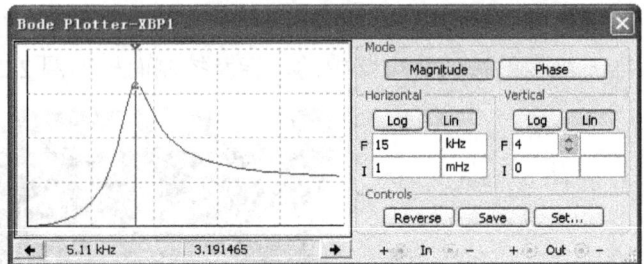

图 2-2-4　幅频特性曲线

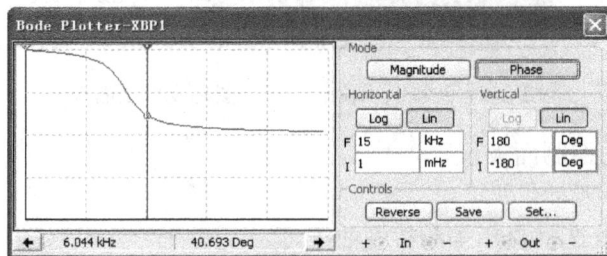

图 2-2-5　相频特性曲线

2．用失真分析仪测量放大电路

失真分析仪是一种用来测量电路总谐波失真和信噪比等参数的仪器，其在仪器工具栏的按钮、电路中的图标及控制面板如图 2-2-6 所示。

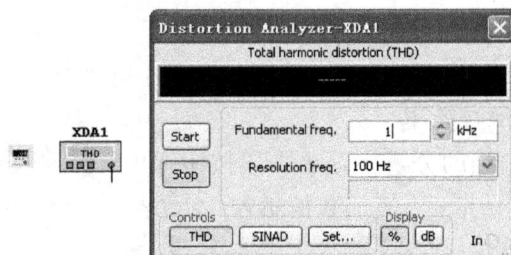

图 2-2-6　失真分析仪的按钮、图标及控制面板

由图 2-2-6 可见，失真分析仪只有一个输入端子，它用来连接被测电路的输出端。

（1）失真分析仪的控制面板设置

① Total harmonic distortion(THD)区：用于显示总谐波失真的测试值，单位可以选用百分比（%），也可以选用分贝（dB）。可通过单击"Display"区中【%】按钮和【dB】按钮来完成。

Start 按钮：单击该按钮为开始测试。电路仿真开关打开后，该按钮会自动按下。一般来说，刚开始测试的时候显示屏的数值会不太稳定，经过一段时间运行计算后，便可以显示稳定的数值，此时如若要读取测试结果，停止测试即可。

Stop 按钮：单击该按钮为停止测试。

② 分析设置区。

● Fundamental freq：用于设置基频。

● Resolution freq：用于设置分辨率频率。

③ Controls（控制）区。

THD 按钮：表示选择测试总谐波失真，界面显示测试结果为总谐波失真。

SINAD 按钮：表示选择测试信号信噪比，在失真分析仪中，表示信噪比的方式只有分贝数的形式。

Set... 按钮：用来设置测试的参数，单击该按钮后出现如图 2-2-7 所示的设置对话框。

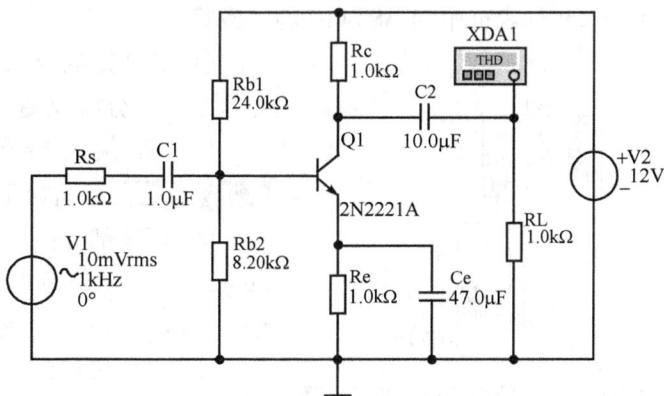

设置对话框中 THD definition 区只用于设置总谐波失真的定义方式，包括 IEEE 和 ANSI/IEC 两种定义方式。Harmonic num 栏用于选取谐波次数。FFT points 栏设置傅里叶变换点，在其下拉列表中有 6 项选择内容：1024, 2048, 4096, 8192, 16384, 327680 选定后，单击【Accept】按钮即可。

（2）三极管单级放大电路总谐波失真和信噪比的测量

在 NI Multisim11 电路工作区建立图 2-2-8 所示仿真电路。双击 XDA1 失真分析仪图标，打开控制面板，单击 THD 按钮进行总谐波失真分析，将分析的基频设置为 1kHz，其他参数使用默认值。单击 按钮，将开关打至"1"的位置，对电路进行仿真，测试结果如图 2-2-9 所示。

单击 SINAD 按钮进行信噪比分析，将分析的基频设置为 1kHz，其他参数使用默认值。启动仿真开关对电路进行仿真，测试结果如图 2-2-10 所示。

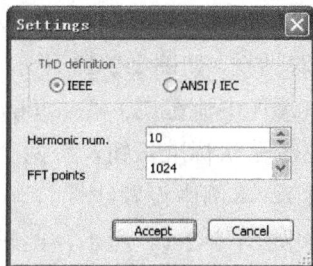

图 2-2-7　设置对话框　　　　　　　　图 2-2-8　三极管单级放大电路

图 2-2-9　总谐波失真分析结果

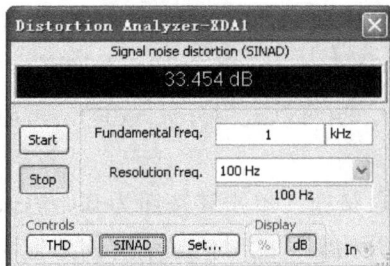

图 2-2-10　信噪比分析结果

3．用伏安特性分析仪测量三极管

伏安特性分析仪用于测量二极管、三极管和场效应管的伏安特性曲线。伏安特性分析仪在仪器工具栏的按钮、电路中的图标及控制面板如图 2-2-11 所示。

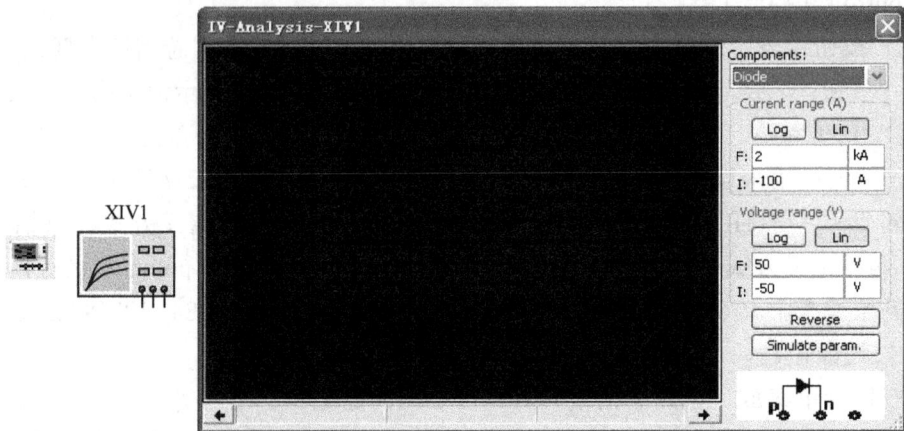

图 2-2-11　伏安特性分析仪的按钮、图标及控制面板

使用伏安特性分析仪测量一个元件的步骤如下。

① 单击伏安特性分析仪在工具栏的按钮，将其图标放置在电路工作区，双击图标打开仪器。

② 从元器件库的 Family 下拉列表里选择要分析的元器件类型，如 MOS_3TEP，在 Component 列表框中选 BST110 场效应管。

图 2-2-12　伏安特性分析仪测试电路

③ 将选定的 BST110 场效应管放置在电路工作区，并与伏安特性分析仪图标按如图 2-2-12 所示的方法连接。

④ 在伏安特性分析仪的控制面板中，单击 Simulate param. 按钮显示仿真参数对话框，如图 2-2-13 所示。

⑤ 可选部分：Current range（A）（电流范围）和 Voltage range（V）（电压范围）栏内的更改默认标准按钮，有两个选项，Log（对数）或 Lin（线性），本例中设置线性。

⑥ 启动仿真开关，测试结果如图 2-2-14 所示，此时 $V_{gs}=3.5V$。

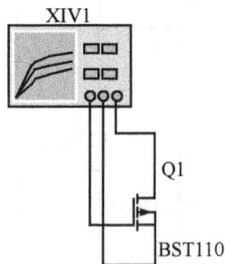

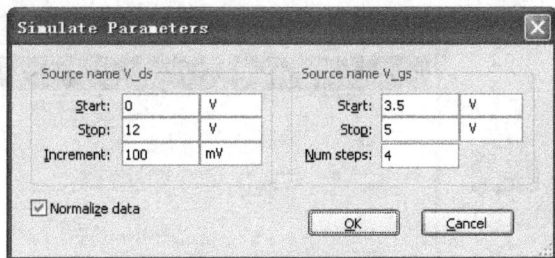

图 2-2-13 仿真参数对话框

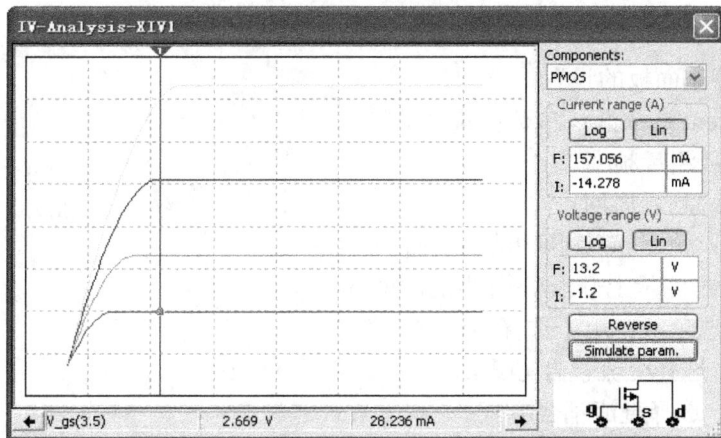

图 2-2-14 伏安特性测试结果

三、技巧要点

- 伏安特性分析仪只能测量未连接在电路里的单个元件。所以，在测量电路中的元器件之前，要先将其从电路中断开。
- 用波特图示仪对电路特性测量时，被测电路中必须有一个交流信号源。同时注意：当设置水平轴标尺时，初始值（I）频率必须小于最终值（F）频率。

任务三 数字电路常用虚拟仿真仪器的使用

一、任务目标

学习频率计、字信号发生器、逻辑分析仪、逻辑转换仪的使用方法。

二、任务实施过程

1. 用频率计测量信号源

频率计可以用来测量数字信号的频率、周期、相位以及脉冲信号的上升沿和下降沿。频率计在仪器工具栏的按钮、电路中的图标及控制面板如图 2-3-1 所示。

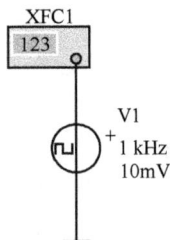

图 2-3-1   频率计的按钮、图标及控制面板

（1）频率计控制面板的设置

① Measurement 选项区：参数测量区。

Freq 按钮：测量频率。

Pulse 按钮：测量周期。

Period 按钮：测量正/负脉冲的持续时间。

Rise/Fall 按钮：测量上升沿/下降沿的时间。

② Coupling 选项区：用于选择电流耦合方式。

AC 按钮：选择交流耦合方式。

DC 按钮：选择直流耦合方式。

③ Sensitivity（RMS）选项区：主要用于灵敏度的设置。

④ Trigger level 选项区：触发电平设置区。当被测信号的幅度大于触发电平时才能进行测量。

（2）测量交流信号源的输出频率

在 NI Multisim11 电路工作区建立图 2-3-2 所示仿真电路。信号源 V1 产生频率为 1kHz，幅度为 10mV 的方波信号。信号幅度较小，远小于图 2-3-1 中所示的 Sensitivity(RMS)选项区的触发电平的默认数值。为了能够测量该信号的频率，要重新设置 Sensitivity(RMS)选项区的触发电平的数值。在本例中，将触发电平的数值设置为 3mV。

启动仿真开关，进行仿真并观测仿真的结果，测量结果如图 2-3-3 所示。

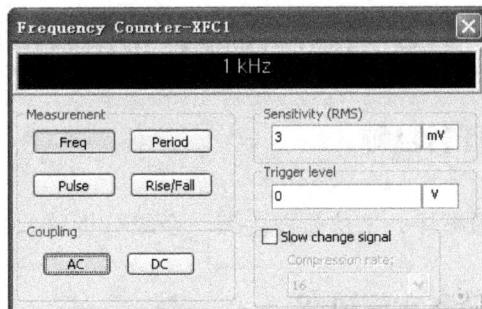

图 2-3-2   频率计测试电路   图 2-3-3   频率计测量结果

2．用字信号发生器输出 8421BCD 码驱动数码管

字信号发生器又称为数字逻辑信号源，可以采用多种方式产生 32 位同步逻辑信号，用于对数字电路进行测试，是一个通用的数字输入编辑器。字信号发生器在仪器工具栏的按钮、

电路中的图标及控制面板如图 2-3-4 所示。

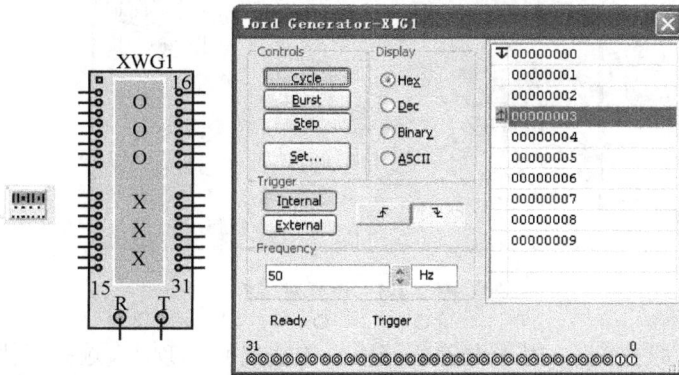

图 2-3-4　字信号发生器的按钮、图标及控制面板

（1）字信号发生器控制面板的设置

① Controls（控制）区：输出字符控制，用来设置字信号发生器的最右侧的字符编辑显示区。字符信号的输出方式，有下列 3 种模式。

- Cycle（循环）：在已经设置好的初始值和终止值之间循环输出字符。
- Burst（脉冲）：每单击一次，字信号发生器将从初始值开始到终止值结束的逻辑字符输出一次，即单页模式。
- Step（单步）：每单击一次，输出一条字信号，即单步模式。
- Set（设置）：选择输出模式，单击该按钮，弹出图 2-3-5 所示的对话框。该对话框主要用来设置字符信号的变化规律。其中各参数含义如下所述。

No change：保持原有的设置。

Load：加载以前的字符信号文件。

Save：保存当前的字符信号文件。

Clear buffer：将字符编辑显示区字信号清零。

Up counter：字符编辑显示区字信号以加 1 的形式计数。

Down counter：字符编辑显示区字信号以减 1 的形式计数。

Shift right：字符编辑显示区字信号右移。

Shift left：字符编辑显示区字信号左移。

Display type 选项区：用来设置字符编辑显示区字信号的显示格式，Hex（十六进制）或 Dec（十进制）。

Buffer size：字符编辑显示区的缓冲区的长度。

Initial pattern：采用某种编码的初始值。

② Display（显示）区：用于设置字信号发生器的字符编辑显示区的字符显示格式，有十六进制、十进制、二进制、ASCII 等几种计数格式。

③ Trigger（触发）区：用于设置触发方式。

- Internal：内部触发方式，字符信号的输出由 Controls（控制）区的 3 种输出方式中的某一种来控制。
- External：外部触发方式，此时，需要接入外部触发信号。右侧的两个按钮用于外部触发脉冲的上升或下降沿的选择。

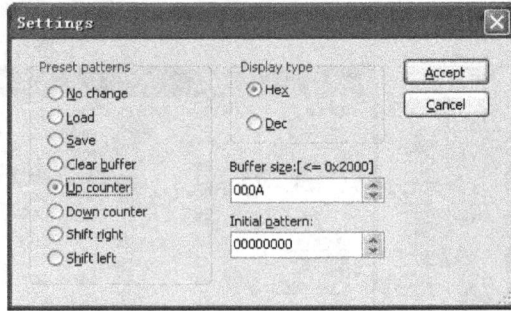

图 2-3-5　设置对话框

④ Frequency（频率）区：用于设置字符信号的输出时钟频率。选择范围 1 Hz～1000 MHz

⑤ 字符编辑显示区：字信号发生器的最右侧的空白显示区，用来显示字符。

（2）用字信号发生器驱动数码管测试

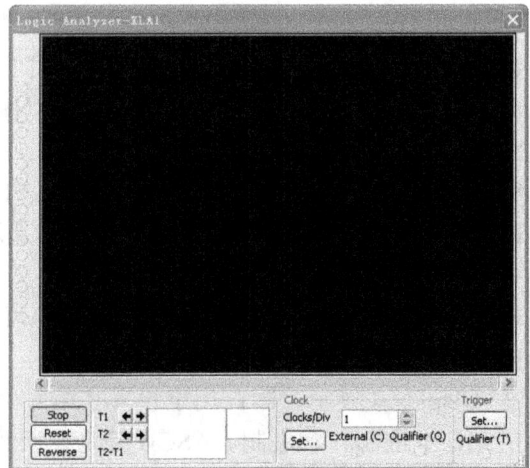

在 NI Multisim11 电路工作区建立如图 2-3-6 所示仿真电路。使用字信号发生器输出 4 位二进制数码，用一个虚拟的七段数码管来显示信号发生器所产生的循环代码。双击 XWG1 字信号发生器图标，对控制面板上的选项和参数进行适当设置如图 2-3-4、图 2-3-5 所示。

启动仿真开关进行仿真，并观测结果，如图 2-3-6 所示。在本例中，七段数码管循环显示 0～9 的数字。

3．用逻辑分析仪观察字信号发生器的输出信号

逻辑分析仪可以同时显示 16 路逻辑信号，常用于数字逻辑电路的时序分析和大型数字系统的故障分析。逻辑分析仪功能类似于示波器，只不过逻辑分析仪可以同时显示 16 路信号，而示波器最多可以显示 4 路信号。逻辑分析仪在仪器工具栏按钮、电路中的图标及控制面板如图 2-3-7 所示。

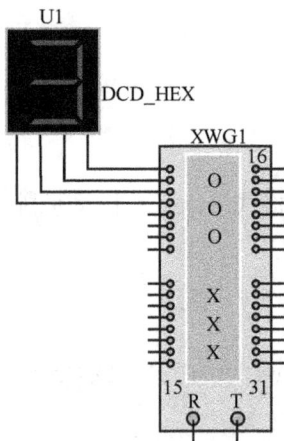

图 2-3-6　字信号发生器驱动数码管　　　　图 2-3-7　逻辑分析仪按钮、图标及控制面板

（1）逻辑分析仪控制面板设置

① 波形显示区。

最上方的黑色区域为逻辑信号的显示区域。

② 显示控制区。

[Stop] 按钮：停止逻辑信号波形的显示。

[Reset] 按钮：复位并清除显示区域的波形，重新仿真。

[Reverse] 按钮：将逻辑信号波形显示区域由黑色变为白色。

③ 光标控制区。

- T1：光标 1 的时间位置。左侧的空白处显示光标 1 所在位置的时间值，右侧的空白处显示该时间处所对应的数据值。
- T2：光标 2 的时间位置。同上。
- T2-T1：显示光标 T2 与 T1 的时间差。

④ Clock（时钟）区：时钟脉冲设置区。

- Clock/Div：用于设置水平方向每格所显示的时钟脉冲个数。

[Set...] 按钮：设置时钟脉冲。单击该按钮弹出如图 2-3-8 所示的"Clock Setup"对话框。

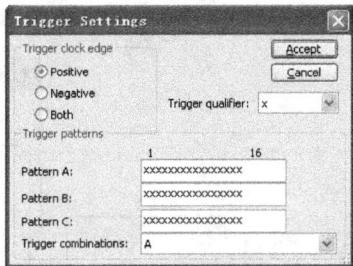

Clock source（时钟源）区：用于设置触发模式，有 Internal（内触发）和 External（外触发）两种模式。

Clock rate（时钟频率）区：用于设置时钟频率，仅对内触发模式有效。

Sampling setting（取样设置）区：用于设置取样方式，Pre-trigger samples 栏设定前沿触发取样数，Post-trigger samples 栏设定后沿触发取样数，Threshold volt.(V)栏设定门限电压。

⑤ Trigger（触发）区：设置触发方式。

单击 [Set...] 按钮，弹出如图 2-3-9 所示"Trigger Settings"对话框。

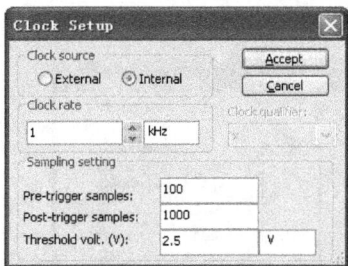

图 2-3-8　"Clock Setup"对话框　　　　　图 2-3-9　"Trigger Settings"对话框

- Trigger clock edge（触发时钟边沿）：用于设置触发边沿，Positive 选项表示上升沿触发，Negative 选项表示下降沿触发，Both 选项表示上升沿或下降沿都触发。
- Trigger qualifier（触发限制）：用于触发限制字设置。X 表示只要有信号逻辑分析仪就采样，0 表示输入为零时开始采样，1 表示输入为 1 时开始采样。
- Trigger patterns（触发模式）：用于设置触发样本，可以通过文本框和混合触发下拉列表框设置触发条件。

（2）用逻辑分析仪观察信号

在 NI Multisim11 电路工作区建立如图 2-3-10 所示的仿真电路。双击 XWG1 逻辑分析仪的图标，将逻辑分析仪的扫描时钟频率设置为 1kHz，其余保持为默认设置。启动仿真后得到如图 2-3-11 所示的仿真结果。

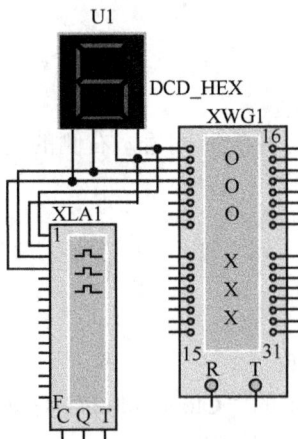

图 2-3-10　用逻辑分析仪观察字信号
　　　　　发生器的输出信号

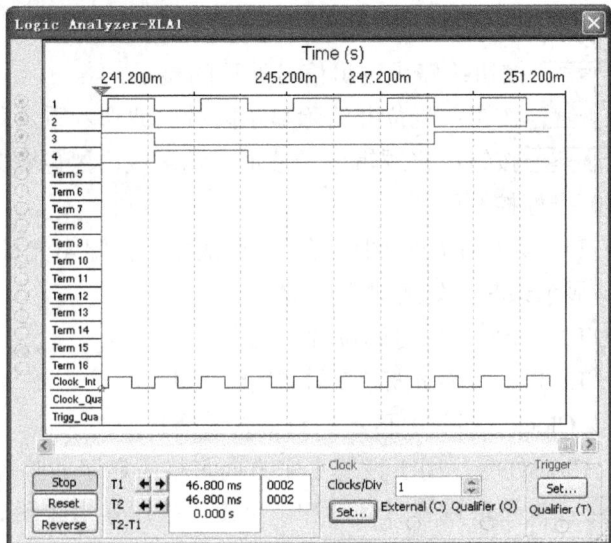

图 2-3-11　逻辑分析仪的显示结果

4. 用逻辑转换仪求逻辑电路的逻辑表达式

逻辑转换仪在对于数字电路的组合电路的分析中有很实际的应用，逻辑转换仪可以在组合电路的真值表、逻辑表达式、逻辑电路之间任意地转换。但是，逻辑转换仪只是一种虚拟仪器，没有实际仪器与之对应。

逻辑转换仪在仪器工具栏按钮、电路中的图标及控制面板如图 2-3-12 所示。

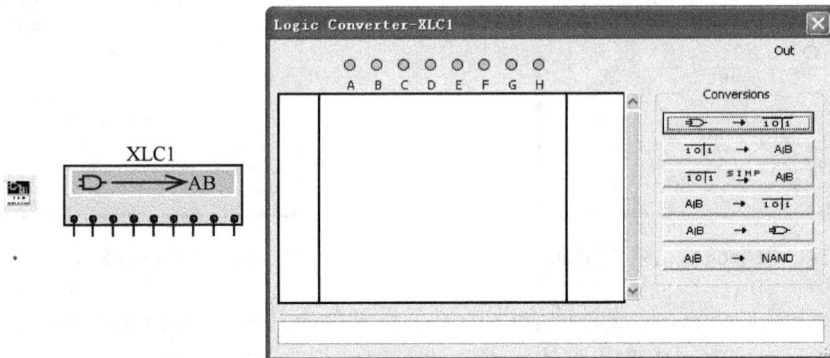

图 2-3-12　逻辑转换仪的按钮、图标及控制面板

（1）逻辑转换仪控制面板设置

① 最上方的 8 个输入端 A, B, C, D, E, F, G, H 和右边的一个输出端 Out 分别对应 XLC1 图标中的 9 个接线端。单击 A, B, C 等几个端子后，在下方的显示区中将显示所输入的数字逻辑信号的所有组合以及其所对应的输出。

② ▷→101 按钮用，于将逻辑电路转换成真值表。在电路工作区中建立仿真电路，然后将仿真电路的输入端与逻辑转换仪的输入端，仿真电路的输出端与逻辑转换仪的输出端连接起来，然后单击此按钮，即可以将逻辑电路转换成真值表。

③ 101→AlB 按钮，用于将真值表转换成逻辑表达式。单击 A, B、C 等几个端子，

在下方的显示区中将列出所输入的数字逻辑信号的所有组合以及其所对应的输出，然后单击此按钮，即可以将真值表转换成逻辑表达式。

④ ［ⅠＯⅠ SIMP AIB］按钮，用于将真值表转换成最简表达式。

⑤ ［AIB → ⅠＯⅠ］按钮，用于将逻辑表达式转换成真值表。

⑥ ［AIB → ⊃─］按钮，用于将逻辑表达式转换成组合逻辑电路。

⑦ ［AIB → NAND］按钮，用于将逻辑表达式转换成由与非门所组成的组合逻辑电路。

⑧ 逻辑转换仪最下方的文本框中用于显示逻辑表达式和最简逻辑表达式。

（2）用逻辑转换仪求图 2-3-13 所示逻辑电路的逻辑表达式

在 NI Multisim11 电路工作区建立逻辑电路图，并将逻辑转换仪接入电路如图 2-3-13 所示。然后单击 ［⊃─ → ⅠＯⅠ］按钮，将逻辑电路转化为真值表形式，如图 2-3-14 所示。

最后单击 ［ⅠＯⅠ SIMP AIB］按钮，就可得到该真值表的最简逻辑表达式，$Y=BC+A$，如图 2-3-15 所示。

图 2-3-13　逻辑电路

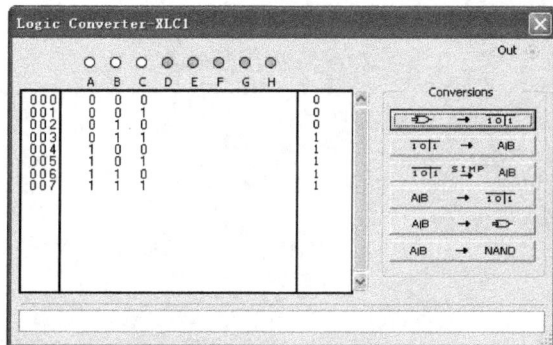

图 2-3-14　将电路转换为真值表　　　　图 2-3-15　将真值表转换为最简逻辑表达式

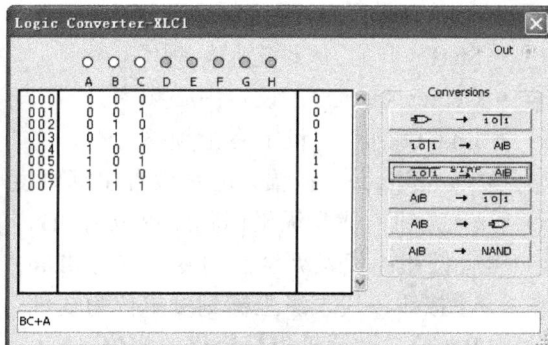

任务四　通信电子电路常用虚拟仿真仪器的使用

一、任务目标

学习频谱分析仪、网络分析仪的使用方法。

二、任务实施过程

1．用频谱分析仪分析混频电路

频谱分析仪用来测量信号所包含的频率及频率所对应的幅度，它具有测量信号的功率和频率成分的作用，有助于分析信号中的谐波成分。频谱分析仪在仪器工具栏的按钮、电路中的图标及控制面板如图 2-4-1 所示。

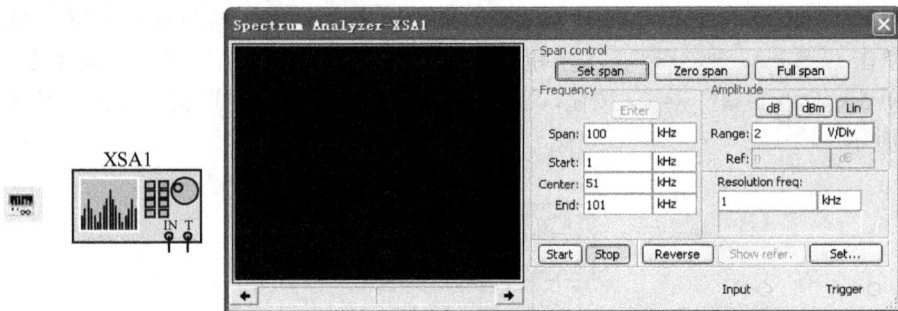

图 2-4-1　频谱分析仪的按钮、图标及控制面板

（1）频谱分析仪控制面板设置

① Span control（量程控制）区：用于选择显示频率变化范围的方式。

Set span 按钮：频率范围由 Frequency（频率）区域设定。

Zero span 按钮：仿真结果由 Frequency（频率）区域的 Center（中心）栏设定的中心频率确定。

Full span 按钮：指全频范围设定为 0 Hz～4 GHz。

② Frequency（频率）区：用于设定频率范围。

- Span（量程）：设定频率范围。
- Start（开始）：设定起始频率。
- Center（中心）：设定中心频率。
- End（终止）：设定终止频率。

③ Amplitude（振幅）区：设置坐标刻度单位。

dB 按钮：代表纵坐标刻度单位为 dB。

dBm 按钮：代表纵坐标刻度单位为 dBm；

Lin 按钮：代表纵坐标刻度单位为线性。

- Range：设置纵坐标每格的幅值。
- Ref：设置参考坐标。

④ Resolution freq（频率分辨率）区：设置频率分辨率，也就是能够分辨的最小谱线间隔。

在参数设置区下面有如下按钮。

Start 按钮：开始分析。

Stop 按钮：停止分析。

Reverse 按钮：改变显示屏幕背景颜色。

`Show refer.` 按钮：显示基准值。

`Set...` 按钮：设置触发源及触发模式，如图 2-4-2 所示。

"Settings" 对话框共分为如下 4 个部分内容。

● Trigger source（触发源）区：用于设置触发源。

Internal：内部触发源。

External：外部触发源。

● Trigger mode（触发方式）区：用于设置触发方式。

Continuous：连续触发方式。

Single：单次触发方式。

图 2-4-2　"Settings" 对话框

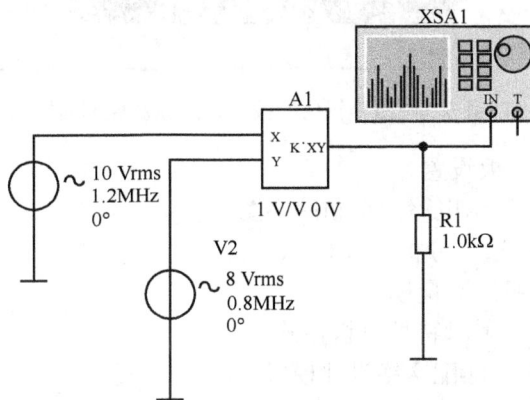

Threshold volt.(V)：阈值电压（V）为门限电压值，默认 2.5V，大于此值便触发采样。

FFT points：为傅里叶变换点，默认的数值为 1024 点。

⑤ 频谱分析仪使用界面的右下方有两个端：Input 输入端和 Trigger 触发端。

（2）混频电路测量

在 NI Multisim11 电路工作区建立如图 2-4-3 所示的混频电路。图中的模拟乘法器 A1 的放置：单击元件工具栏的 ✛ 按钮，从 Source 元件族的 Family 下拉列表里选择 CONTROL_FUNCTION_BLOCKS 项，在 "Component" 列表框中找到 MULTIPLIER。双击频谱分析仪图标，对面板上的各个选项和参数进行适当设置如下。

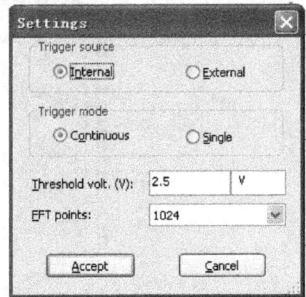

图 2-4-3　混频电路

将 Span 设为 3MHz；Center 设为 1.8MHz；单击【Enter】按钮，频率的起始值自动设为 (1.8−3/2)MHz=300kHz；频率的终止值自动设为 (1.8+3/2)MHz=3.3MHz；因为输出频率的幅度大约是 (8×11)/2=44V，所以在 Lin 模式下设置幅度范围为 10V/Div。

运行仿真开关，单击频谱分析仪【Start】按钮直到仿真输出信号稳定，仿真的结果如图 2-4-4 所示。曲线上的任意一点的频谱成分频率和幅值，可通过移动光标指针并在显示窗中读出。

2．用网络分析仪对 RF 电路进行分析

网络分析仪是一种用来分析双端口网络的仪器，它可以用来测量衰减器、放大器、混频器、功率分配器等电子电路及元件的特性。其在仪器工具栏的按钮、电路中的图标及控制面板如图 2-4-5 所示。

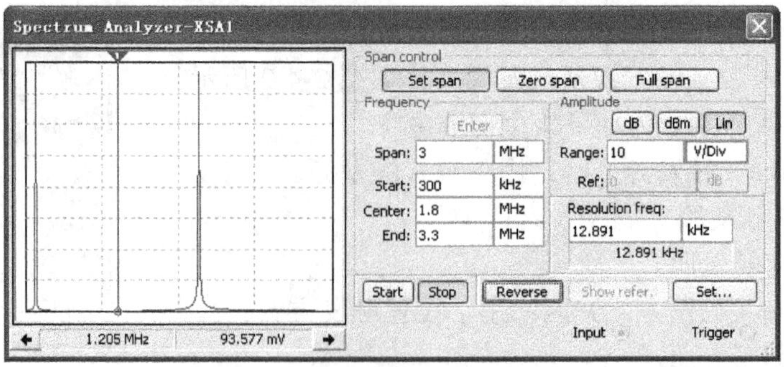

图 2-4-4   频谱分析仪所显示的频谱

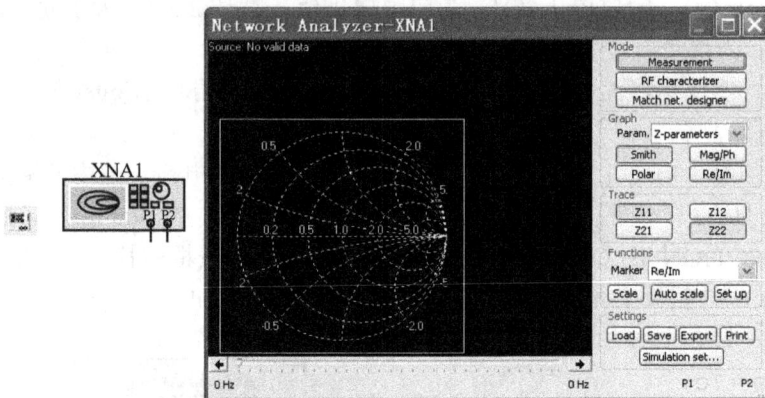

图 2-4-5   网络分析仪的按钮、图标及控制面板

（1）网络分析仪控制面板设置

① 显示屏，主要用于显示电路信息和网络图。

② Mode（模式）区：选择分析模式。

Measurement 按钮：测量模式。

RF characterizer 按钮：射频特性分析模式。

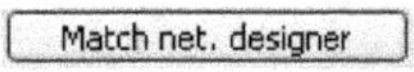

Match net. designer 按钮：匹配网络设计模式。

③ Graph（参数设置）区：选择分析参数及设置结果显示模式。

• Param 栏：选择所要分析的参数，其下拉列表中共有 5 项内容，分别为：S 参数；H 参数；Y 参数；Z 参数；稳定因子。

Smith 按钮：为史密斯格式显示。

Mag/Ph 按钮：显示增益/相位的频率响应图即波特图。

Polar 按钮：显示极化图。

Re/Im 按钮：为实部/虚部显示。

④ Trace（显示参数轨迹）区：选择需要显示的参数。只需单击相应的参数（Z11、Z12、Z21、Z22）按钮即可。

⑤ Functions（功能选择）区：用来设置显示方式。

• Marker（标号）栏内用于设置窗口数据显示模式。该栏下拉列表中共有三个选项：Re/In 代表显示数据为直角坐标模式；Mag/Ph (Degs)代表显示数据为极坐标模式；dBMag/Ph (Deg)代表显示数据为分贝极坐标模式。

Scale 按钮：设置显示模式的刻度系数。

[Auto scale] 按钮：设置程序自动调整刻度参数。

[Set up] 按钮：设置显示窗口的显示参数，包括线宽、颜色等。单击该按钮后，打开如图 2-4-6 所示对话框。可以对网络分析仪显示区的曲线和网络的宽度、颜色，图片框的颜色等参数进行设置。

⑥ Settings（设置）区：对显示屏里的数据进行处理。

[Load] 按钮：装载专用格式的加载数据文件。

[Save] 按钮：存储专用格式的加载数据文件。

[Export] 按钮：输出数据到其他文件。

[Print] 按钮：打印仿真结果。

[Simulation set...] 按钮：仿真设置。单击该按钮，弹出如图 2-4-7 所示的测量设置对话框。在该对话框中，可以设置仿真的起始频率、终止频率、扫描类型、每十倍坐标刻度的点数和特性阻抗。

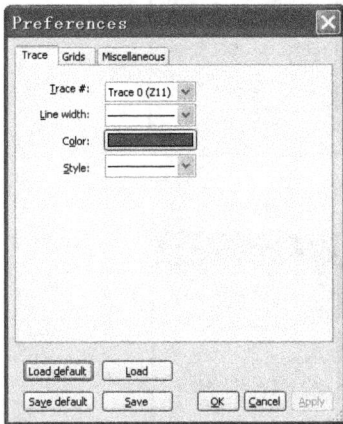

图 2-4-6 "Preferences" 对话框之 Trace 页   图 2-4-7 测量设置对话框

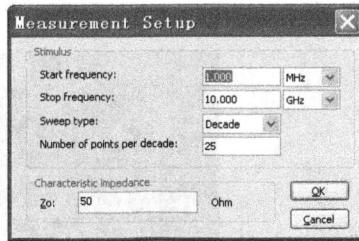

（2）用网络分析仪，对 RF 电路的功率增益、电压增益和输入/输出电阻参数进行分析

① 创建仿真分析的 RF 电路图，如图 2-4-8 所示。

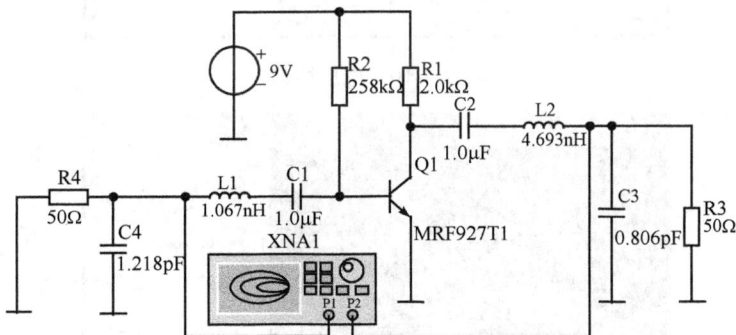

图 2-4-8 RF 仿真电路

② 双击网络分析仪图标，弹出网络分析仪控制面板。在网络分析仪控制面板的 Mode 框中，选择【RF Characterizer】按钮。

③ 在 Trace 选项中，根据需要选择单击 Trace 区中的 PG，APG 或 TPG 选项。那么被选中的变量随频率变化的曲线将显示在网络分析仪的显示窗口中，曲线上方还同时显示某频率

所对应的数值，该频率可以拖动 Maker 区中的频率滚动条来选取。

④ 从 Parameter 的列表中，选择 Gains 选项，则仿真出相对于频率的电压增益曲线。选择 Impedance 选项，则仿真出相对应于频率的输入、输出阻抗曲线。

完成上述创建 RF 仿真电路图及各种参数设置后，单击【Simulate】→【Run】按钮网络分析仪开始运行，并得出 RF 仿真电路的功率增益如图 2-4-9 所示；电压增益如图 2-4-10 所示；输入、输出阻抗如图 2-4-11 所示。

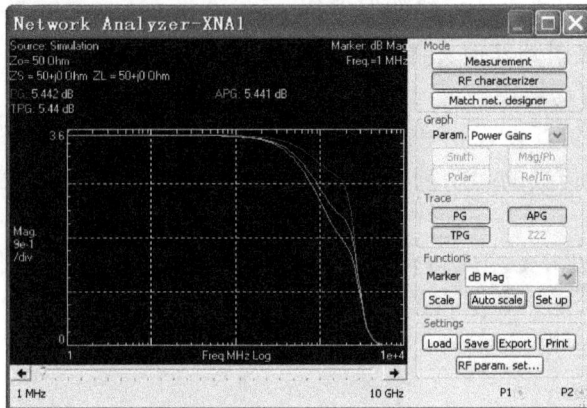

图 2-4-9　功率增益

图 2-4-10　电压增益

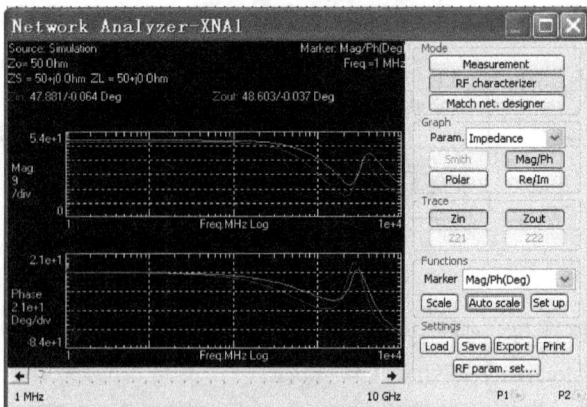

图 2-4-11　输入/输出电阻

三、技巧要点

● 频谱分析仪对信号进行傅里叶变换时，由于开始只有少数几个采样点，故没有提供准确的频谱分析结果，此时所显示的频谱不断变化，刷新几次后才能得到准确的频率和幅度。

● 利用网络分析仪对 RF 电路进行分析时，为了较好地观察功率增益、电压增益、输入/输出电阻等这些参数曲线，每次设置完毕后，应单击【Auto Scale】按钮。

任务五　安捷伦、泰克仿真仪器的使用

一、任务目标

学习安捷伦信号发生器、安捷伦万用表、安捷伦示波器、泰克示波器的使用方法。

二、任务实施过程

1. 用安捷伦信号发生器产生特殊函数波形

安捷伦信号发生器基于 Agilent 技术的 33120 是一个能够建立任意波形的高性能的 15MHz 合成信号发生器。其在仪器工具栏的按钮、电路中的图标及控制面板如图 2-5-1 所示。

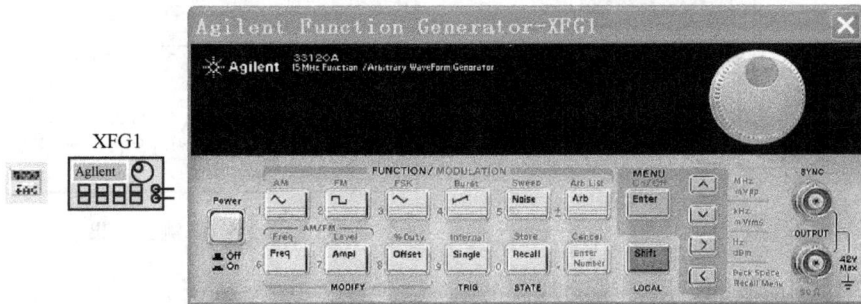

图 2-5-1　安捷伦信号发生器的按钮、图标及控制面板

（1）控制面板的控制按钮功能如下：

① FUNCTION/MODULATION 区：用来产生常用信号。

〜 按钮：输出正弦波，单击【Shift】按钮后，其输出可以改为 AM（调幅）信号。其余按钮用法相同，可分别输出方波、三角波、锯齿波、噪声源，或产生用户定义的任意波形，或者输出为 FM 信号、FSK 信号、Burst 信号、Sweep 信号和 Arb List 信号。

② AM/FM 区：主要通过【Freq】和【Ampl】按钮来调节信号的频率和幅度。

③ MODIFY 区：主要通过【Freq】和【Ampl】按钮来调节信号的调制频率和调制度。【Offset】按钮用来调整信号源的偏置或设置信号源的占空比。

④ TRIG 区：用来设置信号的触发模式，有 Single（单触发）和 Internal（内部触发）两种模式。

⑤ STATE 区：Recall 用于调用上次存储的数据，Store 用于选择存储状态。

⑥ 其他按钮。

Enter Number（Cancel）用于输入数字（取消上次的操作）。【Shift】是功能切换按钮。【Enter】是确认菜单按钮，右侧的 4 个按钮用于子菜单或参数设置。

除了控制面板上的 4 种常用波形外，安捷伦函数发生器还能产生 5 种内置特殊函数波形，即 Sinc 函数、负斜波函数、按指数上升的波形、按指数下降的波形及心律波函数。

（2）用安捷伦函数发生器产生按指数上升函数信号

① 建立如图 2-5-2 所示的电路。单击【Sihft】按钮后，再单击 Arb 按钮，显示屏显示 SINC ~。

② 单击 > 按钮，选择 EXP_RISE ~，单击 Enter 按钮确定所选 EXP_RISE 函数类型。

③ 单击【Shift】按钮后，再单击 Arb 按钮，显示屏显示 EXP_RISE~，再单击 Arb 按钮，显示屏显示 EXP_RISE^{Arb}，Agilent33120A 函数发生器选择按指数上升函数。

④ 单击 Freq 按钮后，通过输入旋钮将输出波形的频率设置为 8.5kHz；单击 Ampl 按钮，通过输入旋钮将输出波形的幅度设置为 3.522V$_{PP}$，单击 Offset 按钮，通过输入旋钮设置输出波形的偏置。

⑤ 设置完毕，启动仿真开关，通过示波器观察波形如图 2-5-3 所示。

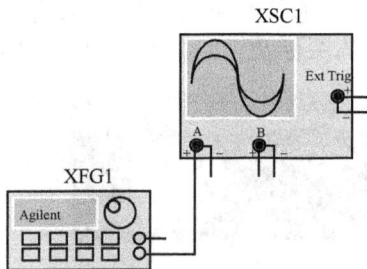

图 2-5-2　仿真电路　　　　　　　图 2-5-3　测试结果

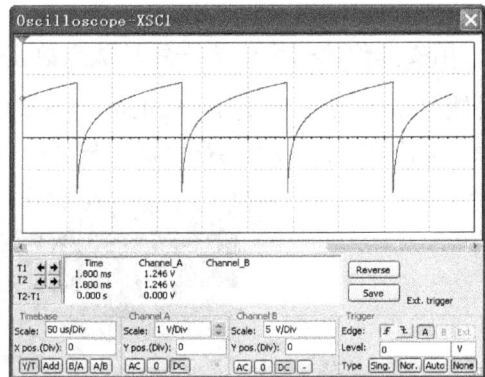

2. 安捷伦万用表的常用参量测量

安捷伦万用表的功能来源于惠普 34401A 型万用表，这是一种 $6\frac{1}{2}$ 位的高性能数字万用表。它不仅可以测量电压、电流、电阻、信号周期和频率，还可以进行数字运算。其在仪器工具栏按钮、电路中的图标及控制面板如图 2-5-4 所示。

图 2-5-4　安捷伦万用表的按钮、图标及控制面板

图 2-5-4 中所示的安捷伦万用表的图标。其中共有 5 个接线端，用于连接被测电路的被测端点。上面的 4 个接线端子分为两对测量输入端，右侧的上下两个端子为一对，左侧上下两个端子为另一对：上面的端子用来测量电压（为正极），下面的端子为公共端（为负极）。最下面一个端子为电流测试输入端。

（1）Agilent 34401A 数字万用表的控制面板设置

① FUNCTION（功能选择）区。

[DC V] 按钮：用于测量直流电压、电流。

[AC V] 按钮：用于测量交流电压、电流。

[Ω 2W] 按钮：用于测量电阻。

[Freq] 按钮：用于测量信号的频率或周期。

[Cont))] 按钮：用于测量连续模式测量电阻的阻值。

② MATH（数学运算）区。

[Null] 按钮：表示相对测量方式，将相邻的两次测量值的差值显示出来。

[Min Max] 按钮：用于显示已经存储的测量过程中的最大/最小值。

③ MENU（菜单选择）区。

[<] 和 [>] 按钮：用于进行菜单的选择。在安捷伦万用表 34401A 中，有 A：MEAS MENU（测量菜单）；B：MATH MENUS（数学运算菜单）；C：TRIG MENU（触发模式菜单）；D：SYS MENU（系统菜单）。

④ RANGE/DIGITS（量程选择）区。

[∨] 和 [∧] 按钮：用于进行量程的选取。

[Auto/Man] 按钮：用于进行自动测量和人工测量的转换，人工测量需要手动设置量程。

⑤ Auto/Hold（触发模式设置）区。

[Single] 按钮：于单触发模式的选择设置。打开安捷伦万用表 34401A 时，其自动处于自动触发模式状态。

⑥ 其他功能键。

[Shift] 按钮：用于打开不同的主菜单以及不同的状态模式之间的转换。此按钮在安捷伦万用表 34401A 中经常被用到。如果从单触发状态转换到自动触发状态，不能简单单击 [Single] 来设置，而应该首先单击 [Shift] 按钮，这时，安捷伦万用表 34401A 的显示屏的右下角中将会出现 shift 字样，此时，单击 [Single] 后，才由单触发状态转换回自动触发状态。

Power 按钮：电源开关。

（2）用安捷伦万用表进行电压、电流、电阻、频率、周期测量及二极管极性的判断

① 测量一个 12 V 的直流电源。

测电压时，Agilent 34401A 数字万用表应与被测电路的端点并联。构建的测试电路如图 2-5-5 所示，双击图标打开控制面板，单击面板上的 [DC V] 按钮，启动仿真开关，看到其显示的测量电压如图 2-5-6 所示。

② 测量一个 1A 的交流电流源。

测量电流时，Agilent 34401A 数字万用表应与被测试电路串联。构建的测试电路如图 2-5-7 所示，双击图标打开控制面板，首先单击面板上的 Shift 按钮，则显示屏上显示 Shift，再单击 [AC V] 按钮，启动仿真开关，看到其显示的测量交流电流有效值如图 2-5-8 所示。

图 2-5-5　电压测试电路

图 2-5-6　测量电压

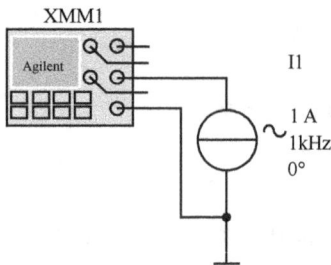

图 2-5-7　电流测试电路

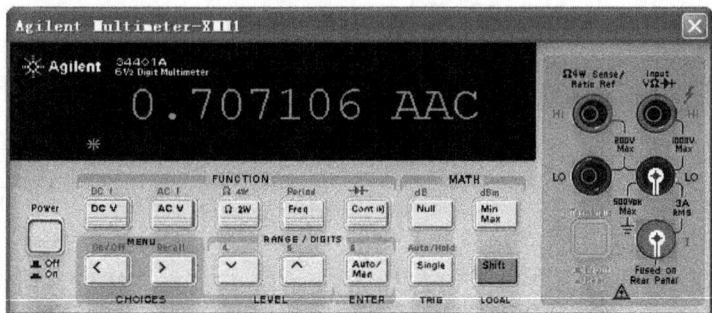

图 2-5-8　测量电流

③ 用 4 线测量法测量一个 1.05kΩ 的电阻。

Agilent 34401A 数字万用表提供 2 线测量法和 4 线测量法两种方法测量电阻。2 线测量法和普通的三用表测量法方法相同，将 1 端和 3 端分别接在被测电阻的两端。测量时，单击前面板上的【Shift】按钮，可测量电阻阻值的大小。4 线测量法是为了更准确地测量小电阻的方法，它能自动减小接触电阻，提高了测量精度，因此测量精度比 2 线测量法高。其方法是将 1 端、2 端、3 端和 4 端并联在被测电阻的两端。测量时，先单击面板上的【Shift】按钮，显示屏上显示 Shift，再单击面板上的 Ω 2W 按钮，即为 4 线测量法的模式，此时显示屏上显示的单位为 ohm^{4W}，它为 4 线测量法的标志。构建的 4 线测量法模式测试电路如图 2-5-9 所示。双击图标，打开其操作面板，按测量要求操作设置，按下仿真按钮，其显示的测量电阻值如图 2-5-10 所示。

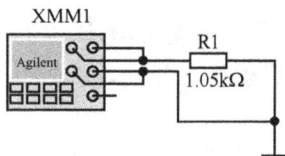

图 2-5-9　4 线测量法测量电阻

图 2-5-10　测量电阻

④ 测量一个 100kHz 的交流电源。

构建测试电路如图 2-5-11 所示。双击图标打开控制面板，单击面板上的 Freq 按钮，按下仿真按钮，可测量频率值如图 2-5-12 所示。若单击面板上的【Shift】按钮，显示屏上显示 Shift，然后再单击 [Freq] 按钮，则可测量周期的大小值如图 2-5-13 所示。

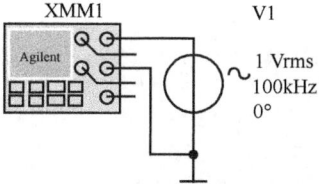

图 2-5-11　频率、周期测试电路

图 2-5-12　频率测量

图 2-5-13　周期测量

⑤ 测量二极管 1N5719 的好坏。

构建测试电路如图 2-5-14 所示。双击图标打开控制面板，先单击面板上的【Shift】按钮，显示屏上显示 Shift，再单击面板上的 [Cont⋅)] 按钮，按下仿真按钮，可测量二极管的正向压降为 0.657225V，如图 2-5-15 所示。若 34401A 的 3 端接二极管的正极，2 端接二极管的负极时，则显示屏上显示为 0。若二极管断路时，显示屏显示 OPEN 字样，表明二极管处于开路故障状态。

图 2-5-15　二极管正向导通电压值

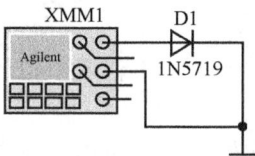

图 2-5-14　二极管测试电路

3. 用安捷伦示波器测量计数器电路

安捷伦示波器是一款功能强大的示波器，它不但可以显示信号波形，还可以进行多种数学运算。其在仪器工具栏按钮、电路中的图标及控制面板如图 2-5-16、图 2-5-17 所示。

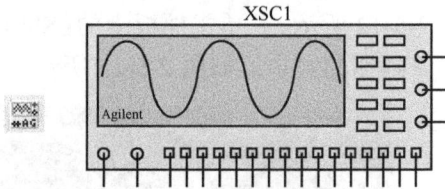

图 2-5-16　安捷伦示波器按钮、图标

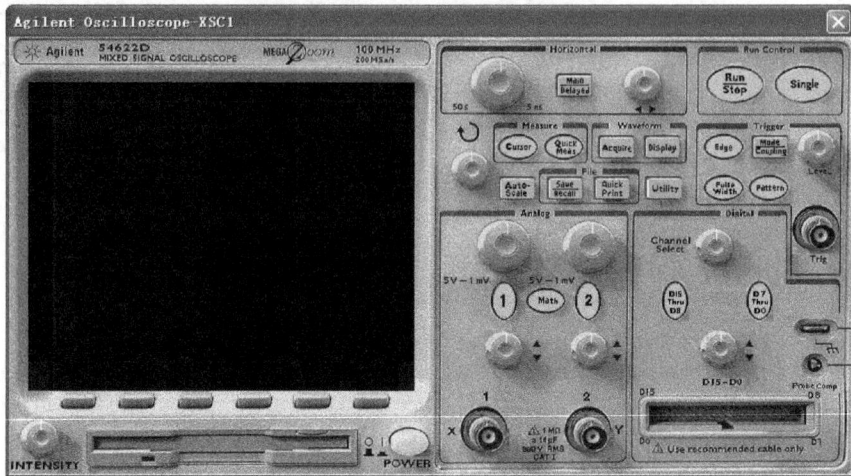

图 2-5-17　安捷伦示波器控制面板

（1）安捷伦示波器 54622D 的控制面板设置

① Horizontal 区：左侧的较大旋钮主要用于时基的调整，范围为 5ns～50s；右侧的较小的旋钮用于调整信号波形的水平位置。![Main Delayed]按钮用于延迟扫描。

② Run Control 区：【Run/Stop】按钮用于启动/停止显示屏上的波形显示，单击该按钮后，该按钮呈现黄色表示连续运行；【Single】按钮表示单触发，【Run/Stop】按钮变成红色表示停止触发，即显示屏上的波形在触发一次后保持不变。

③ Measure 区：有【Cursor】和【Quick Meas】两个按钮。单击【Cursor】按钮在显示区的下方出现图 2-5-18 所示的设置。

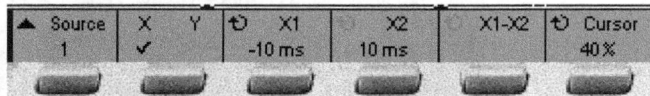

图 2-5-18　Cursor 按钮设置

- Source 选项：用来选择被测对象，单击正下方的按钮后，有 3 个选择，1 代表模拟通道 1 的信号；2 代表模拟通道 2 的信号；Math 代表数字信号。
- X　Y 选项：用来设置 X 轴和 Y 轴的位置。X1 用于设置 X1 的起始位置。单击正下方的按钮，再单击 Measure 区左侧的![图标]图标所对应的旋钮，即可以改变 X1 的起始位置。X2 的设置方法相同。
- X1-X2：X1 与 X2 的起始位置的时间间隔。
- Cursor：设置光标的起始位置。

单击【Quick Meas】按钮后，出现图 2-5-19 所示的选项设置。

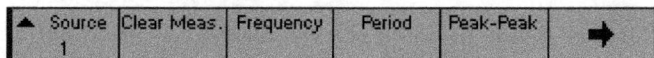

图 2-5-19　Quick Mear 按钮设置

- Source：待测信号源的选择。
- Clear Meas：清除所显示的数值。
- Frequency：测量某一路信号的频率值。
- Period：测量某一路信号的周期。
- Peak-Peak：测量峰-峰值。
- 单击 ➡ 后，弹出新的选项设置，分别是：测量最大值，测量最小值，测量上升沿时间，测量下降沿时间，测量占空比，测量有效值，测量正脉冲宽度，测量负脉冲宽度，测量平均值。

④ Waveform 区：有 Acquire 和 Display 两个按钮，用于调整显示波形。

单击 Acquire 按钮，弹出 Normal / Averaging / Avgs 选项设置。

- Normal（标准）：设置正常的显示方式。
- Averaging（平均）：对显示信号取平均值。
- Avgs（平均次数）：设置取平均值的次数。

单击 Display 按钮，弹出 Clear / Grid 23% / BK Color 77% / Border 24% / Vector 选项设置。

- Clear（清除）：清除显示屏中的波形。
- Grid（网格）：设置栅格显示灰度。
- BK Color（黑白颜色）：设置背景颜色。
- Border（边框）：设置边界大小。
- Vector（向量）：设置向量。

⑤ Trigger 区：触发模式设置区。

- Edge：触发方式和触发源的选择。
- Mode/Coupling：耦合方式的选择。
- Mode 用于设置触发模式，有 3 种模式。Normal：常规触发；Auto：自动触发；Auto-Level：先常规后自动触发。
- Pattern：将某个通道的信号作为触发条件时的设置按钮。
- Pulse Width：将脉宽作为触发条件时的设置按钮。

⑥ Analog 区：用于模拟信号通道设置，如图 2-5-20 所示。

在图 2-5-20 中，最上面的两个按钮用于模拟信号幅度的衰减，两个旋钮分别对应 1、2 两路模拟输入。1 和 2 按钮用于选择模拟信号 1 或 2。Math 按钮用于对 1 和 2 两路模拟信号进行某种数学运算。中间的两个旋钮用于调整相应的模拟信号在垂直方向上的位置。以模拟通道 2 为例，选中后，在显示屏的下方出现 Coupling DC / Vernier / Invert 选项设置。Coupling 用于设置耦合方式，有 DC（直接耦合）、AC（交流耦合）和接地（在显示屏上为一条幅值为 0 的直线）几种选择。Vernier 用于对波形进行微调。Invert：对波形取反。

⑦ Digital 区：用于设置数字信号通道，如图 2-5-21 所示。最上面的旋钮用于数字信号通道的选择。中间两个按钮用于选择 D0～D7 或 D8～D15 两组数字信号中的某一组。下面的旋钮用于调整数字信号在垂直方向上的位置。

首先选中 D0～D7 或 D8～D15 中的某一组，这时在显示屏所对应的通道中会有箭头附注，

然后旋转通道选择旋钮到某通道即可。以 D0～D7 通道为例，单击 D0～D7 通道按钮，弹出

选项设置。D0 用于将 0 号通道的信号接地。第 2 项用于将 16 路数字信号全屏或半屏显示。Threshold 表示用户设置触发门限电平的类型。User 表示用户设置触发门限电平的大小。

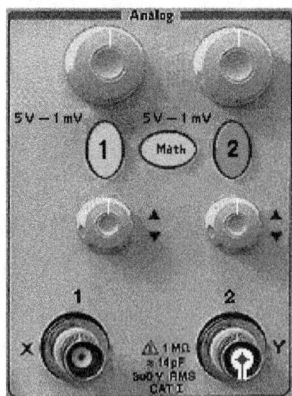

图 2-5-20　模拟信号通道设置　　　　　　　图 2-5-21　数字信号通道设置

：数字输入通道 D0～D15。

⑧ 其他按钮。

图 2-5-22 所示从左至右分别为示波器显示屏灰度调节按钮、软驱和电源开关。

图 2-5-22　灰度调节按钮、软驱和电源开关

（2）使用安捷伦示波器的逻辑分析功能

创建用 74LS160N 构成十进制计数器，如图 2-5-23 所示。启动仿真开关，合理设置示波器的参数就可以得到图 2-5-24 所示的仿真结果。从图中可以看到 74LS160N 输出的信号在示波器中显示的波形为按十进制递增的加法计数的波形。

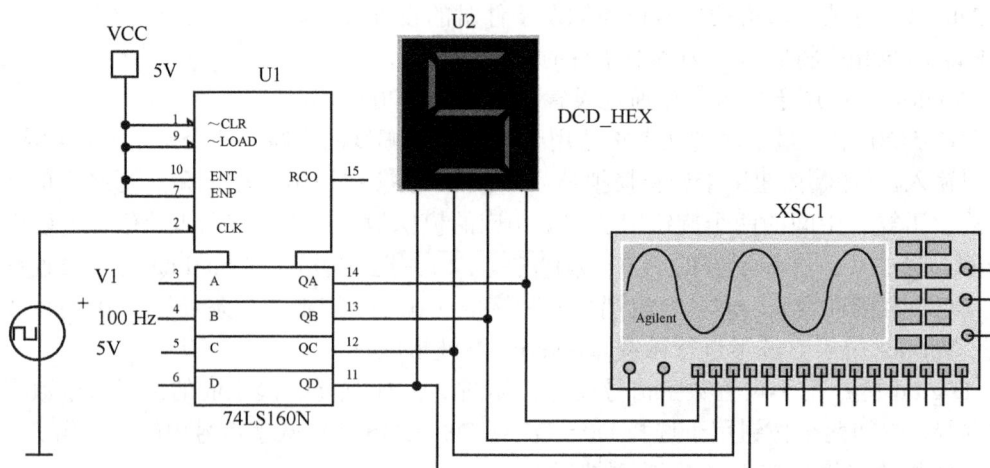

图 2-5-23　十进制计数器

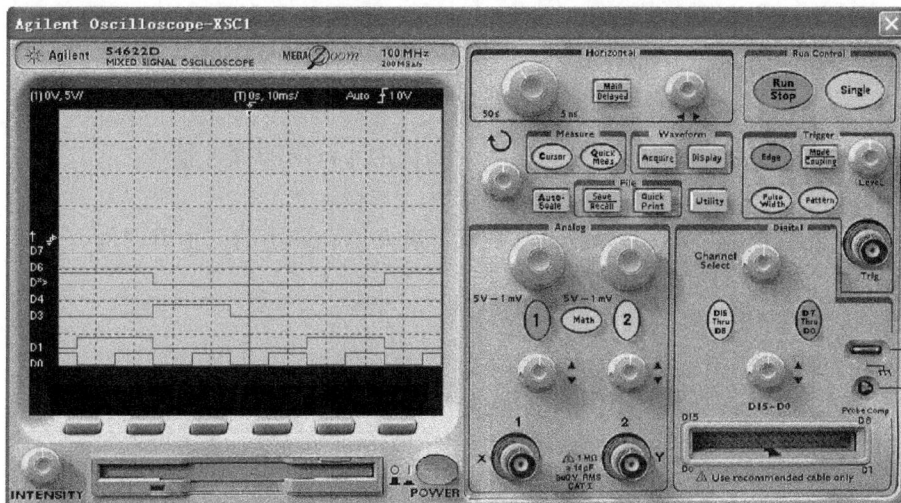

图 2-5-24   仿真结果

4．用泰克示波器观察半波整流电路波形

泰克示波器的原型是 Tektronix TDS 2024，这是一台 4 通道、200MHz 的数字存储示波器。其在仪器工具栏按钮、电路中的图标及控制面板如图 2-5-25、图 2-5-26 所示。

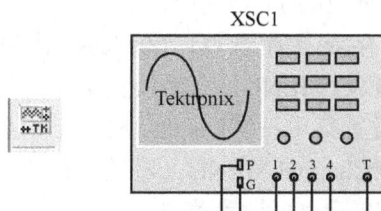

图 2-5-25   泰克示波器按钮、图标

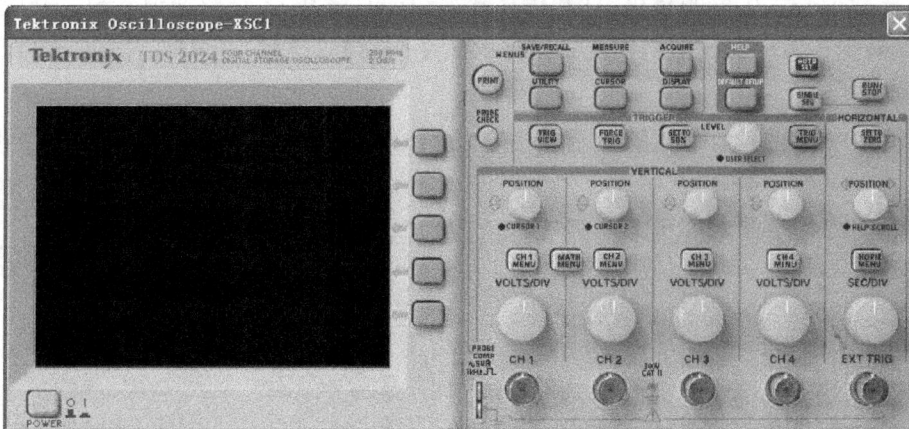

图 2-5-26   泰克示波器控制面板

泰克示波器的最大特点是有 4 通道同时分析的功能，其他的操作和功能与安捷伦示波器差不多。该仪器支持的功能如下。

运行模式：自动模式、单个运行模式、停止。

触发模式：自动模式、正常模式。

触发类型：边沿触发、脉冲触发。

触发源：模拟信号、外部触发信号。

信号通道：4 模拟通道、1 数学通道、用于测试的 1 kHz 的探针信号。

光标：4 个光标。

测量内容：光标信息、频率、周期、峰-峰、最大值、最小值、上升时间、下降时间、有效值、平均值。

显示控制：向量/点、颜色对比控制。

TDS 2024 面板（见图 2-5-26）介绍如下。

RUN/STOP 按钮：开始或停止对多个触发信号的采样。

SINGLE SEQ 按钮：对单个触发信号采样。

TRIG VIEW 按钮：查看电流触发信号和触发水平。

FORCE TRIG（强制触发）按钮：立即开始触发信号。

SET TO 50%按钮：将触发水平改变到触发信号的平均值。

SET TO ZERO 按钮：将时间偏置位置设置为 0。

HELP 按钮：进入仪器仪表帮助主题。

PRINT 按钮：将图形图表送入打印机打印。

Soft Menu 按钮：支持如下对应的 11 种功能。

①Save/Recall MENU，保存或重置菜单；②Measure MENU，测量菜单；③Acquire MENU，数据采集菜单；④Auto Set MENU，自动设置菜单；⑤Utility MENU，通用程序设置菜单；⑥Cursor MENU，光标设置菜单；⑦Display MENU，显示设置菜单；⑧Default Setup MENU，默认启动设置菜单；⑨Channel MENU，通道设置菜单；⑩Math channel MENU，数学引导菜单；⑪Horizontal MENU，水平设置菜单。

创建仿真电路如图 2-5-27 所示，泰克示波的 3 个通道分别接函数信号发生器的正极、二极管负极、函数信号发生器的负极，打开仿真开关和示波器开关，调整通道参数，得到图 2-5-28 所示结果。其中 2 通道的波形表明正弦信号的负半周已被二极管"去掉"，1 通道与 3 通道的信号有 180°的相差。

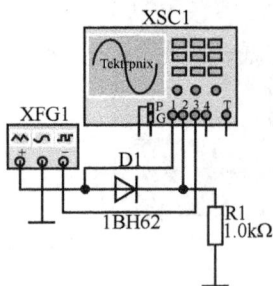

图 2-5-27　泰克示波器测试电路　　　　　　　　图 2-5-28　测量结果

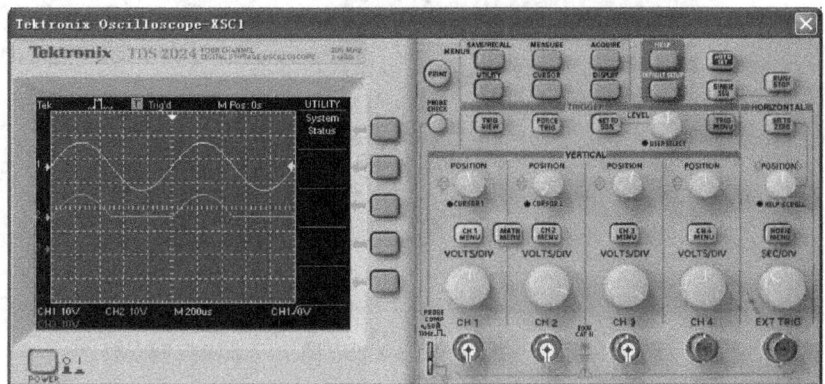

项目三 NI Multisim11 分析方法的应用

任务一 基本仿真分析法的应用

一、任务目标

学习直流工作点分析、交流分析、瞬态分析方法的应用。

二、任务分析

直流工作点分析（DC Operating Point Analysis）主要用来计算电路的静态工作点。进行直流工作点分析时，IN Multisim 11 自动将电路分析条件设为电感短路、电容开路、交流电压源短路。

交流分析（AC Analysis）可以对模拟电路进行交流频率响应分析，即获得模拟电路的幅度频率响应和相位频率响应。在对交流小信号进行分析时，要求直流电压源短路、耦合电容短路。进行交流分析前，NI Multisim 11 会自动进行直流工作点分析，以获得交流分析时非线性元件的线性化小信号模型。在交流分析中，所有输入源都被认为是正弦信号。如果信号发生器设置为方波或三角波，它也将被自动转换为正弦波。

瞬态分析（Transient Analysis）是一种非线性时域分析方法，可以分析在激励信号作用电路的时域响应。通常以分析节点电压波形作为瞬态分析的结果，因此，瞬态分析的结果同样可以用示波器观察到。

三、任务实施过程

1. 直流工作点分析

首先创建如图 3-1-1 所示的单管放大电路，依次执行【Simulate】→【Analysis】→【DC Operating Point Analysis】命令，即可弹出如图 3-1-2 所示的对话框。该对话框包括"Output"、"Analysis"和"Summary"3 个翻页标签。

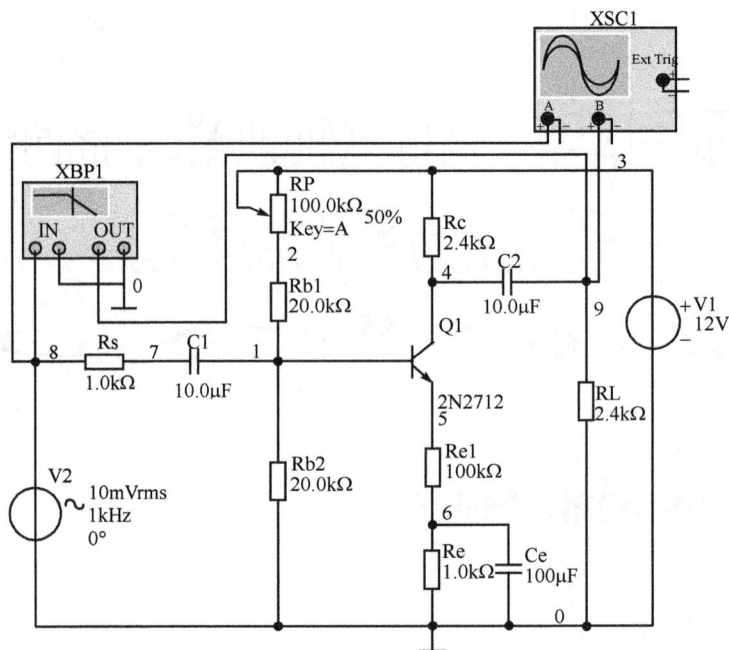

图 3-1-1   单管放大电路

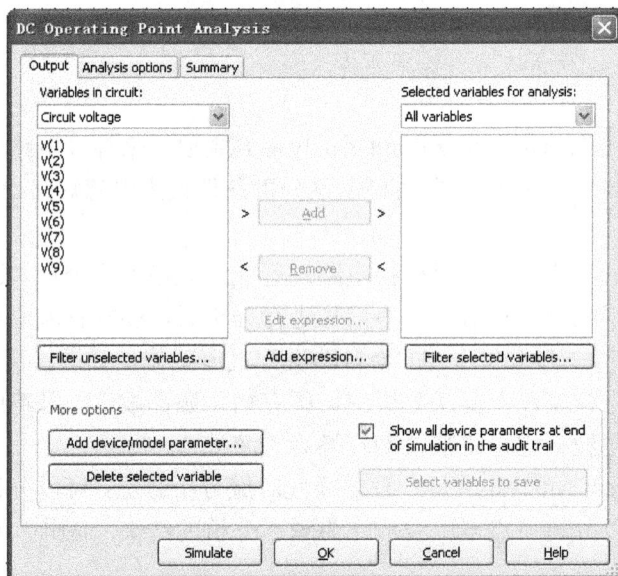

图 3-1-2   直流工作点分析对话框

（1）Output 页

主要作用是选择所要分析的节点或变量。

① Variables in circuit 栏：用于列出电路中可供分析的节点、流过电压源的电流等变量。

如果不需要分析这么多变量，可以从"Variables in circuit"的下拉列表中选择所需要的变量，如电压、电流或元件/模型参数。如果还需显示其他参数变量，可单击【Filter unselected variables】按钮，对程序没有自动选中的变量进行筛选。

② Selected variables for analysis 栏：用来确定需要分析的节点或变量。该栏默认状态下

为白空，需要用户从 Variables in circuit 栏内选取。方法是，首先选中 Variables in circuit 栏内需分析的一个或多个节点或变量，然后单击【Add】按钮，即可把所需分析的节点或变量加到"Selected variables for analysis"栏内。如果不想分析其中已选中的某个节点或变量，可以在"Selected variables for analysis"栏内选中该变量，再单击【Remove】按钮，即可将其移回"variables in circuit"栏内。本任务选中所有的节点或变量，如图 3-1-3 所示。

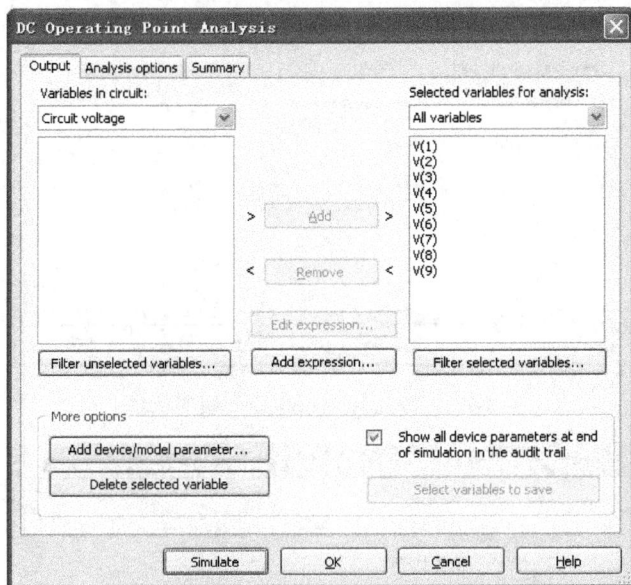

图 3-1-3　分析的节点和变量

③ More options 栏：
- 【Add device/model parameter】按钮：表示在"variables in circuit"栏中添加元件或模型参数。
- 【Delete selected variable】按钮：表示删除已选的变量。
- 【Select variables to save】按钮：表示过滤选择的变量。其中的复选框表示选择仿真结束是否显示所有器件参数。

（2）Analysis options 页
与仿真分析有关的分析选项设置页，如图 3-1-4 所示。
① SPICE options 栏：
- Use Multisim defaults 用来选择程序是否采用 Multisim 默认值。
- Use custom settings 用来选择程序是否采用用户设定的分析选项。
② Other options 栏：
- "Perform consistency check before starting analysis"复选框表示在开始仿真分析前是否执行一致性检查。
- "Maximum number of points"项表示选取最大的采样点数。
- "Title for analysis"项表示仿真分析的标题。

（3）Summary 页
对分析设置进行汇总确认，如图 3-1-5 所示。
在"Summary"页中，程序给出了所设定的参数和选项，用户可确认并检查所要进行的分析设置是否正确。

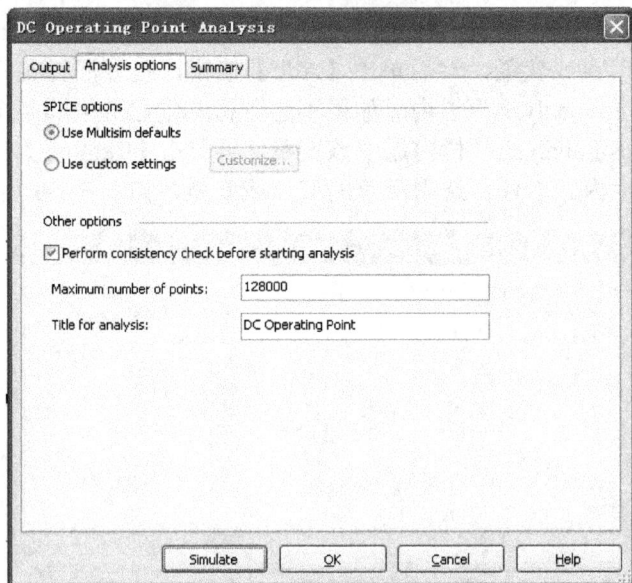

图 3-1-4 "Analysis options"页对话框

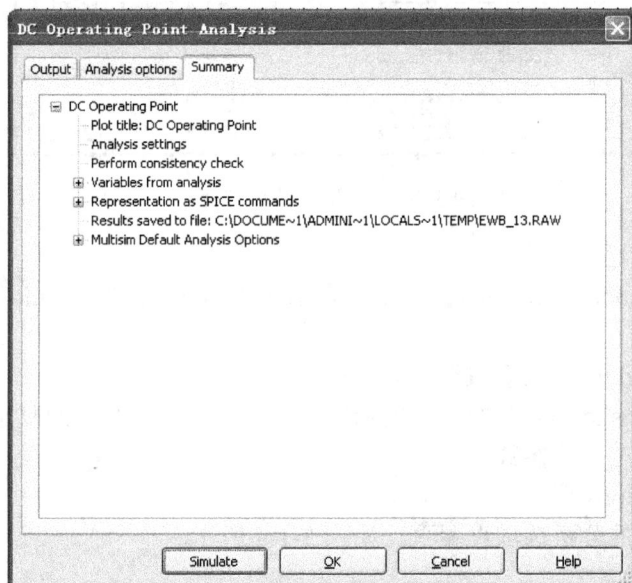

图 3-1-5 "Summary"页对话框

经过前面的设置,并在"Summary"页内确认正确后,单击【Simulate】按钮,弹出"Grapher View"显示框,计算出各节点电压,如图 3-1-6 所示。

2. 交流分析

单击【Simulate】→【Analysis】→【AC Analysis】命令项,即可弹出如图 3-1-7 所示的对话框。除"Frequency Parameters"页外,其他 3 页的设置方法与直流工作点分析中的设置相同。

"Frequency Parameters"页主要用来设置 AC 分析的频率参数

● Start frequency:交流分析法的起始频率。

图 3-1-6　直流工作点分析结果

- Stop frequency：交流分析法的终止频率。
- Sweep type：设置扫描方式。下拉菜单中有 Linear（线性）、Decade（十倍频）和 Octave（八倍频）三种扫描。通常采用 Decade，以对数方式展现。
- Number of points per decade：每十倍频中计算的频率点数。设置的值越大，则分析所需的时间越长。
- Vertical scale：设置纵坐标的刻度。可以从下拉菜单中选择 Linear（线性）、Decibel（分贝）、Logarithmic（对数）或 Octave（八倍频）作为纵坐标的取值刻度。通常采用 Logarithmic 和 Decibel 选项。
- 【Reset to default】按钮：将所有参数设置为默认值。

对图 3-1-1 所示电路，设起始频率为 1Hz，终止频率为 10GHz，扫描方式设为 Decade，取样值为 10，纵坐标设为 Logarithmic，如图 3-1-7 所示。在 Output 页中选择节点 9 作为输出节点，如图 3-1-8 所示。最后单击【Simulate】按钮进行交流分析，其结果如图 3-1-9 所示，得到单管放大电路的幅频和相频特性。

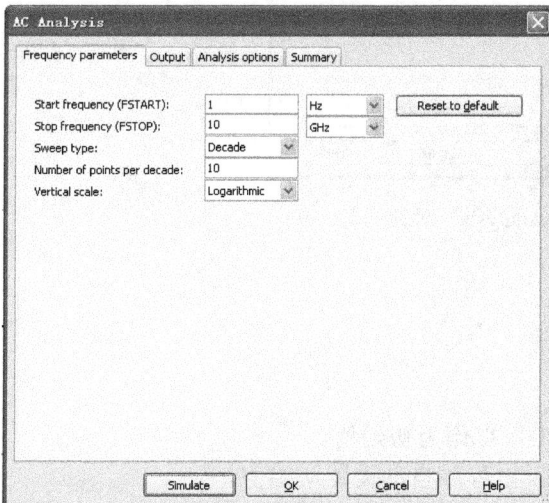

图 3-1-7　"AC Analysis" 对话框

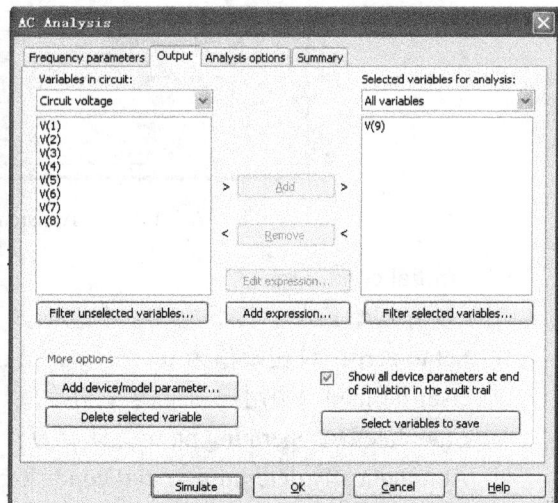

图 3-1-8　选择输出节点对话框

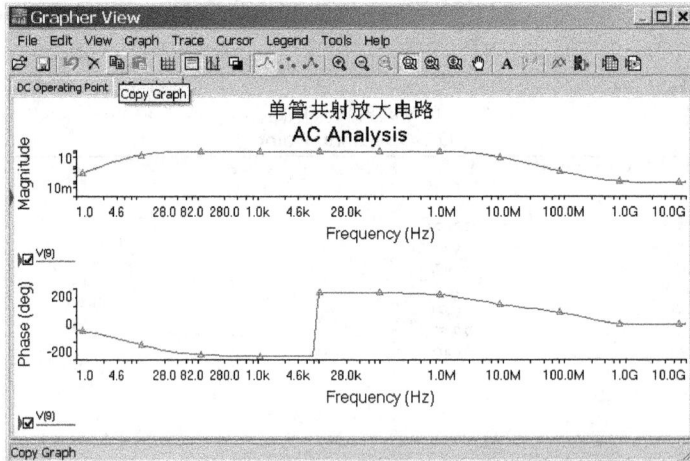

图 3-1-9 交流分析结果

3．瞬时分析

依次执行【Simulate】→【Analysis】→【Transient Analysis】命令，即可弹出如图 3-1-10
所示的对话框。其中包括 4 个翻页标签，除了"Analysis parameters"页外，其他 3 个标签的
设置与直流工作点分析中的设置相同。在"Analysis parameters"页的功能设置包括下列项目。

图 3-1-10 "Transient Analysis"对话框

（1）Initial conditions 区

用于设置初始条件。其下拉菜单中包括如下。

① Set to zero：设初始值为 0。

② User-defined：由用户自己定义初始值。

③ Calculate DC operating point：计算直流工作点作为初始值。

④ Automatically determine Initial conditions：由程序自动设置初始值。

（2）Parameters 区

用于设置分析的时间参数。

① Start time(TSTART)：设置分析的起始时间。

② End time(TSTOP)：设置分析的终止时间。

③ Maximum time step settings(TMAX)：设置最大时间步长。选择该项后，可以从下面 3 个选项中选取一种。

- Minimum number of time points，以单位时间内的取样点数作为分析的步长。选择该项后，要在右边栏内设定单位时间内最少要取样的点数。
- Maximum time step(TMAX)，以时间间距设置分析步长。
- Generate time steps automatically：由程序自动设置分析步长。

（3）More options 区

"Set initial time step(TSTEP)"选项由用户决定是否自行决定起始时间步长；若选择，在右边栏内输入步长大小。"Estimate maximum time step based on net list(TMAX)"选项用于决定是否根据网表估算最大时间步长。

（4）【Reset to default】按钮

将图 3-1-10 所示"Analysis parameter"页中的所有设置恢复为默认值。

Initial condition 区选中"Automatically determine initial conditions"，即由程序自动设置初态，起始时间（Start time）设为 0s，终止时间（End time）设为 0.01s，选中"Maximum time step settings(TMAX)"且同时选中"Generate time steps automatically"，即由程序自动决定分析步长，在 Output 页中选择节点 9 作为分析节点。单击【Simulate】按钮，即可得到如图 3-1-11 所示单管放大电路输出信号瞬态分析结果。

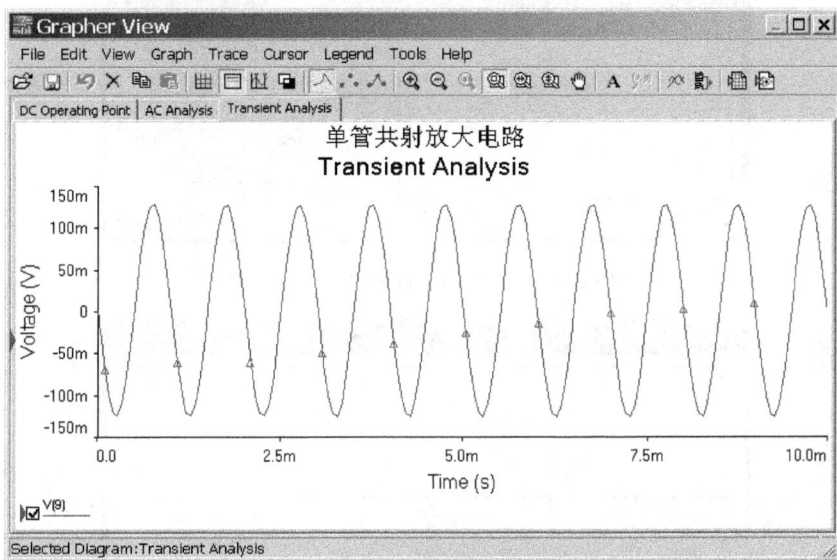

图 3-1-11　瞬态分析结果

四、技巧要点

① 交流分析的结果也可以通过仪器库中的波特图示仪来观察。将图 3-1-1 所示电路中节点 8 作为输入端，节点 9 作为输出端，节点 0 作为输入、输出的公共端。合理设置波特图示仪的控置面板参数，即可得到图 3-1-12、图 3-1-13 所示的幅频、相频特性。同时可测出该电

路的通频带范围，低端截止频率 f_L=10.359Hz，高端截止频率 f_H=6.681MHz，如图 3-1-12 所示。

② 瞬态分析仪结果同样可用示波器观察到。将示波器的 A 通道接输入端 8 节点，B 通道接输出端 9 节点，可以观察到示波器所显示的波形与瞬态分析结果相同，如图 3-1-14 所示。

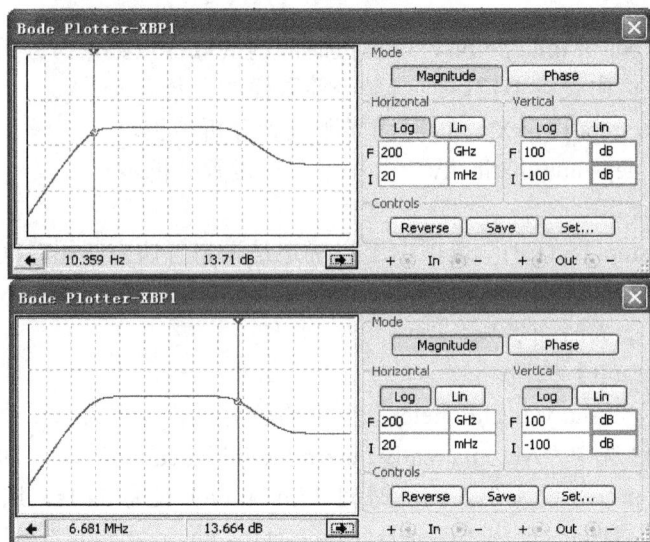

图 3-1-12　波特图示仪测试的幅频特性

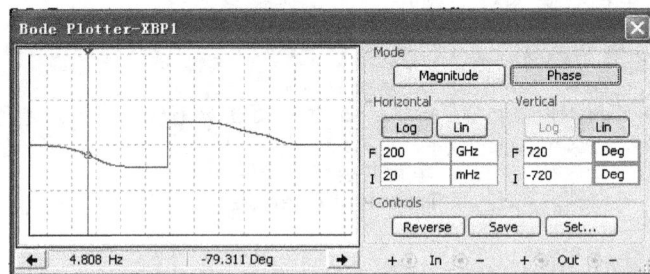

图 3-1-13　波特图示仪测试的相频特性

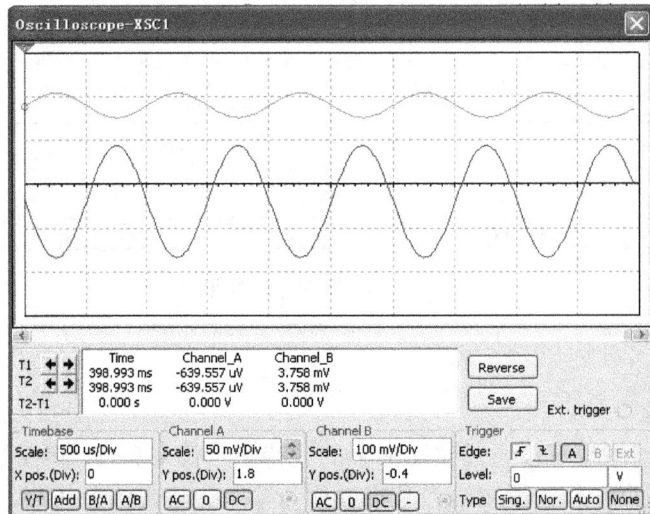

图 3-1-14　示波器显示的波形

任务二　扫描分析法的应用

一、任务目标

学习直流扫描分析、参数扫描分析、温度扫描分析方法的应用。

二、任务分析

直流扫描分析（DC Sweep）是利用一个或两个直流电源，分析电路中某一节点上的直流工作点随电源的数值变化情况。

采用参数扫描分析方法分析电路，可以较快地获得某个元器件的参数在一定范围内变化时对电路的影响，可以对电路性能等进行优化。相当于该元器件每次取不同的值，进行多次仿真。

温度扫描分析用以分析在不同温度条件下的电路特性。由于在电路中许多元件参数与温度有关，当温度变化时电路特性也会发生变化，因此相当于元件每次取不同的温度值进行多次仿真。可以通过温度扫描分析对话框，选择被分析元件温度的起始值、终值和增量值。在进行其他分析的时候，电路的仿真温度默认值设定在 27℃。

三、任务实施过程

1．直流扫描分析

依次执行【Simulate】→【Analyses】→【DC Sweep】命令，弹出如图 3-2-1 所示的"DC Sweep Analysis"对话框。其中包括 4 个翻页标签，除了"Analysis parameters"页外，其余与直流工作点分析的设定一样。

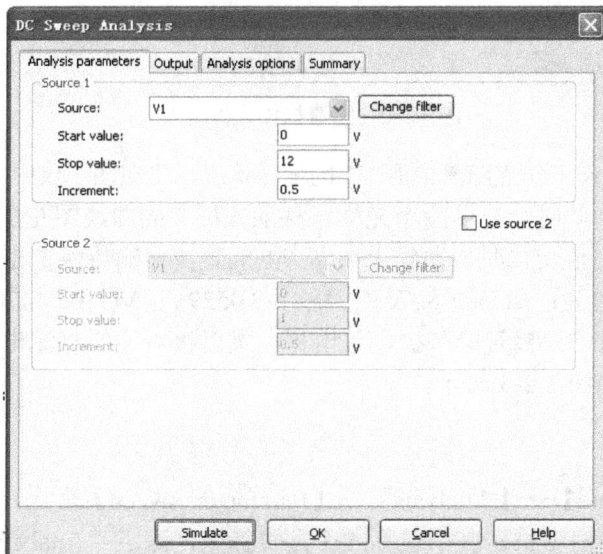

图 3-2-1　直流扫描分析对话框

"Analysis parameters" 页中包含 "Source1" 与 "Source 2" 两个选项区域，选项区域中的各选项相同。如果需要指定第 2 个电源（Source 2），则需要选中该选项卡右侧的 "Use source2" 选项。

（1）"Source1" 选项区

"Source" 下拉列表：选择所要扫描的直流电源，

① Start value 栏：用于设置开始扫描的数值。

② Stop value 栏：用于设置结束扫描的数值。

③ Increment 栏：用于设置扫描的增量值。

用户还可以使用筛选器筛选变量，包括内置的节点（如 BTJ 模型内或子电路内）、开放的引脚及电路中包含的从任何子模型的输出变量。筛选显示变量的方法，单击【Change filter】（修改筛选）按钮，弹出 "Filter Nodes"（筛选节点）的对话框，设置筛选条件，单击【OK】按钮。

在图 3-1-1 所示电路中，选择 V1 为需要扫描的直流电源，设置图中 1、4、5 节点为输出变量，观察其随 V1 变化的情况。设置扫描开始值为 0V，终止值为 12V，增量设为 0.5V，设置如图 3-2-1 所示。单击【Simulate】按钮，可以得到直流扫描分析仿真结果，如图 3-2-2 所示。

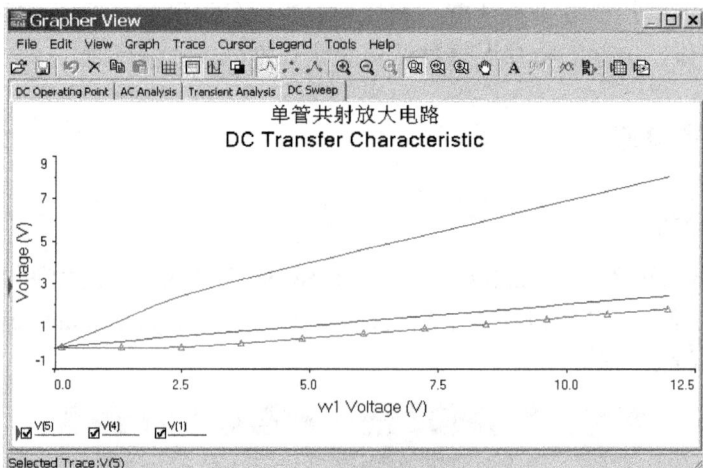

图 3-2-2　直流扫描分析结果

若要查看三极管静态工作点随着电源 V1 的变化情况，可在图示仪中单击菜单【Cursor】→【Show Cursors】命令，此时会显示两个光标，移动光标 2 到曲线图左侧，光标 1 往左移动，可观察到当 X 轴的 X1 值变化时，曲线上显示 Y1 的直流传输特性值也随之变化。如当光标设置 X1=12V，Y1 的值为：V(5)=1.8276V；V(4)=8.0529V；V(1)=2.4470V。因此，当直流电源 V1 设置为 12V 时，三极管的基极、集电极、发射极对地的直流电压分别为 2.4470V、8.0529V、1.8276V，如图 3-2-3 所示。

2．参数扫描分析

依次执行【Simulate】→【Analysis】→【Parameter sweep】命令，弹出如图 3-2-4 所示的 "Parameter Sweep" 对话框。其中包括 4 个翻页标签，除了 "Analysis parameters" 页外，其余与直流工作点分析的设定一样。

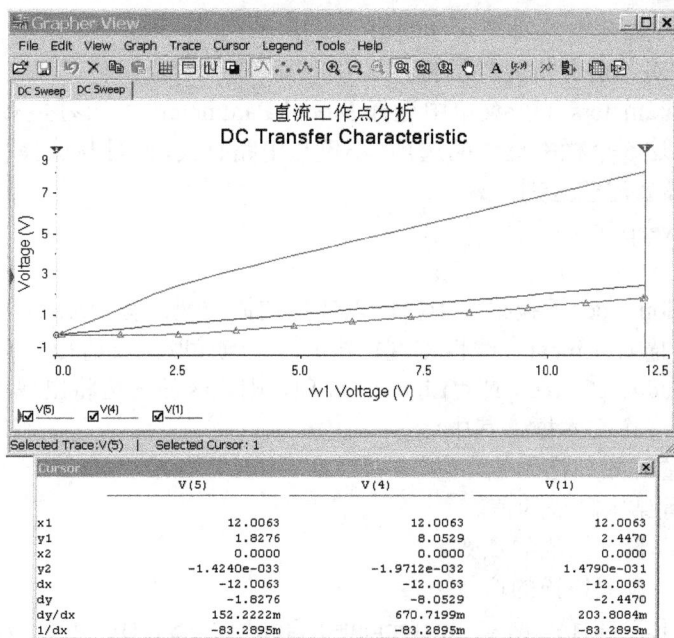

图 3-2-3　直流传输特性值

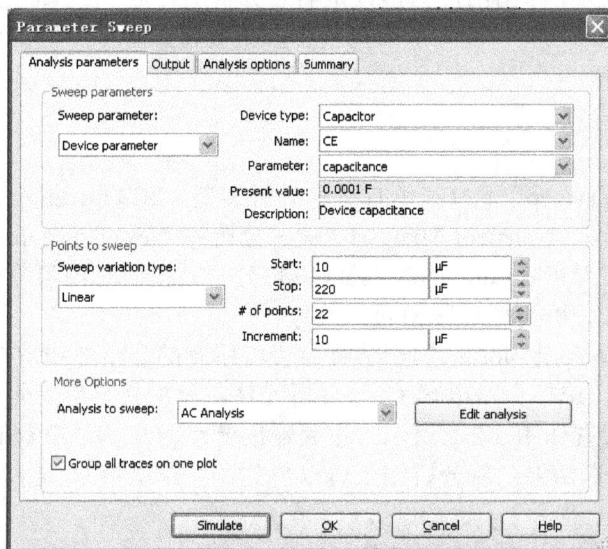

图 3-2-4　参数扫描分析对话框

在"Analysis parameters"页中有"Sweep parameters"、"Points to sweep"和"More Options"选项区域。

（1）Sweep parameters 区

选择扫描的元件及参数。

① 在 Sweep parameter 下拉菜单中选择 Device parameter 后，该区的右边 5 个栏出现与元器件参数有关的一些信息，需进一步选择。

● Device type：选择所要扫描的元器件种类。

● Name：选择要扫描的元器件序号。

● Parameter：选择要扫描元器件的参数。

- Present value：当前电路对应元件的值。
- Description：对当前分析元件的描述。

② 在 Sweep parameters 下拉菜单中选择 Model Parameter 后，该区右边同样出现需要进一步选择的 5 个栏。这 5 个栏中提供的选项，不仅与电路有关，而且与选择"Device Parameter"对应的选项有关，需要注意区别。

（2）Points to sweep 区

选择扫描方式。

在 Sweep variation type 下拉菜单中，可以选择扫描类型，有 Decade（10 倍刻度扫描）、Octave（8 倍刻度扫描）、Linear（线性刻度扫描）及 List（取列表值扫描）。

如果选择"Decade、Octave"或"Linear"选项，则该区的右边将出现"Decade、Octave"或"Linear"选项的 4 个文本框，其中

- Start 栏：设置开始扫描的值。
- Stop 栏：设置结束扫描的值。
- #of points 栏：设置扫描的点数。
- Increment 栏：设置扫描的增量。

在这 4 个数值之间有：增量 Increment=[(Stop) − (Start)]/[(#of−1)，故"#of"栏与"Increment"栏只需指定其中之一，另一个由程序自动计算得到。

如果选中"List"选项，即由用户自己设定需要分析的参数，在其右边将出现"Value list"栏，此时可在"Value list"栏中输入所取的值。如果要输入多个不同的值，则在数字之间以空格、逗号或分号隔开。

（3）More Options 区

选择分析类型。

① 在"Analysis to sweep"下拉菜单有 4 种分析类型，DC Operating Point（直流工作点）、AC Analysis（交流分析）、Transient Analysis（瞬态分析）、Nested sweep（嵌套扫描）供选择。在选定分析类型后，可单击【Edit analysis】（编辑分析）按钮对该项分析进行进一步编辑设置，设置方法与其对应分析类型设置相同。

- Group all traces on one plot：用于选择是否将所有的分析曲线放在同一个图中。

② 在图 3-1-1 中，选择旁路电容 C_e 为分析元件，分析其容量变化对电路输出的频率特性的影响。分析参数设置如图 3-2-4 所示，设置输出节点为 9，单击【Simulate】按钮，可以得到如图 3-2-5 分析仿真结果。从分析结果可以看到，旁路电容 C_e 越大，下线频率越低。

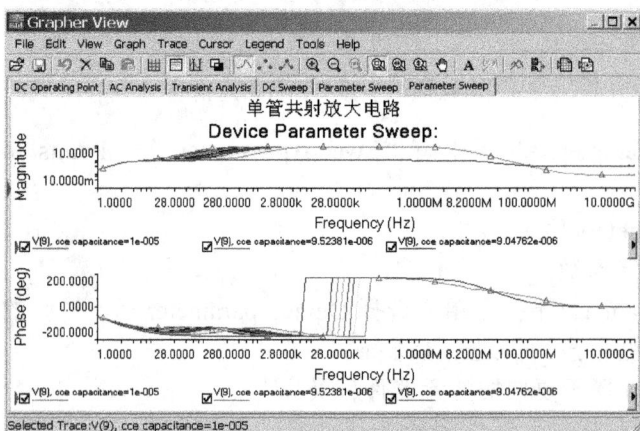

图 3-2-5   扫描参数分析结果

3．温度扫描分析

依次执行【Simulate】→【Analysis】→【Temperature Sweep】"命令，将弹出如图 3-2-6 所示的"Temperature Sweep Analysis"对话框。其中包括 4 个翻页标签，除了"Analysis parameters"页外，其余与直流工作点分析的设定一样。

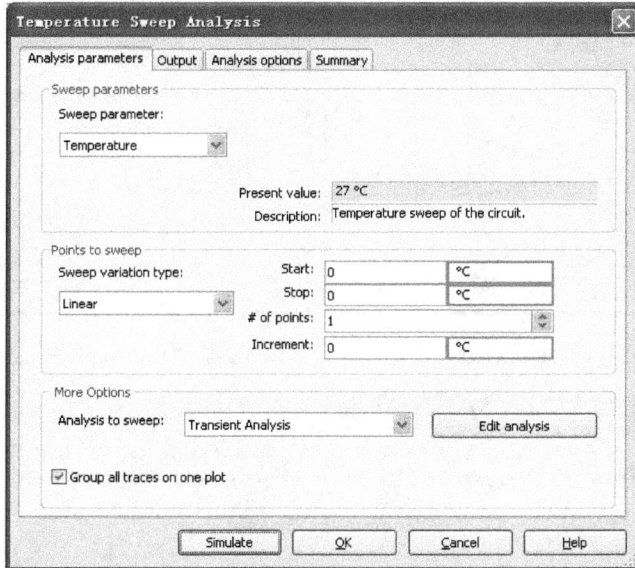

图 3-2-6　温度扫描分析对话框

在"Analysis parameters"页中有如下 3 个区。

（1）Sweep parameters 区

设置扫描参数类型。

Sweep parameter：只有 Temperature 一个选项。

● Present value：默认值为 27℃。

● Description：说明当前对电路进行温度扫描。

（2）Points to sweep 区

选择扫描方式。设置方法与参数扫描分析中的完全相同。

（3）More Options 区

选择分析类型。设置方法与参数扫描分析中的完全相同。

在图 3-1-1 中，分析温度对电路输出波形的影响。分析参数设置如图 3-2-7 所示，单击【Edit analysis】按钮，弹出图 3-2-8 所示对话框，设置 End time 为 0.005，其余选项都为默认值，在 Output 标签页中选择节点 4 为输出节点。最后单击【Simulate】按钮，得到如图 3-2-9 分析结果。从分析结果看出，温度不同时输出波形不同，随温度升高幅值减小，温度变化影响电路的静态工作点。

四、技巧要点

如果要查看直流扫描分析、参数扫描分析、温度扫描分析结果的光标值，可在图示仪中单击菜单【Cursor】→【Show Cursors】命令，然后移动光标 1 或光标 2，即可得到相应的数值。

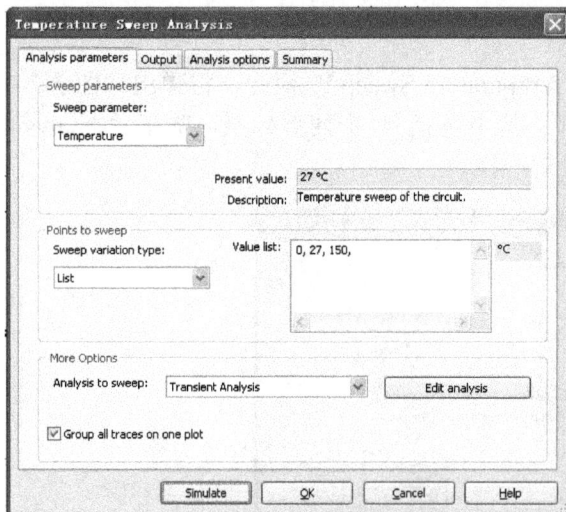

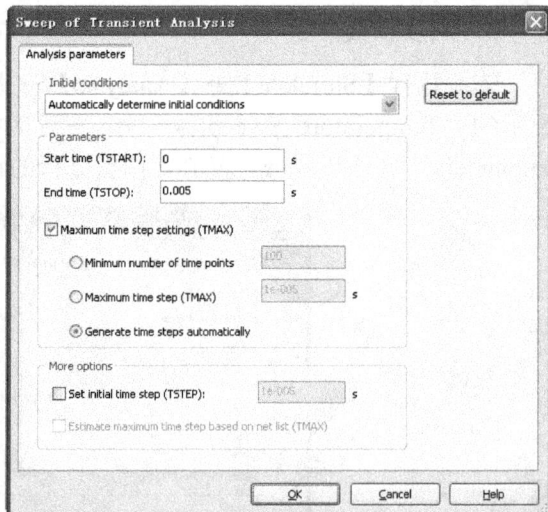

图 3-2-7 "Analysis parameters"页　　　图 3-2-8 "Sweep of Transient Analysis"对话框

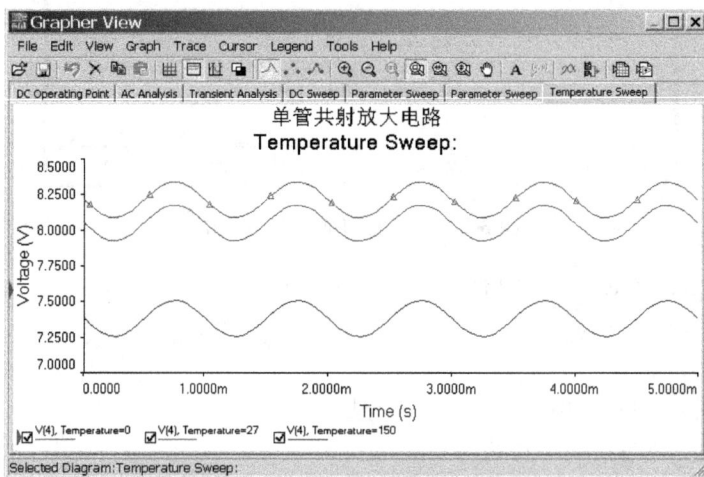

图 3-2-9 温度扫描分析结果

任务三 容差分析法的应用

一、任务目标

学习最坏情况分析、蒙特卡罗分析方法的应用。

二、任务分析

NI Multisim 11 的容差分析方法包括最坏情况分析和蒙特卡罗分析。

最坏情况是指电路中的元件参数在其容差域边界点上取某种组合以造成电路的最大误差,而最坏情况分析是在给定电路元器件参数容差的情况下,估算出电路性能相对于标称值时的最大偏差。

蒙特卡罗分析方法是统计模拟方法的一种，即使用统计分析方法来观察电路的元件属性变化对电路特性所产生的影响。根据用户指定的分布类型和参数容差，随意地改变元件的属性，并不断地进行仿真实验。蒙特卡罗分析将进行直流、交流和瞬态分析，并改变元件的属性。通过多次分析结果估计出能够体现电路性能的统计分布规律参数，如电路性能的中心值、方差、电路合格率和成本等。

三、任务实施过程

1．最坏情况分析

依次执行【Simulate】→【Analysis】→【Worst Case Analysis】命令，弹出"Worst Case Analysis"对话框如图 3-3-1 所示。其中包括 4 个翻页标签，除了"Model tolerance List"页和"Analysis parameters"页外，其余与直流工作点分析的设定一样。

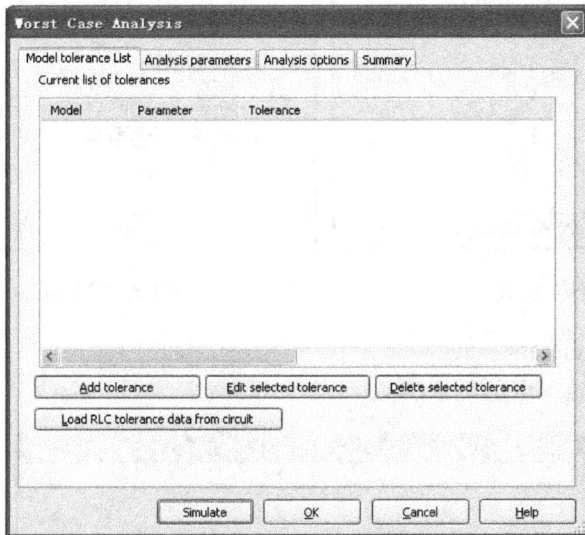

图 3-3-1 最坏情况分析对话框

（1）"Model tolerance List"页

Current list of tolerances 区：列出目前元件模型容差参数。单击【Add tolerance】按钮，弹出 Tolerance 对话框如图 3-3-2 所示。

Parameter type 栏：用于选择所要设定的元件 Model parameter（模型参数）或 Device parameter（器件参数）。

Parameter 区：共有 3 个下拉列表框和两个文本描述框。

- Device type：选择所要设定参数的器件类型，包括电路图中所使用的元件种类。例如 BJT（双极性晶体管）、Capacitor（电容器）、Diode（二极管）、Isource（电流源）、Resistor（电阻器）、Vsource（电压源）等。
- Name：选择所要设定参数的元件序号。
- Parameter：选择所要设定的参数，不同元件有不同的参数。
- Present value：当前参数的设定值（不可更改）。
- Description：所选参数说明（不可更改）。

Tolerance 区：选择容差形式。

- **Tolerance type**：设置容差的类型，有 Absolute（绝对值）、Percent（百分比）两种选择。
- **Tolerance value**：按照选择的容差形式设置容差的值。

当完成添加容差设置后，单击【Accept】按钮即可将新增项目添加到前一个对话框中，如图 3-3-3 所示。单击【Edit selected tolerance】按钮，可以对所选取的某个容差项目进行重新编辑。单击【Delete tolerance entry】按钮，可以删除所选的容差项目。

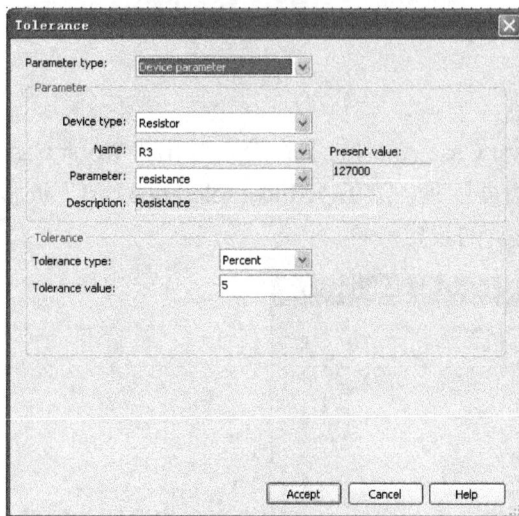

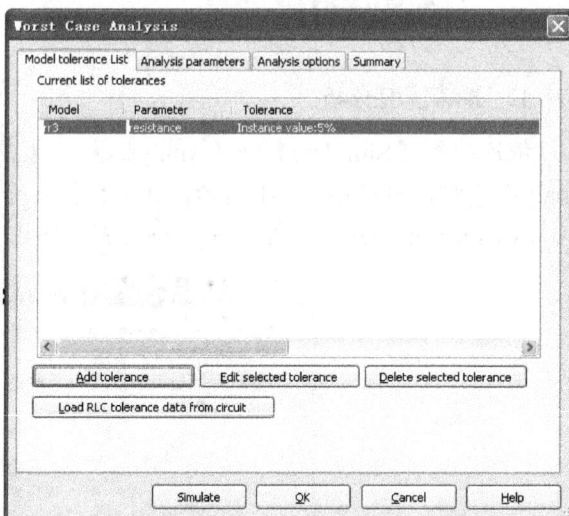

图 3-3-2　容差设置　　　　　　图 3-3-3　"Model tolerance List"页

（2）"Analysis parameters"页

"Analysis parameters"页如图 3-3-4 所示。

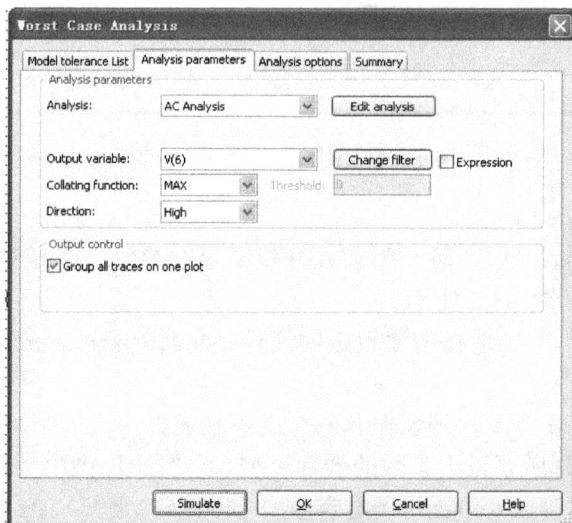

图 3-3-4　"Analysis parameters"页

- "Analysis"下拉列表：选择所要进行的分析，有"AC Analysis"（交流分析）和"DC Operating Point"（直流工作点）两个选项。当选择 AC Analysis 时，单击【Edit analysis】按钮可进行交流分析编辑，如图 3-3-5 所示。

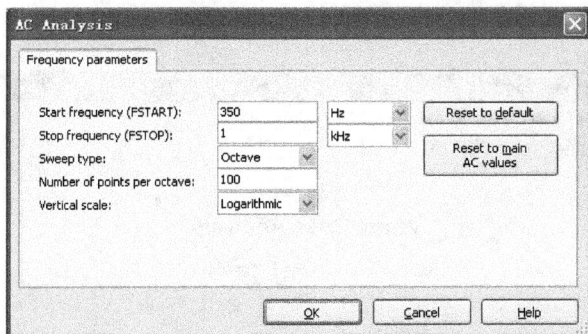

图 3-3-5　交流分析编辑

- "Output variable"下拉列表：选择所要分析的输出节点。
- "Collating function"下拉列表：选择分析方式，包括"MAX"（最大）、"MIN"（最小）、"RISE_EDGE"（上升沿）、"FALL_EDGE"（下降沿）、FREQUENCY（频率）5 个选项。如果指定"RISE_EDGE"或"FALL_EDGE"选项，则需在其右边的"Threshold"栏指定其门槛电压。若指定 FREQUENCY 选项，则需在右边 Frequency 栏指定频率值。
- "Direction"下拉列表：可以选择容差变化方向，有"Low"及"High"2 个选项。
- 选择"Group all traces on one plot"选项将所有仿真分析结果和记录在一个图形中显示。
- Change filter：修改筛选器，筛选可用的输出变量。
- Expression：设置为允许，在输出变量框中输入分析表达式。

（3）对带通滤波器进行最坏情况分析

建立带通滤波器分析电路如图 3-3-6 所示，依次执行【Simulate】→【Analysis】→【Worst Case Analysis】命令。在最坏情况下分析对话框中添加相关的容差设置参数。

① 确定分析元器件为 R3，参数的容差范围百分比为 5，如图 3-3-2 所示；
② 选择 AC Analysis 类型，输出节点为节点 6，如图 3-3-4 所示；
③ 采用倍频程扫描，起始频率为 350Hz，截止频率为 1kHz，如图 3-3-5 所示；
④ 单击 【Simulate】按钮，最坏情况分析启动并运行。

图 3-3-6　带通滤波器

得到 R3 有 5%容差的最坏情况分析结果如图 3-3-7 所示。从分析的结果看整个频率响应、相位响应曲线往右移，中心频率由 500Hz 变为 512Hz，此时 R3 的阻值为 120650Ω，而标称值为 127000Ω。

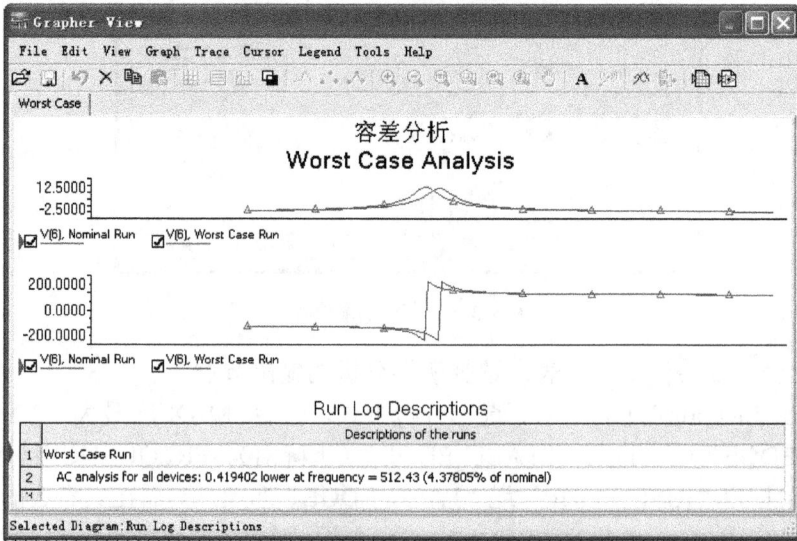

图 3-3-7 最坏情况分析结果

2．蒙特卡罗分析

单击【Simulate】→【Analysis】→【Monte Carlo Analysis】命令，打开蒙特卡罗分析对话框，如图 3-3-8 所示。单击该对话框的"Model tolerance List"页中的 Add tolerance 按钮，可打开如图 3-3-9 所示对话框。该页的其他设置方法与最坏情况分析方法相同。该分析方法的 Tolerance 对话框与最坏情况分析法的 Tolerance 对话框类似，只是在 Tolerance 区中多了两个设置项目。

Distribution：选择元件参数容差的分布类型，其候选项包括 Gaussian（高斯分布）和 Uniform（均匀分布）两项。均匀分布类型指的是元件参数在其误差范围内以相等概率出现；高斯分布类型更复合实际分布情况，元件参数的误差分布状态呈现一种高斯曲线的形式。

Lot number：选择容差随机数出现方式。Unique 表示每一个元件参数随机产生的容差率各不相同，较适合于离散元件电路；选择 Lot 系列选项则表示对各种元件参数都有相同的随机产生的容差率，较适合于集成电路。该分析方法对话框中的 Analysis parameters 页如图 3-3-10 所示。

Analysis 区：与最坏情况分析中比较增加了 Transient analysis（瞬态分析）一项。

Number of runs：设计运行次数。

其他选项均与最坏情况分析中对应的选项相同。

Output control 区：该区较最坏情况分析中对应的区新增了 Text output（文字输出方式）一栏。

对图 3-3-6 所示带通滤波器进行蒙特卡罗分析，单击【Simulate】→【Analysis】→【Monte Carlo】命令，在蒙特卡罗分析对话框中添加相关的容差设置参数：

① 确定分析元器件为 R3，参数的容差范围及其分布规律选择正态高斯分布百分比为 5，如图 3-3-9 所示；

② 选择 AC Analysis 类型，蒙特卡罗分析次数为 6 次，输出节点为节点 6，如图 3-3-10 所示；

③ 采用倍频程扫描，起始频率为 300Hz，截止频率为 800 Hz，如图 3-3-11 所示；

④ 单击【Simulate】按钮，蒙特卡罗分析启动并运行。

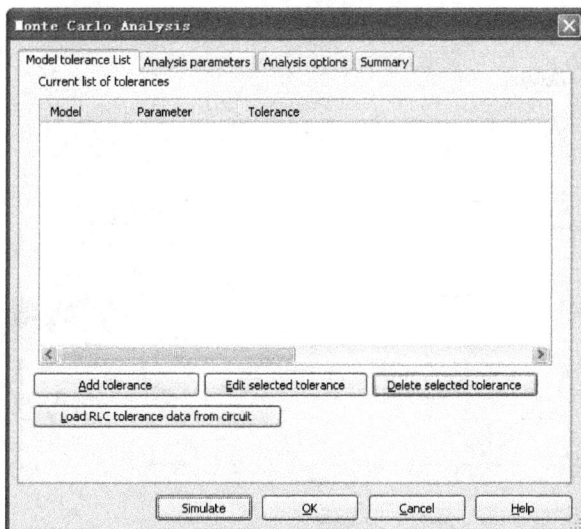

图 3-3-8　蒙特卡罗分析对话框

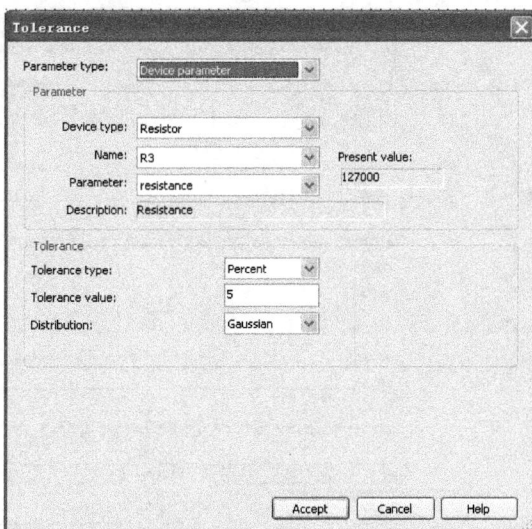

图 3-3-9　容差设置

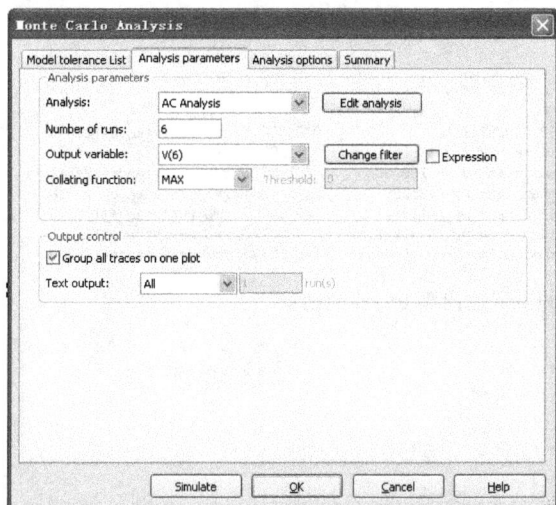

图 3-3-10　"Analysis parameters" 页

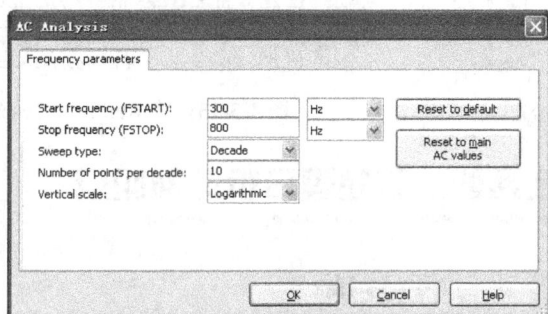

图 3-3-11　交流分析编辑

　　图 3-3-12 所示是进行 6 次蒙特卡罗分析的结果，通过计算机仿真分析得出了带通滤波器标称值与有 5%容差的频率响应和相位响应的曲线族波形。可以看出，当元器件参数值按 5%正态高斯分布规律随机变化时，电路的频率响应及相位响应曲线呈现了一定的分散性。每次蒙特卡罗分析运行的平均频率值，标准输出偏差频率值，运行输出值及 R3 的变化范围如图 3-3-12 的 Run Log Descriptions（运行日志描述）中。

四、技巧要点

● 蒙特卡罗分析次数其值必须大于等于 2。

● 如果想把图 3-3-12 所示中的 Run Log Descriptions 数据输出到 Excel，可以单击 图标，
然后，再单击【OK】按钮，此时 Excel 自动启动，并显示如图 3-3-13 所示表格。

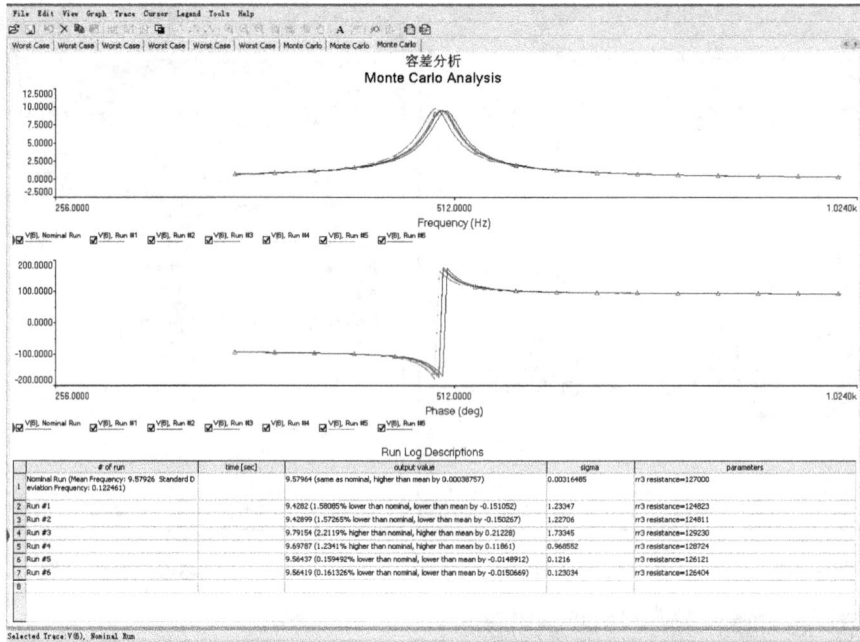

图 3-3-12　蒙特卡罗分析结果

Nominal Run (Mean 9.57964 (same as nominal, higher than mean by 0.00038757)		0.00316485	rr3 resistance=127000
Run #1	9.4282 (1.58085% lower than nominal, lower than mean by -0.151052)	1.23347	rr3 resistance=124823
Run #2	9.42899 (1.57265% lower than nominal, lower than mean by -0.150267)	1.22706	rr3 resistance=124811
Run #3	9.79154 (2.2119% higher than nominal, higher than mean by 0.21228)	1.73345	rr3 resistance=129230
Run #4	9.69787 (1.2341% higher than nominal, higher than mean by 0.11861)	0.968552	rr3 resistance=128724
Run #5	9.56437 (0.159492% lower than nominal, lower than mean by -0.0148912)	0.1216	rr3 resistance=126121
Run #6	9.56419 (0.161326% lower than nominal, lower than mean by -0.0150669)	0.123034	rr3 resistance=126404

图 3-3-13　将 Run Log Descriptions 输出到 Excel 的结果

任务四　批处理分析法的应用

一、任务目标

利用 NI Multisim 11 对如图 3-1-1 所示单管放大电路进行批处理分析，要求：
1. 用批处理分析法计算电路的静态工作点；
2. 用批处理分析对电路进行交流频率响应分析；
3. 用批处理分析、观测输入和输出信号的波形图。

二、任务分析

批处理分析（Batched Analysis）将不同的分析或者同一分析的不同实例放在一起依次执行。在实际电路分析中，通常需要对同一个电路进行多种分析，或者多个示例进行同一种分析的情况。例如，对图 3-1-1 所示单管放大电路，为了确定静态工作点，需要进行直流工作

点分析；为了了解其频率特性，需要进行交流分析；为了观察输出波形，可以进行瞬态分析。这时，使用 NI Multisim11 的批处理分析会更快捷方便。

三、任务实施过程

依次执行【Simulate】→【Analysis】→【Batched Analysis】命令，即可弹出如图 3-4-1 所示对话框。该对话框中，左边 Available analyses 区中提供了 NI Multisim11 的 15 种仿真分析法。选取所要执行的仿真分析法，单击【Add Analysis】按钮，则将弹出所选仿真分析的参数设置对话框，该对话框的参数设置和前面介绍的各种仿真分析中的设置基本相同，操作也一样。惟一不同的是前面介绍的各种仿真分析法对话框中的【Simulate】按钮换成了【Add to list】按钮。具体设置如图 3-4-2 所示（以瞬态分析法为例）。

图 3-4-1　批处理分析对话框

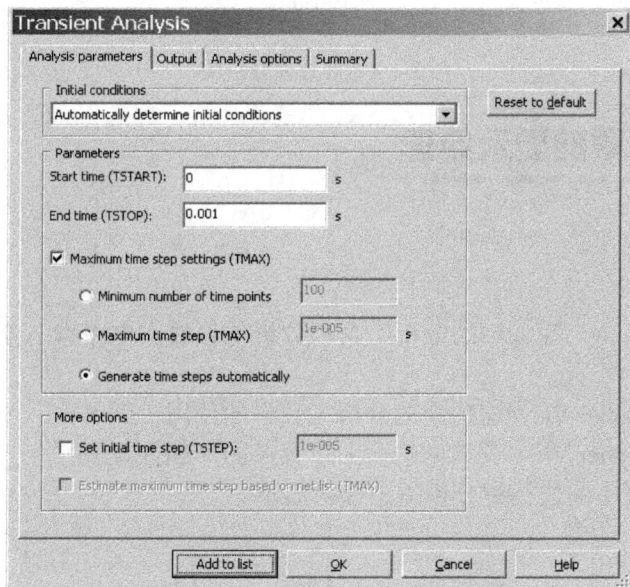

图 3-4-2　批处理分析法中的瞬态分析参数设置对话框

在设置完各种参数后，单击【Add to list】按钮，即回到批处理分析对话框，这时，右边的"Analysis to perform"区中将出现前面选取的仿真分析法。单击分析区左侧的"+"（加号），则显示该分析的总结信息。

如此继续添加所希望的分析。全部指定完成后，在批处理分析对话框的右侧"Analysis to perform"中将依次出现添加的所有仿真分析。单击"Run all analysis"按钮，即可执行所选定的全部仿真分析，仿真的结果依次出现在"Grapher view"中，如图 3-4-3 所示。

图 3-4-1 中其他几个功能按钮的功能如下。

Edit analysis ：从"Analysis to perform"中选取某一个分析，并对其参数进行编辑处理。

Run selected analysis ：从"Analysis to perform"中选取某一个分析，运行仿真。

Run all analyses ：运行所有右框中的仿真。

Delete analysis ：从"Analysis to perform"中选取某一个分析，将其删除。

Remove all analyses ：将添加到"Analysis to perform"中的所有分析全部删除。

Accept ：保留批处理分析对话框中的设置，待以后使用。

Cancel ：取消设置。

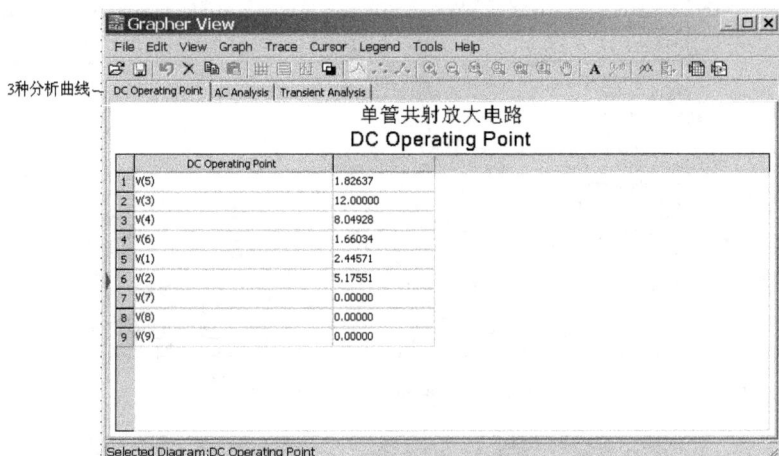

图 3-4-3　批处理分析图

任务五　分析结果的显示处理

一、任务目标

利用"Grapher View"窗口中的分析工具栏分析单管放大电路瞬态分析结果，如图 3-5-1 所示，要求：

1. 熟练掌握 Grapher View 窗口中的分析工具栏的使用；
2. 熟练掌握 Grapher View 窗口中的页面设置及图形属性设置；
3. 用分析工具栏中的快捷键分析瞬态分析波形。

二、任务分析

从前面的各种分析中看，无论何种分析，其分析的最终结果都是以图形形式或图表形式呈现在一个名为"Grapher View"的窗口中，可称为"分析图形窗口"。这是一个多用途的显示仿真结果的活动窗口，主要用来显示 NI Multisim11 的各种分析所产生的图形或图表，以及示波器或波特仪所示的图形轨迹，另外还可以调整、保存和输出仿真曲线或图表。

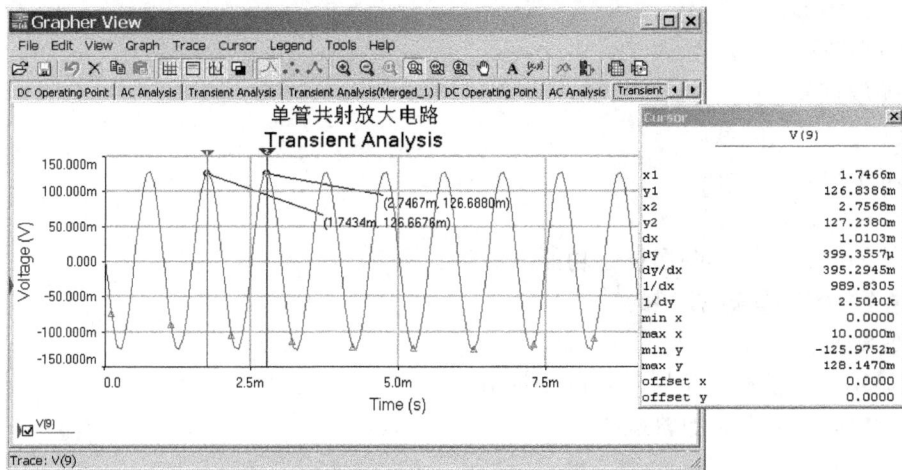

图 3-5-1　用快捷分析工具栏观测瞬态分析结果

三、任务实施过程

当一个电路选择并设置完仿真分析方法后，单击【Simulate】按钮，仿真结果和"Grapher View"窗口将一起出现在屏幕上。单击菜单栏中【View】→【Grapher】命令也可出现该窗口。

1．Grapher View 窗口中的分析工具栏的使用

分析工具栏如图 3-5-2 所示。

图 3-5-2　"Grapher View"窗口中的分析工具栏

（1）▦ ▤ ▥ 三按钮的功能

▦：显示或隐藏栅格。

▤：显示或隐藏轨迹标记，按下此按钮，即可显示各种颜色的轨迹线分别对应哪个输出节点。

▥：显示或隐藏光标指针，按下此按钮，即可显示各节点波形对应的光标指针，同时还可以得到一个取值关系变化表。移动光标指针，即可观测到各点的具体数值。

若同时按下这 3 个按钮，可得到如图 3-5-1 所示的分析结果。从图 3-5-1 中可以看到，节点 9 的波形用红颜色表示，移动光标 1 或 2，取值关系表中的 x1、y1 或 x2，y2 的值会随着光标的移动而变化。x1、y1，x2，y2 分别表示光标 1、光标 2 所处的位置，以及光标指针在该位置时对应的节点电压值。

（2）▣ ▨ ∴ ⋀ 按钮的功能

▣：背景黑/白颜色转换。

⋀：显示跟踪的所有轨迹线。

　：显示数据点的所有轨迹。

　：显示跟踪的轨迹线和数据点。

（3）　按钮的功能

　：放大图形。

　：缩小图形。

　：缩放恢复。

　：放大选定的区域。

　：水平放大。

　：垂直放大。

　：关闭放大和缩小图形按钮功能。

（3）　按钮的功能

　：放置文本。

　：显示所选游标尺位置节点的坐标值。

　：从最后仿真中添加轨迹线。

　：覆盖轨迹。

　：将分析数据输出到 Excel。

　：保存所选的数据到由 IN LabVIEW 创建基于文本的测量文件。

2．Grapher View 窗口中的页面设置及图形属性设置

依次执行【Edit】→【Page Properties】命令，弹出如图 3-5-3 所示的"Page Properties"（页面属性）对话框。

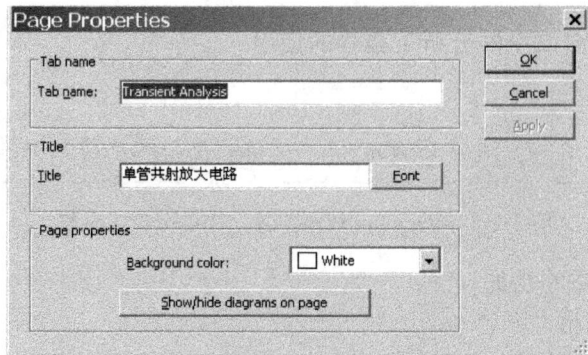

图 3-5-3　页面属性对话框

Tab name 栏：用于设置页名。

Title 栏：用于设置图表或曲线图的标题。

Font 栏：用于设置标题字体。

Page properties 栏：用于设置页面背景颜色及是否将该页面设置为可见。

Background color 栏：背景颜色下拉列表：有 16 种颜色供选择。

Show/hide diagrams on page 按钮：用于是否将该页面设置为可见。

依次执行【Graph】→【Properties】命令。弹出如图 3-5-4 所示的"Graph Properties"（曲线图属性）对话框。

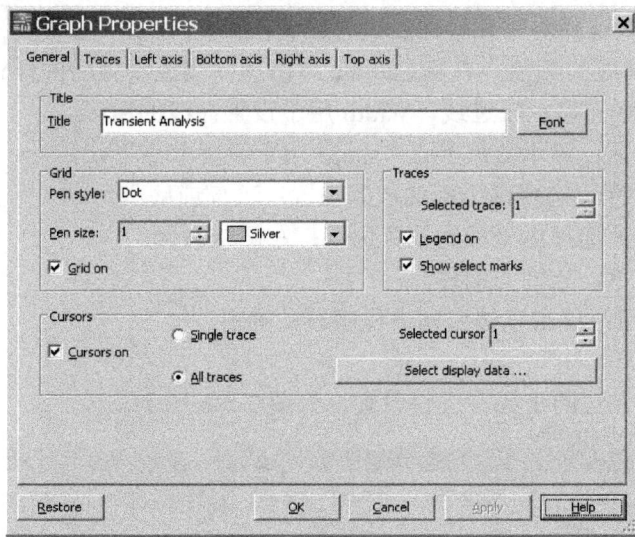

图 3-5-4　曲线图属性对话框

该对话框共有 6 个页，分别如下。

① General 页。

Title 区：Title 栏用来设置曲线图的标题名称，单击【Font】按钮可设置文本的字体、颜色及字号大小。

Grid 区：可设置是否显示网格线及网格线的颜色。

Traces 区：用于设置是否显示图例及选中的标记。

Cursors 区：可设置是否使用光标指针，以及所使用光标指针的根数。

② Traces 页。

如图 3-5-5 所示，该页为曲线设置页。

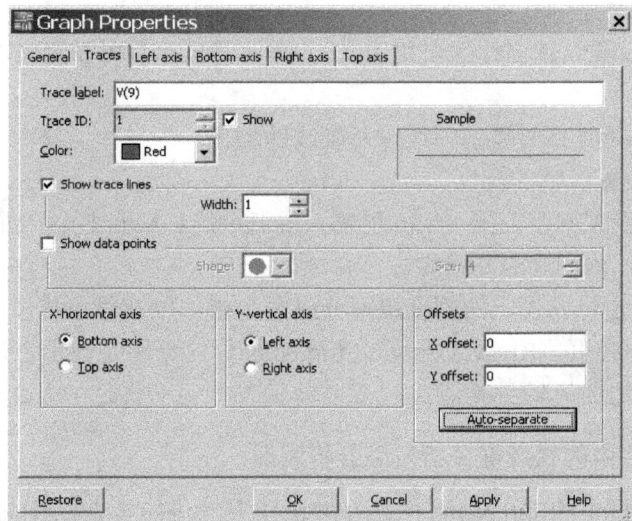

图 3-5-5　"Traces" 页

Trace label 区：对应该曲线的名称。

Trace ID 区：用来选择对第几号曲线进行设置。

Color 区：选择曲线的颜色，右侧 Sample 给出该曲线经设置后的样式。

Show trace lines 区：显示轨迹线，Width 用于设置曲线的粗细。

Show data points 区：显示数据节点，shape 用于设置节点形状，Size 用于设置节点大小。

X-horizontal axis 区：选择横坐标的放置位置：顶部或底部。

Y-vertical axis 区：选择纵坐标的放置位置：左侧或右侧。

Offsets 区：设置 X，Y 轴的偏移。

Auto-separate 按钮：单击该按钮则由程序自动确定。

③ Left axis 页。

该页用来对曲线左边的坐标轴进行设置，如图 3-5-6 所示。

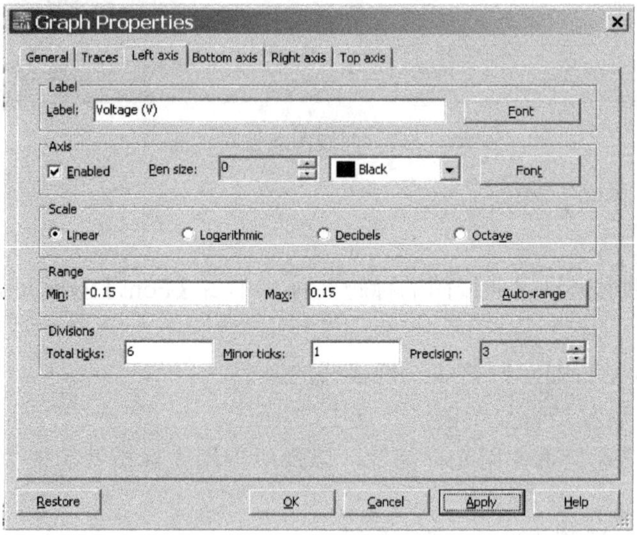

图 3-5-6 "Left axis" 页

Label 区：用来设置纵轴名称（可用中文）。单击【Font】可设置文本的字体、颜色及字号大小。

Axis 区：用于选择要不要显示轴线以及轴线的颜色。

Scale 区：用于设置纵轴的刻度。

Range 区：用于设置刻度范围（Min 栏输入最低刻度、Max 栏输入最高刻度）。

Auto-range 按钮：由程序自动确定。

Divisions 区：决定将已设定的刻度范围分成多少格，以及最小标注。

另外，Bottom Axis 页、Right Axis 页、Top Axis 页，分别是关于下边、右边及上边轴线设置，设置方法与左边的纵轴页类似。

3. 用分析工具栏中的快捷键分析瞬态分析波形。

将页面属性对话框中的 Tab Name 栏设为瞬态分析，如图 3-5-3 所示。曲线图属性中的"Left axis"页中，Label（标识）设置为 Voltage（V）即电压，Pen size（轴线宽度）设置为 2，Precision（显示精度）设为 3 如图 3-5-6 所示，单击【OK】按钮，最后显示结果如图 3-5-1 所示。

四、技巧要点

- 在曲线图的背景中单击鼠标右键可弹出"Grapher View"窗口的快捷菜单如图 3-5-7 所示。
- 在轨迹线上单击鼠标右键可弹出轨迹线的快捷菜单如图 3-5-8 所示。

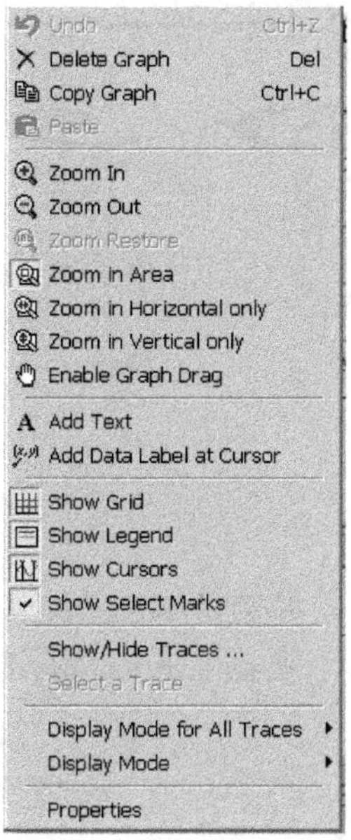

图 3-5-7　"Grapher View"窗口的快捷菜单 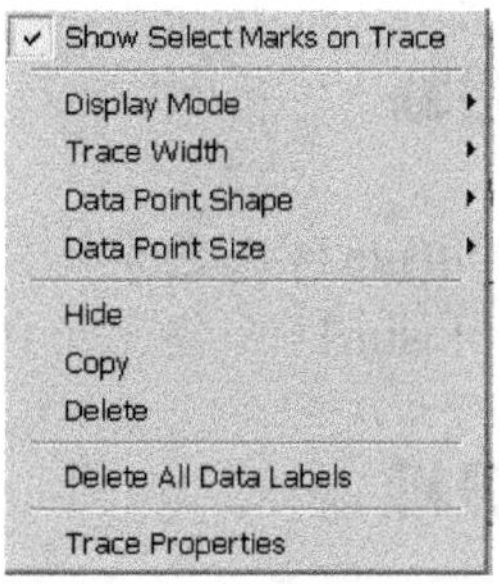　　　图 3-5-8　轨迹线的快捷菜单

项目四 NI Multisim11 在电路分析中的应用

任务一 基尔霍夫定律的应用

一、任务目标

1. 在 IN Mulusim11 中建立仿真电路如图 4-1-1 所示，并验证 KCL 定律。
2. 在 IN Mulusim11 中建立仿真电路如图 4-1-2 所示，并验证 KVL 定律。

二、任务分析

基尔霍夫定律是集总电路的基本定律，它包括基尔霍夫电压定律（简称 KCL 定律）和基尔霍夫电流定律（简称 KVL 定律）。

KCL 定律：在集总电路中，无论何时，对于集总电路中的任意节点，流入该节点的电流和流出该节点的电流的代数和恒等于零。在 KCL 定律中，流入或流出某节点的电流的方向由参考方向确定。

KVL 定律：对于集总电路而言，无论何时，在集总电路中的任何回路中，其回路中所有支路的电压的代数和恒等于零。在 KVL 定律中，需要指定回路的环行方向作为参考方向。

三、任务实施过程

1. 验证 KCL 定律

在 NI Mulusim11 中建立的仿真电路如图 4-1-1 所示。其中，电流表可以由 NI Mulusim11 的 Place 菜单的 Indicators 元器件库中得到；或单击元器件工具栏的 ▣ 按钮，从 Indicators 元器件库中得到

图 4-1-1 所示的是一个简单的电阻并联电路。从该图中可以很明显地看出位于干路交流电流表 U1 的值为 0.180A，位于支路的交流电流表 U2 和 U3 的值分别为 0.120A 和 0.060A，即 0.180A=0.120A+0.060A，验证了 KCL 定律。

2. 验证 KVL 定律

在 NI Mulusim11 中建立的仿真电路如图 4-1-2 所示，该电路是一个简单的电阻串联电路。

从图 4-1-2 中可以很明显地看出，直流电压表 U4 的值为 2.000V，直流电压表 U5 和 U6 的值分别为 4.000V 和 6.000V，即 V1=2.000V+4.000V+6.000V=12V，验证了 KVL 定律。

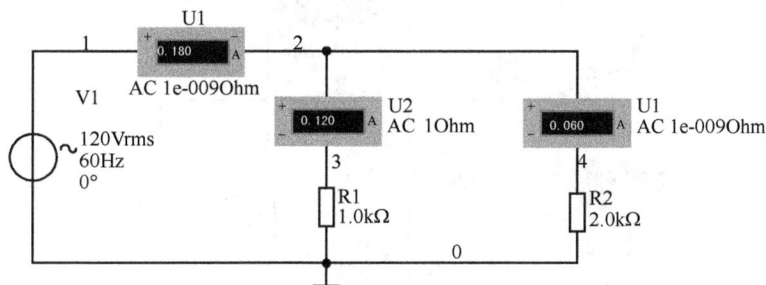

图 4-1-1 KCL 定律应用电路

四、技巧要点

● 本任务中使用的电压表和电流表，既可测直流量也可测交流量；最初放置在电路工作区中，NI Mulusim11 默认的是直流表，位于电表旁边的是其内阻的大小。但可以对其电表内阻和测量对象进行选择设置。例如：双击直流电流表图标，则弹出如图 4-1-3 所示的"Ammeter"（安培表）对话框的"Value"（值）标签页。在"Resistance"（电阻）栏中修改电流表的内阻；在"Mode"（模式）栏中选择交流或直流模式。

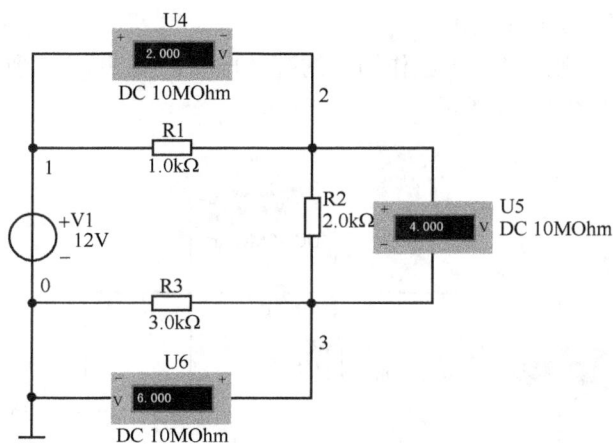

图 4-1-2 KVL 定律应用电路

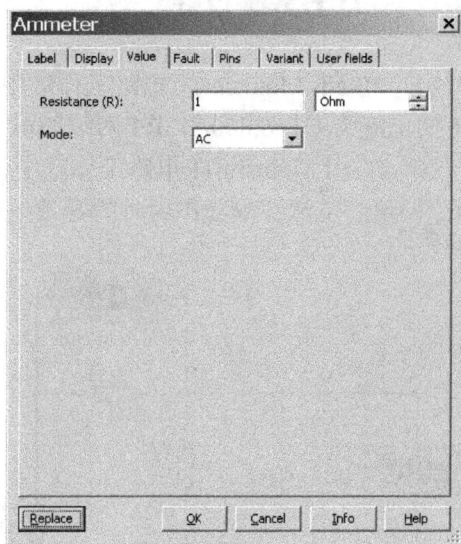

图 4-1-3 "Ammeter"对话框之"Value"页

任务二 叠加定理的应用

一、任务目标

利用 NI Mulusim11 对图 4-2-1 所示电路进行叠加定理应用的仿真，求流过 R1 的电流和电阻 R3 两端的电压。

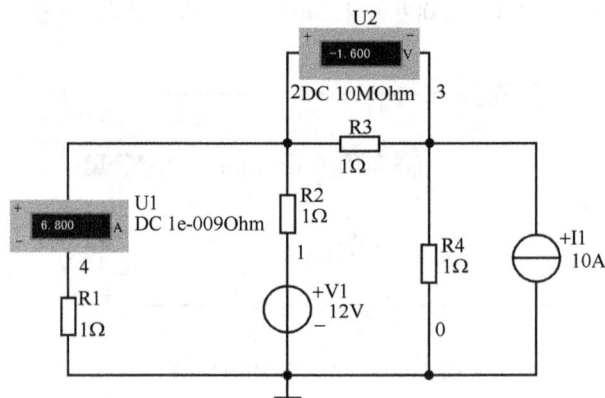

图 4-2-1　叠加定理应用电路

二、任务分析

叠加定理是指线性电路中，某一条支路的响应等于各个电源单独作用时在该支路形成响应的代数和。某个电源单独作用时，其他电源置为 0，即电压源视为短路，电流源视为开路。

三、任务实施过程

1. 在 NI Mulusim11 电路工作区中创建图 4-2-1 所示电路，并启动仿真开关，得到流过 R1 的电流为 U1=6.800A，R3 两端的电压为 U2= –1.600V。

2. 在 NI Mulusim11 电路工作区中创建电压源 V1 单独作用时的等效电路，如图 4-2-2 所示。同理，电流源单独作用时的等效电路如图 4-2-3 所示。

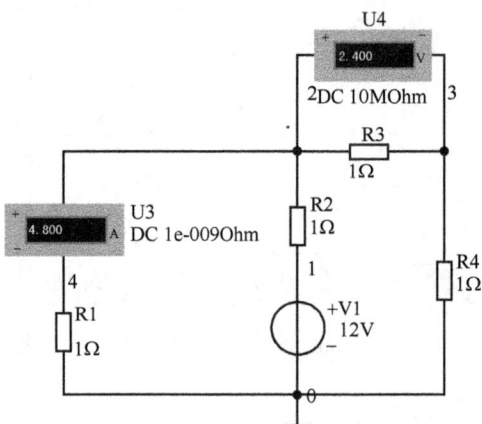

图 4-2-2　电压源单独作用电路图　　　　　图 4-2-3　电流源单独作用电路图

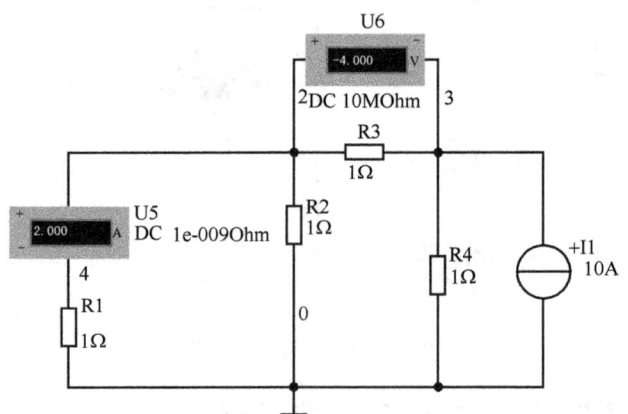

3. 将各个电源单独作用时该支路电压或电流的仿真结果叠加，求出全响应。即：

$$U3+U5=4.800A+2.000A=6.800A$$
$$U4+U6=2.400V-4.000V= -1.600V$$

可见上述结果与图 4-2-1 所示电路的仿真结果相同。

任务三　戴维南定理的应用

一、任务目标

利用 NI Mulusim11 验证图 4-3-1 所示电路的戴维南定理分析方法。要求：求流过 R3 的电流。

图 4-3-1　戴维南定理应用电路

二、任务分析

戴维南定理是指任何有源线性二端网络，对其外部特性而言，都可以用一个电压源串联一个电阻替代，其中电压源的电压等于该有源二端网络输出端的开路电压用 U_{oc} 表示，串联的电阻用 R_o 表示等于该有源二端网络内部所有独立源为零时在输出端的等效电阻。

三、任务实施过程

1. 在 NI Mulusim11 电路工作区中创建图 4-3-1 所示电路。
2. 求等效电阻 R_o

在 NI Mulusim11 电路工作区中，创建二端网络等效电阻仿真电路如图 4-3-2 所示，在端口处接入万用表，启动仿真开关可直接测得二端网络等效电阻为 5kΩ。

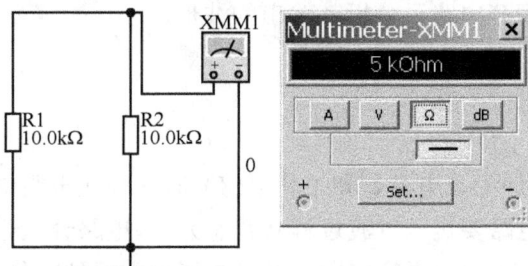

图 4-3-2　求等效电阻电路

3．求开路电压 U_{oc}。在 NI Mulusim11 电路工作区中创建图 4-3-3 所示的电路，在端口处接入万用表，启动仿真开关可直接测得二端网络开路电压为 20V。

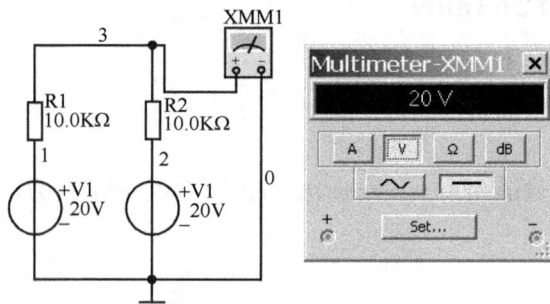

图 4-3-3　求开路电压电路

4．根据求出的开路电压 U_{oc} 和等效电阻 R_o，在 NI Mulusim11 电路工作区中创建图 4-3-4 所示的电路，在端口处接入电流表，启动仿真开关可测得所求流过 R3 的电流为 0.998A，其结果与图 4-3-1 所示电路仿真结果相同。

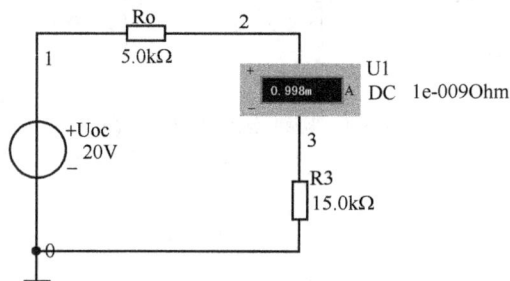

图 4-3-4　戴维南等效电路

任务四　RC 一阶动态电路的应用

一、任务目标

利用 NI Multisim 11 观察如图 4-4-1 所示 RC 一阶电路构成的电容器充放电电路，要求在此电路基础上：

1．设计一个简单的微分电路，分析其输出的波形；
2．设计一个简单的积分电路，分析其输出的波形。

二、任务分析

当电路中含有储能元件 C（电容）和 L（电感）时，则在电路中发生换路（电路的结构或元件参数发生改变），电路要进入过渡过程（暂态），即电路会从一个稳态过渡到另外一个稳态。借助于 NI Multisim11 中的虚拟仪器，可以很好地观察到电路中电压变化的情况。

在 RC 电路中，电容元件是一个储能元件。当加在电容两端的电压发生改变时，由于电容两端的电压不能突变，电路从先前的稳态到重新建立稳态需要一个过程，这个过程是随时间按指数规律变化的，变化快慢由时间常数 $\tau = RC$ 来决定，τ 值的大小和如何选取输出信号决定设计的电路是微分电路还是积分电路。

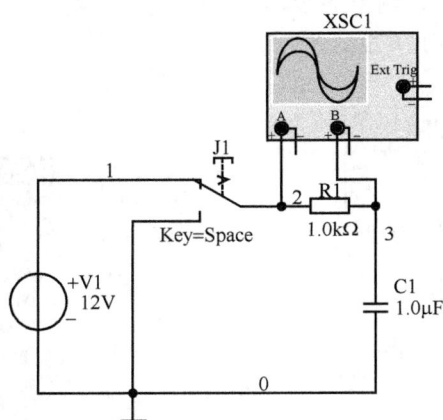

图 4-4-1 RC 一阶电路

三、任务实施过程

1. 观察电容器充放电特性

按照图 4-4-1 所示编辑好电路图后，运行仿真开关，再反复按【Space】（空格键），使开关"J1"反复打开和闭合，在示波器的屏幕上出现如图 4-4-2 所示的电容充放电曲线。

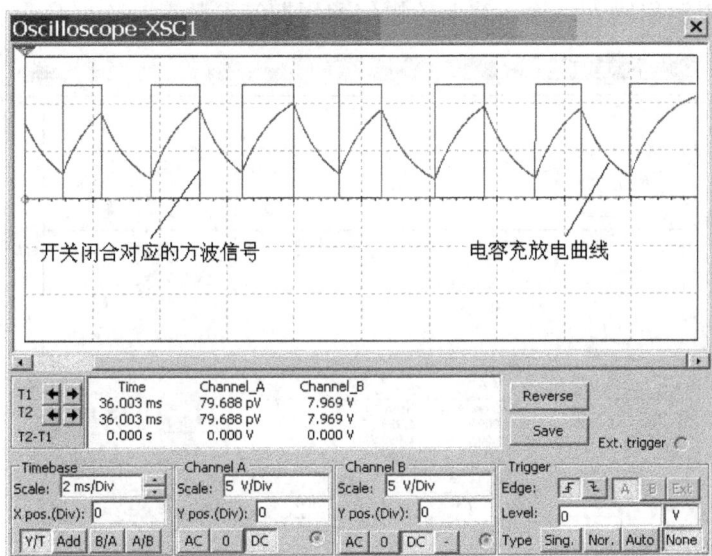

图 4-4-2 电容充放电曲线

2. 微分电路设计分析

微分电路实现输出信号是输入信号的微分。微分电路是工程上常用的电路，在电路分析中，它可以由电容与电阻元件或电感与电阻元件组成，本设计采用前者。

满足 $\tau = RC \ll \dfrac{T}{2}$ 时（T 为方波脉冲的重复周期），且由 R 端做出响应输出的电路即构成微分电路。在此，选取方波脉冲的重复周期为 1ms，选 R=1kΩ，C=10nF。用信号发生器产生方波信号，用示波器观测输入、输出的波形图。

设计的微分电路如图 4-4-3 所示。

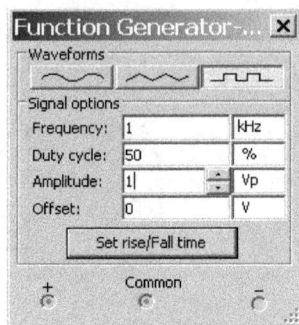

图 4-4-3 微分电路   图 4-4-4 信号发生器面板

① 双击信号发生器图标，弹出函数信号发生器面板，如图 4-4-4 所示。面板参数选择如下。"Waveforms"栏选择方波（或者三角波）输入；"Signal options"栏选择 Frequency: l kHz，Duty cycle:50%，Amplitude: l V(P-P)，Offset:0V。

② 运行仿真开关，在示波器屏幕上会出现输入为方波，输出为尖脉冲的波形，如图 4-4-5 所示。由图 4-4-5 所示可以清楚地看出，输入和输出之间呈现的是微分关系。移动游标尺 T1 和游标尺 T2，可以测出输入、输出波形的幅值和周期等参数。

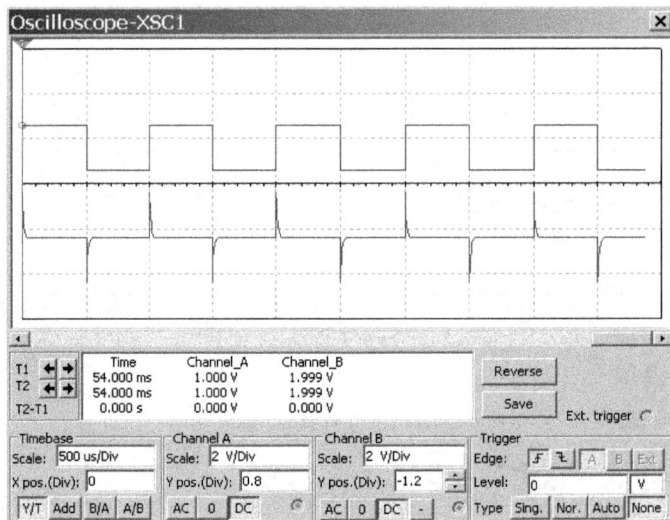

图 4-4-5 微分电路输入、输出波形

3. 积分电路设计分析

积分电路实现输出信号是输入信号的积分。

满足 $\tau = RC \gg \dfrac{T}{2}$ 时（T 为方波脉冲的重复周期），且由 C 端做出响应输出的电路即构成

积分电路。在此仍选取方波脉冲的重复周期为 1ms，另选 R=10kΩ，C=10μF。用信号发生器产生方波信号，用示波器观测输入、输出的波形图。

设计的积分电路如图 4-4-6 所示，积分电路的输入、输出波形图如图 4-4-7 所示。

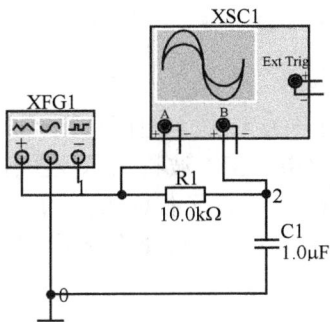

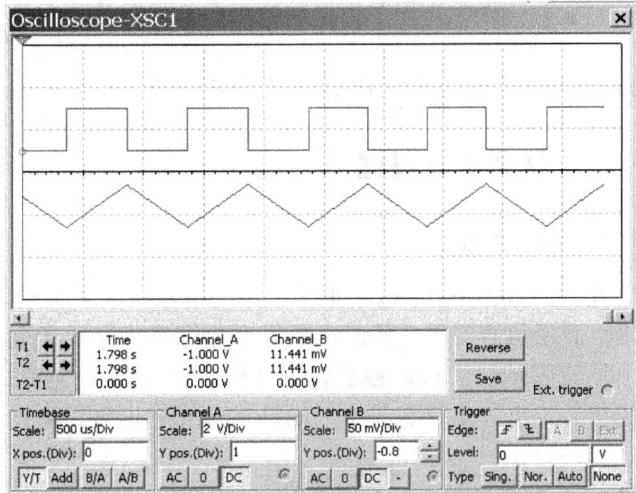

图 4-4-6 积分电路   图 4-4-7 积分电路输入、输出波形

任务五 RLC 串联谐振电路的应用

一、任务目标

在 NI Mulusim11 电路工作区中建立图 4-5-1 所示的 RLC 串联谐振电路，要求：

1. 通过示波器和波特图仪观测该电路发生谐振时的特性。
2. 观测当信号源 V1 的信号频率大于或小于谐振频率时该电路的特性。

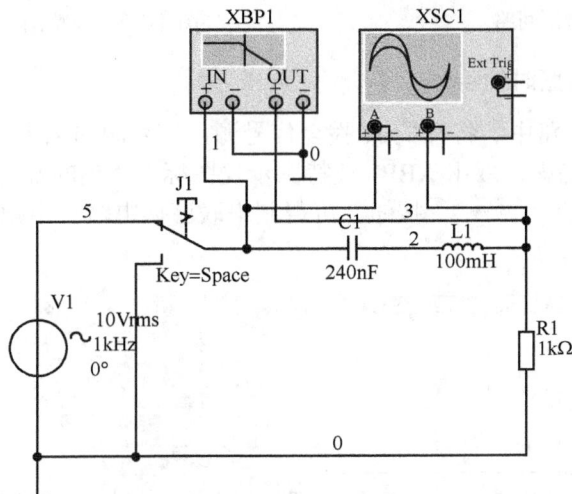

图 4-5-1 RLC 串联谐振应用电路

二、任务分析

谐振是正弦电路中一种常见现象，在实际电路分析中，对这种现象进行频率分析比较困难。但借助于 NI Multisim11 中的虚拟波特图示仪（扫频仪）、示波器，可以很容易地观测电路在谐振时的特点。

图 4-5-1 所示电路，固有谐振频率 $f = \dfrac{1}{2\pi\sqrt{LC}} = \dfrac{1}{10^{-6}\sqrt{240\times100}} = 1$（kHz），因此只要信号源频率设置为 1kHz，该电路就发生谐振。

三、任务实施过程

1．确定谐振频率

在 NI Multisim11 电路工作区中建立图 4-5-1 所示的电路，将开关 J1 拨至电阻如图 4-5-2 所示，启动仿真开关，此时，串联谐振回路处于自由振荡状态。双击 XBP1 波特图示仪图标，弹出波特图示仪面板，参数设置及仿真结果如图 4-5-3 所示。拖动波特图示仪面板上的红色光标指针，可读出任意频率时对应的幅值，所以，可读出谐振频率为 1 kHz 与理论分析一致。

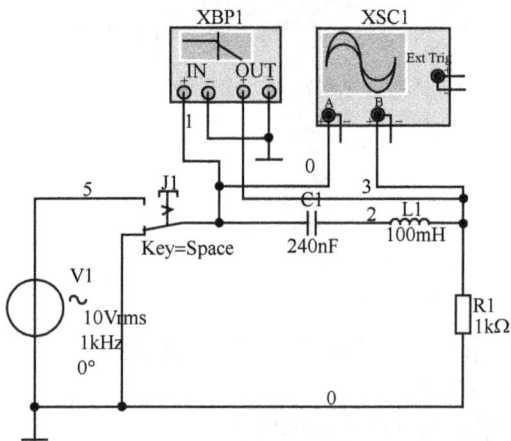

图 4-5-2　串联谐振回路

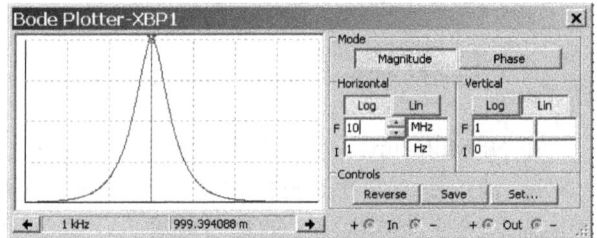

图 4-5-3　波特图示仪仿真结果

2．观测电路发生谐振时的特性

在图 4-5-1 所示的电路中，将开关 J1 拨至信号源，信号源的频率设置为 1 kHz。启动仿真开关，此时电路发生谐振。双击 XBP1 波特图示仪图标，得到的幅频特性如图 4-5-3 所示。单击波特图示仪面板上的 Phase 按钮，可得到串联谐振电路的相频特性曲线，如图 4-5-4 所示。

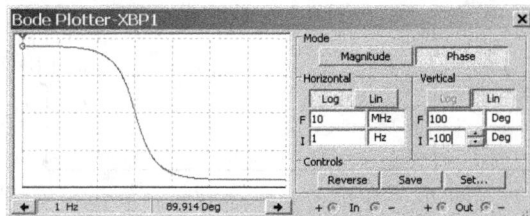

图 4-5-4　相频特性曲线

双击 XSC1 示波器图标，得到电阻 R1 和信号源波形如图 4-5-5 所示。可以看到电阻 R1 上的波形和信号源的波形同相位，说明此时电路发生了谐振，电路呈纯阻性。

图 4-5-5 谐振时 R1 上的波形

3．观测电路失谐的情况

改变信号源频率为 5 kHz，重新启动仿真，得到 R1 上的波形如图 4-5-6 所示。电阻 R1 上波形的相位滞后于信号源波形的相位，说明电路呈感性。

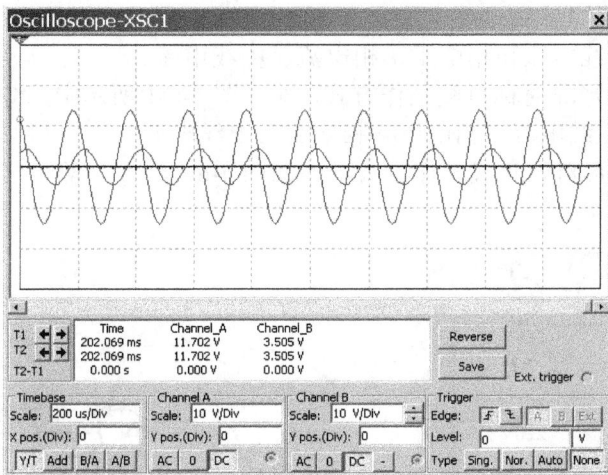

图 4-5-6 大于谐振频率的波形

改变信号源频率为 0.5 kHz，重新启动仿真，得到 R1 上的波形如图 4-5-7 所示。电阻 R1 上波形相位超前于信号源波形的相位，说明电路呈容性。

四、技巧要点

- 由于电阻两端的电压与流过的电流同相位，讨论相位关系时，可以使用电阻两端的电压形象地说明流过电流波形的相位关系。所以，本任务讨论时是将电阻 R1 两端的电压波形看成是电流波形。

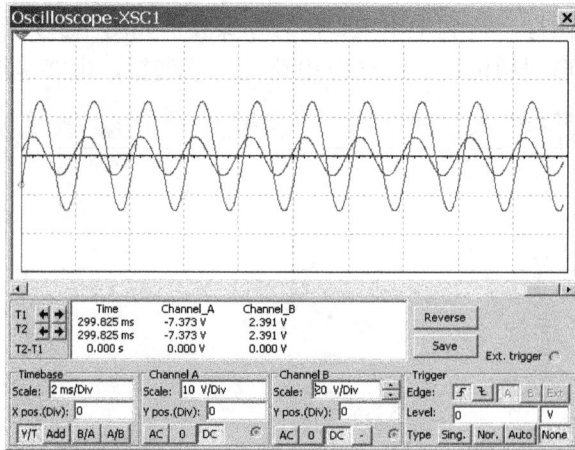

图 4-6-7　小于谐振频率的波形

任务六　三相交流电路的应用

一、任务目标

1．三相四线制 Y 形对称负载工作方式电路如图 4-6-1 所示，负载为三个 220V，15W 的灯泡。要求：

① 测量三相电源的相序。

② 测量线电压、线电流和相电压、相电流及中线电流。

2．三相四线制 Y 形非对称负载工作方式，即在图 4-6-1 所示中，将其中一相的灯泡改为 40W，再测量线电压、线电流和相电压、相电流及中线电流。

3．三相三线制△形对称负载工作方式电路如图 4-6-2 所示，测量线电压、线电流和相电压、相电流。

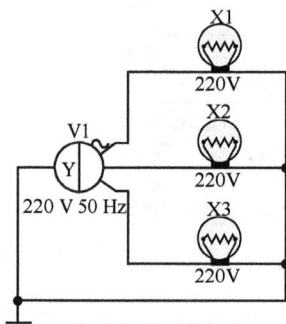

图 4-6-1　三相四线制 Y 形对称负载电路

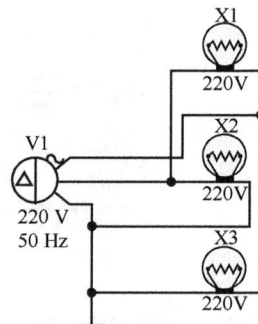

图 4-6-2　三相三线制△形对称负载电路

二、任务分析

三相电路有三相四线制和三相三线制两种结构。

三相四线制电路是由三个同频率、等振幅而相位依次相差 120° 的正弦电压源按一定连接方式组成的电路，三相交流电路无论负载对称与否，负载均可以采用 Y 连接，并有

$U_L = \sqrt{3}U_P$，$I_L = I_P$，对称时中性线上无电流，不对称时中性线上有电流。

在三相三线制电路中，当负载为 Y 连接时，线电流 I_L 与相电流 I_P 相等，线电压 U_L 与相电压 U_P 的关系为 $U_L = \sqrt{3}U_P$；当负载为△连接时，线电压 U_L 与相电压 U_P 相等，线电流与相电流的关系为 $I_L = \sqrt{3}I_P$。

三、任务实施过程

1．三相四线制 Y 形对称负载工作方式电路的测试

（1）测量三相电的相序

在 NI Mulusim11 电路工作区中按图 4-6-1 所示建立电路，并将四踪示波器接入，如图 4-6-3 所示。启动仿真开关，双击 XSC1 四踪示波器图标，其面板参数设置及显示的三相电的相序波形如图 4-6-4 所示。

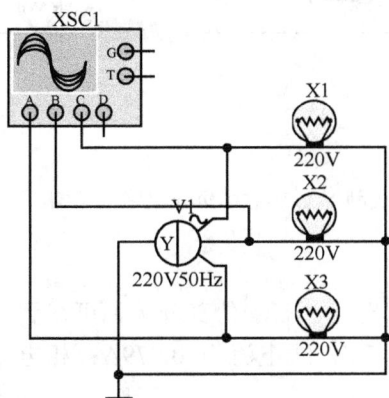

图 4-6-3　相序测试电路　　　　　　　　　　　图 4-6-4　相序波形图

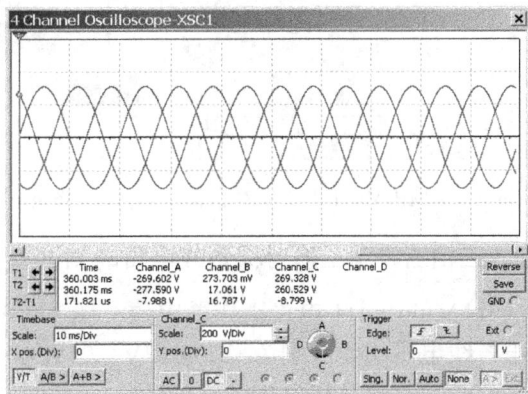

（2）测量线电压、线电流和相电压、相电流及中线电流

在 NI Mulusim11 电路工作区中建立图 4-6-5 所示测试电路，启动仿真开关，可得到三相相电压分别为 219.953V、219.958V、219.966V；线电压分别为 380.985V、380.970V、380.978V；线电压与相电流相等为 0.114A；中线电流为零，线电压是相电压的 $\sqrt{3}$ 倍。

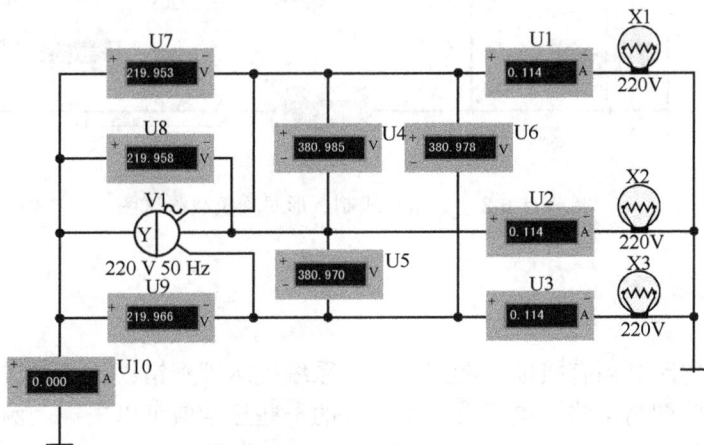

图 4-6-5　三相四线制 Y 形对称负载电路测试图

2．三相四线制 Y 形非对称负载电路的测试

在图 4-6-5 所示中，双击 X1 灯泡图标，弹出如图 4-6-6 所示对话框，在 Maximum Rated Power（Watts）栏：将 15 改为 40，再单击【OK】按钮，这样就把图 4-6-5 中原来对称负载变为了不对称负载。启动仿真开关，仿真结果如图 4-6-7 所示。由于负载不对称，中线电流不为零。

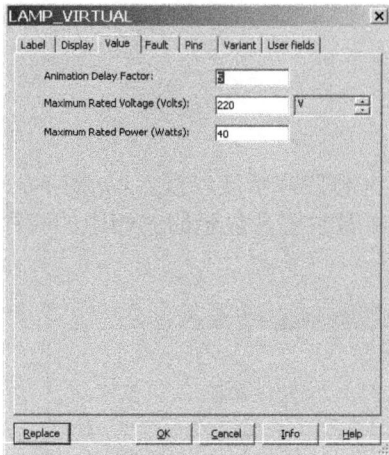

图 4-6-6 "LAMP_VIRTUAL" 对话框

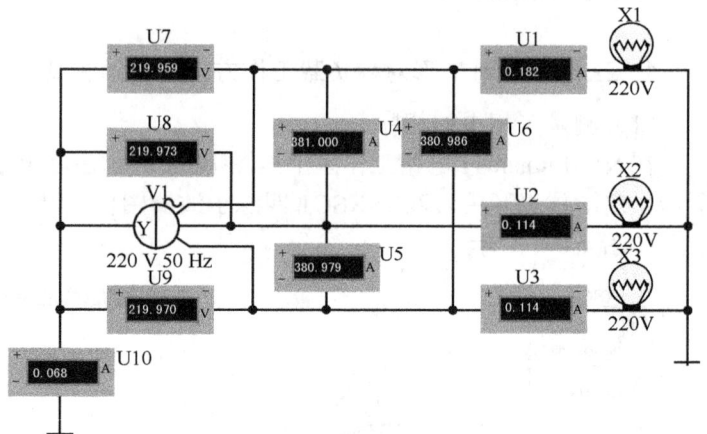

图 4-6-7 三相四线制 Y 形非对称负载电路测试图

3．三相三线制△形对称负载电路的测试

在 IN Mulusim11 电路工作区中建立图 4-6-8 所示测试电路，启动仿真开关，可得到三相相电压与线电压相等分别为 220.017V、219.961V、219.947V；线电流为 0.079A；相电流为 0.045A，即线电流是相电流的 $\sqrt{3}$ 倍。

图 4-6-8 三相三线制△形对称负载测试图

四、技巧要点

- 注意仿真电路必须有接地参考点，否则系统提示检查错误，无法进行仿真。
- 为了使电路图简洁些，电流表、电压表的一些显示值可以去掉。例如：双击电流表图标，弹出如图 4-6-9 所示对话框，将 "Display" 页中 "Show values" 的 "√" 去掉，

电流表的内阻值、DC 或 AC 值都不在图标旁显示。

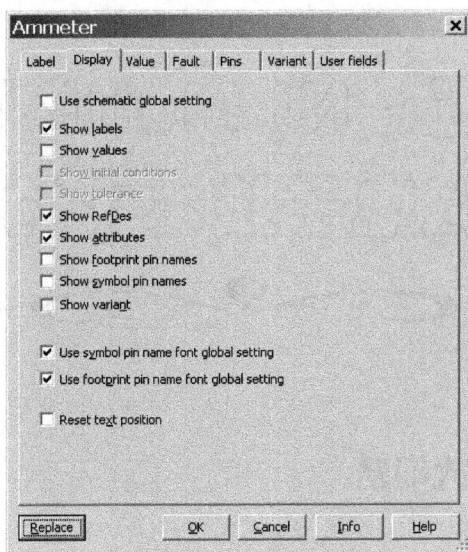

图 4-6-9　电流表对话框

项目五 NI Multisim11 在模拟电子技术中的应用

任务一 单管共射放大电路

一、任务目标

1. 熟悉 NI Mulusim11 软件的使用方法。
2. 掌握放大电路静态工作点仿真方法及其对放大器性能的影响。
3. 学习放大电路静态工作点、电压放大倍数的仿真方法。

二、任务分析

本任务所需要的虚拟仪器：函数信号发生器、双踪示波器、数字万用表。

三、任务实施过程

1. 编辑电路图

在 NI Mulusim11 电路工作区编辑如图 5-1-1 所示电路。

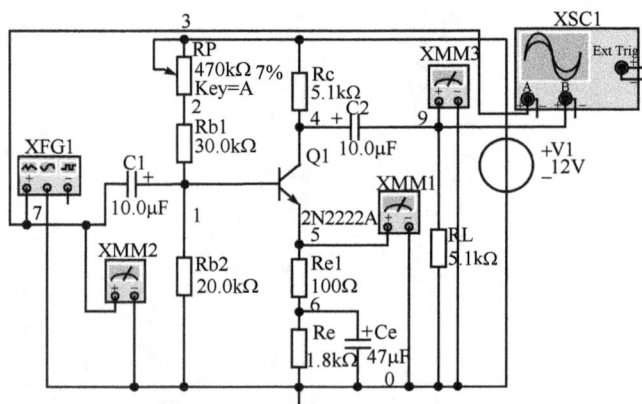

图 5-1-1 单管共射放大电路

2．静态工作点的确定及仿真测试

① 调节 RP，使数字万用表 XMM1 的读数为 2.2V。

电位器 RP 旁边标注的文字"Key=A"表明按动键盘上 A 键，电位器的阻值增加，按 Shift+A 键阻值减少，每次增减 5%（系统默认值），本例调为 1%。或将鼠标移近电位器 RP，会出现一个电位器的滑杆，直接滑动即可调节电位器 RP 的大小。

② 依次执行【Simulate】→【Analysis】→【DC Operating Point Analysis】命令，添加所有变量，单击【Simulate】按钮，将直流分析仿真数据记录，并填入表 5-1-1 中。

表 5-1-1　静态工作点测量数据记录表

仿 真 数 据					计 算 数 据	
V_B（V）	V_C（V）	V_E（V）	$I_B(\mu A)$	$I_C(mA)$	U_{BE}（V）	U_{CE}（V）
2.7700	6.2927	2.1419	8.2355	1.1190	0.6281	4.1508

3．动态仿真

（1）相位比较

由函数信号发生器 XFG1 提供输入信号，双击 XFG1 图标，将信号频率设置为 1kHz，峰峰值为 14.2mV 的正弦波，如图 5-1-2 所示。

用双踪示波器 XSC1 观察比较放大电路的输入与输出波形，结果如图 5-1-3 所示。可见输入与输出波形的相位相差了 180°。

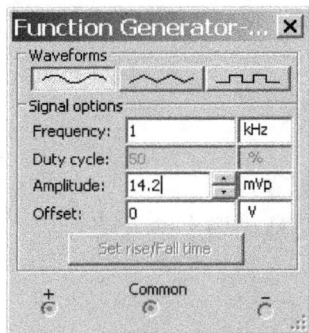

图 5-1-2　函数信号发生器参数设置　　　　图 5-1-3　输入和输出波形

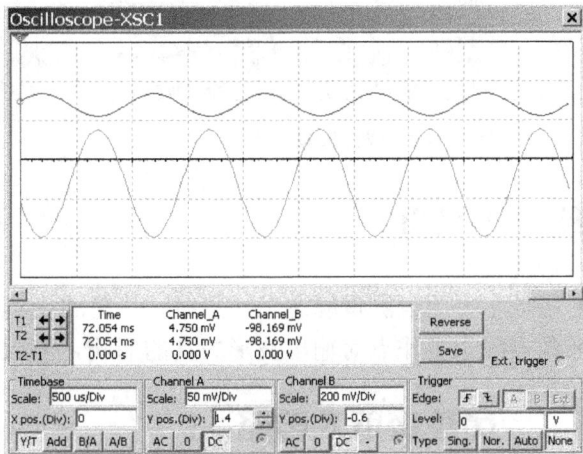

（2）测量电压放大倍数

在表 5-1-2 所示的 3 种情况下，用数字万用表 XMM2、XMM3 的交流电压挡分别测试放大电路的输入和输出电压，测量的值记录在表中，并计算 A_u。

表 5-1-2　电压放大倍数测量数据记录表

给 定 参 数	测 量 值		计 算 值
R_L	U_i（mV）	U_o（mV）	A_u
∞	10.041	371.22	37
5.1kΩ	10.041	193.45	19
330Ω	10.041	24.419	2.4

（3）观察静态工作点对输出波形失真的影响

调函数信号发生器峰-峰值为 150mV，将 RP 调到最大输出波形出现截止失真如图 5-1-4 所示；RP 调到最小输出波形出现饱和失真如图 5-1-5 所示。用数字万用表直流电压挡测出失真情况下的 U_{BE} 和 U_{CE} 值，并将结果记入表 5-1-3 中。

表 5-1-3　静态工作点对输出波形失真影响的仿真结果记录表

R_P 值	U_{BE}（V）	U_{CE}（V）	U_o 波形	失真情况	晶体管状态
最大	0.45325	11.973		截止失真	截止
最小	0.65193	0.90114		饱和失真	饱和

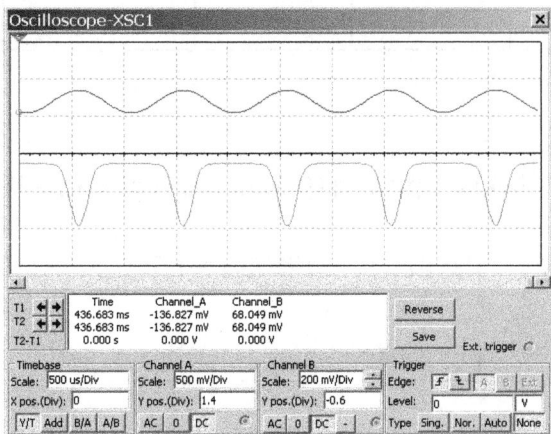

图 5-1-4　截止失真波形　　　　　图 5-1-5　饱和失真波形

四、技巧要点

- 用数字万用表测量静态工作点时，注意将交流输入信号置零。
- 观察静态工作点对输出波形失真的影响，若效果不明显可适当增大输入信号。

任务二　负反馈放大电路

一、任务目标

1．熟悉 NI Mulusim11 软件的使用方法。
2．学习负反馈放大电路电压放大倍数的仿真方法。
3．掌握负反馈对放大电路性能的影响。

二、任务分析

本任务所需要的虚拟仪器：双踪示波器 、数字万用表、波特图示器。

三、任务实施过程

1. 编辑电路图

在 NI Multisim11 电路工作区编辑如图 5-2-1 所示电路。

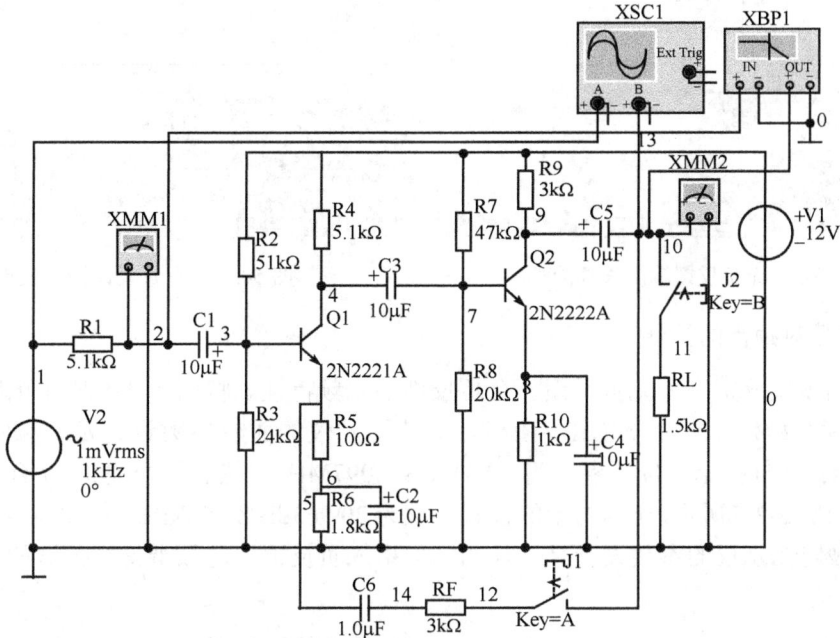

图 5-2-1 负反馈放大电路

2. 开环和闭环放大倍数的测试

（1）开环电路

在图 5-2-1 所示中，开关 J1、J2 均断开（按键"A"和"B"或者用鼠标单击开关）。调节信号源 V2 的幅度为 1mV，在输出波形不失真的情况下，按表 5-2-1 要求进行测量并填表，计算 A_u。

（2）闭环电路

闭合开关 J1 接通 RF，按表 5-2-1 要求测量并填表，计算 A_{uf}。

表 5-2-1 负反馈放大器开环和闭环放大倍数仿真数据记录表

	R_L（kΩ）	U_i（mV）	U_o（mV）	A_u/A_{uf}
开环	∞	0.58844	769.88	1308
	1.5kΩ	0.58623	343.67	586
闭环	∞	0.75080	22.162	30
	1.5 kΩ	0.74537	21.473	29

3. 负反馈对失真的改善作用

将图 5-2-1 所示电路中，开关 J1 断开，开关 J2 闭合。逐步加大输入信号，调节信号源 V2 的幅度为 5mV，使输出信号出现失真，如图 5-2-2 所示。然后，将开关 J1 闭合，输出波形如图 5-2-3 所示，可见引入负反馈后输出波形幅度受到控制，所以避免了失真的产生。

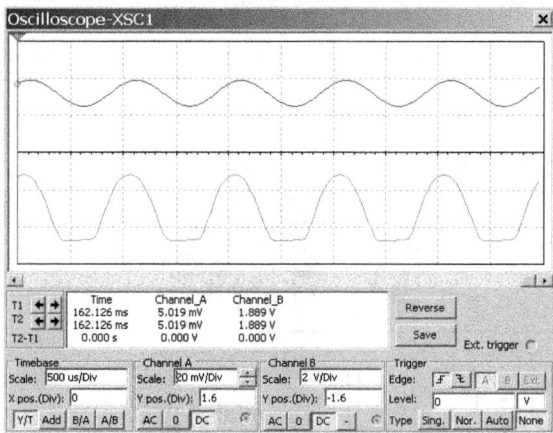

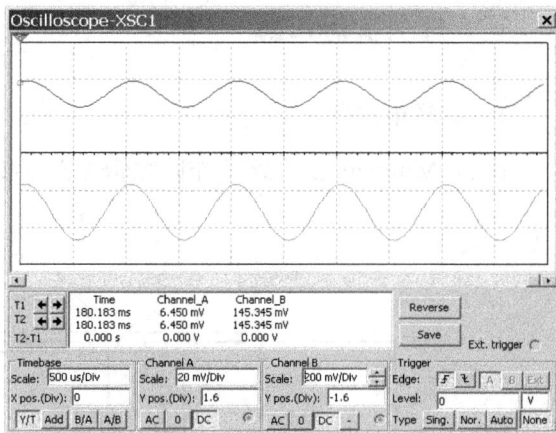

图 5-2-2　无负反馈输出失真波形　　　　　　图 5-2-3　有负反馈输出波形

4．负反馈对频带的扩展

用波特图示仪分别测量无负反馈、有负反馈的幅频特性。将图 5-2-1 所示电路中，开关 J1 断开，开关 J2 闭合。双击 XBP1 图标，波特图示仪的面板参数设置及幅频特性曲线如图 5-2-4 所示。光标指示的位置参数为 39.411dB/1.097MHz。然后将开关 J1 闭合，得到的幅频特性曲线如图 5-2-5 所示，光标指示的位置参数为 20.963dB/8.952MHz。从图 5-2-1 和图 5-2-5 可以看出，波特图示仪的参数设置是一样的，但引入负反馈后通频带得到扩展的同时放大电路的增益减小了。

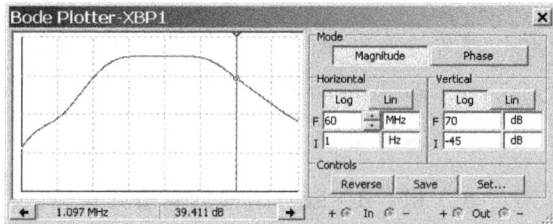

图 5-2-4　无负反馈时放大电路的幅频特性　　　　　图 5-2-5　有负反馈时放大电路的幅频特性

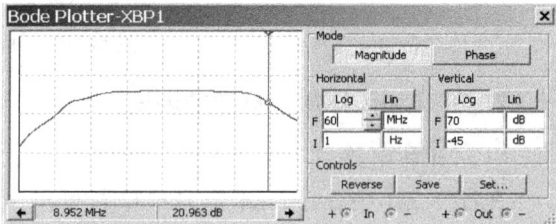

任务三　射极跟随器

一、任务目标

1．熟悉 NI Mulusim11 软件的使用方法。
2．掌握射极跟随器的特性及仿真方法。
3．学习射极跟随器的静态工作点、电压放大倍数、输入输出电阻、跟随特性仿真的方法。

二、任务分析

本任务所需要的虚拟仪器：函数信号发生器、双踪示波器 、数字万用表、直流电压表、直流电流表。

三、任务实施过程

1. 编辑电路图

在 NI Mulusim11 电路工作区编辑如图 5-3-1 所示电路。

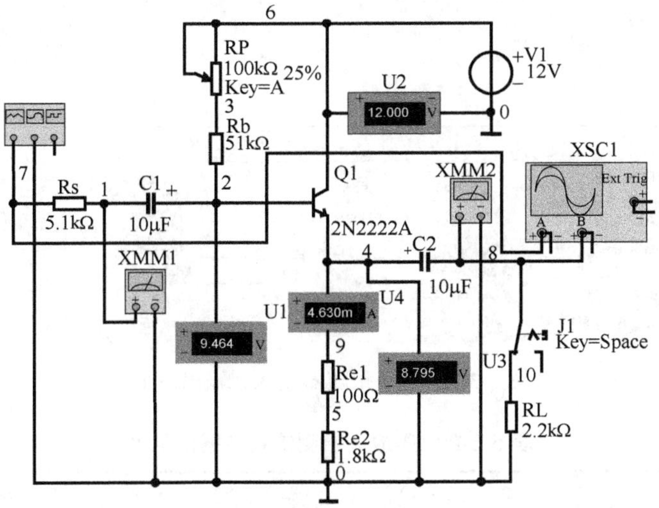

图 5-3-1 射极跟随器

2. 静态工作点的调整

在图 5-3-1 所示电路中，函数信号发生器 XFG1 设置 f=1kHz 正弦波信号，输出端用示波器 XSC1 监视。启动仿真开关，反复调整 RP 及函数信号发生器输出幅度，使输出幅度在示波器屏幕上得到一个最大不失真波形，此时，函数信号发生器的峰-峰值调为 3.4V，RP 调为 25kΩ（100kΩ 的 25%）。然后将函数信号发生器的幅度置零，分别读取直流电压表 U1、U2、U3 及直流流表 U4 的读数即为该放大器静态工作点，将仿真测量数据填入表 5-3-1 中。

表 5-3-1 静态工作点仿真数据记录表

V_E（V）	V_B（V）	V_C（V）	I_E（mA）
8.868	9.450	12	4.668

3. 测量电压放大倍数

在上述静态条件下，调节函数信号发生器为正弦波，使 f= 1kHz，峰峰值调为 3.4V，用示波器观察，输出最大不失真情况下，用数字万用表 XMM1 测量 U_i、XMM2 测量 U_{oL} 值。启动仿真开关，双击数字万用表 XMM1、XMM2 图标及示波器 XSC1 图标，得到仿真结果如图 5-3-2、图 5-3-3 所示。并将仿真数据填入表 5-3-2 中。

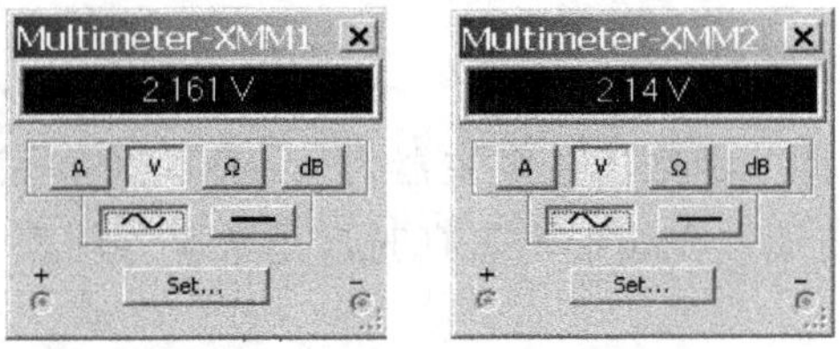

图 5-3-2 数字万用表读数

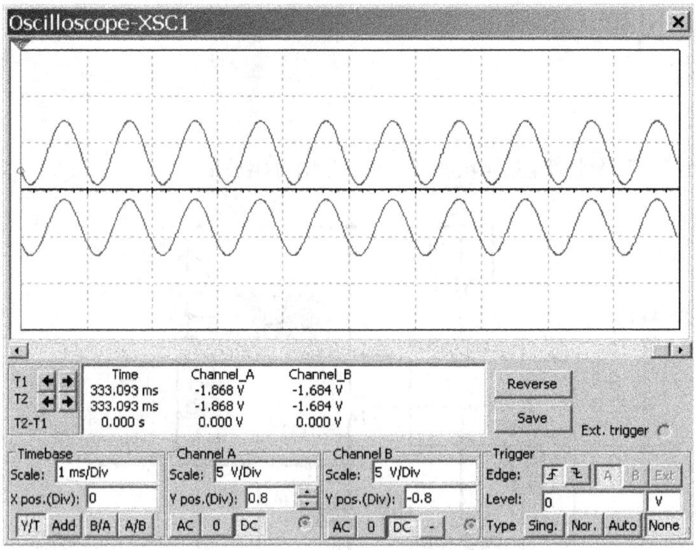

图 5-3-3   射极跟随器输入、输出波形

表 5-3-2 电压放大倍测仿真数据记录表

U_i（V）	U_{oL}（V）	$A_V = U_{oL} / U_i$
2.161	2.14	0.99

4．测量输出电阻 R_o

静态条件不变，调节函数信号发生器为正弦波，使 f=1kHz，峰峰值为 160mV，，用示波器观察输出波形，测空载（开关 J1 断开）输出电压 U_o（R_L=∞），有负载（开关 J1 闭合）输出电压 U_{oL}（R_L=2.2 kΩ)的值，并将所测数据填入表 5-3-3 中。

表 5-3-3   输出电阻仿真数据记录表

U_o（mV）	U_{oL}（mV）	$R_o = （U_o / U_{oL} -1）R_L$
132.058	101.031	676 Ω

5．测量放大器输入电阻 R_i（采用换算法）

上述静态条件及函数信号发生器参数不变，用示波器观察输出波形，用数字万用表分别测节点 7 和节点 1 对地电压 U_S、U_i。将测量数据填入表 5-3-4。

表 5-3-4   输入电阻仿真数据记录表

U_S（V）	U_i（V）	$R_i = [U_i/（U_S-U_i）]R_S$
0.11313	0.10192	46 kΩ

6．测量射极跟随器的跟随特性

接入负载 R_L=2.2 kΩ，调节函数信号发生器为 f=1kHz 的正弦信号，逐步增大输入信号幅度 U_i，用示波器监视输出端，在波形不失真时，用数字万用表 XMM2 测量所对应的 U_{oL} 值，填入表 5-3-5，计算出 A_u。

表 5-3-5　跟随特性仿真数据记录表

	1	2	3	4
U_i（V）	0.1000	0.3000	1.0060	1.5000
U_{oL}（V）	0.0991	0.3027	0.9972	1.4860
A_u（V）	0.991	0.991	0.991	0.991

任务四　比例、求和运算电路

一、任务目标

1．熟悉 NI Mulusim11 软件的使用方法。
2．掌握用集成运算放大器组成比例、求和电路的特点及性能。
3．学会上述电路的仿真测试和分析方法。

二、任务分析

本任务所需要的虚拟仪器：双踪示波器 、数字万用表。

三、任务实施过程

1．反相比例放大器

在 NI Mulusim11 电路工作区编辑如图 5-4-1 所示电路，输入由信号源提供 f = 100Hz，U_i =200mV 的正弦交流信号，用示波器观察反相比例放大器输入输出的相位关系如图 5-4-2 所示。用数字万用表 XMM1、XMM2 测量 U_i 、U_o，如图 5-4-3 所示。将仿真结果记入表 5-4-1 中。

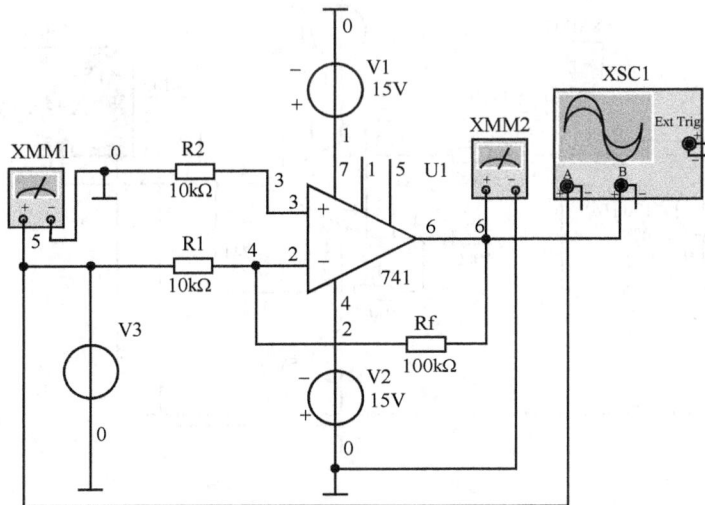

图 5-4-1　反相比例放大器

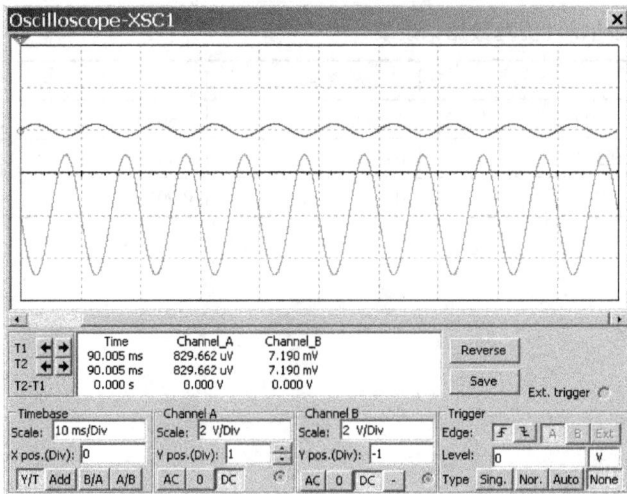

图 5-4-2　反相比例放大器的输入/输出波形　　　　图 5-4-3　反相比例放大器的输入/输出电压

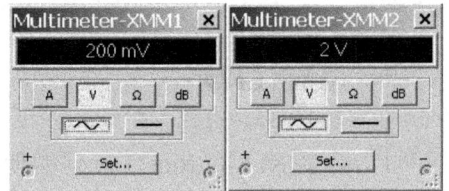

表 5-4-1　反相比例放大器仿真结果记录表

U_i(V)	U_o(V)	A_u		u_i、u_o 波形
		实测值	理论值	
0.2	2	10	−10	

2.同相比例放大器

在 NI Multisim11 电路工作区编辑如图 5-4-4 所示电路，仿真步骤同上，仿真结果如图 5-4-5、图 5-4-6 所示，将仿真结果记入表 5-4-2 中。

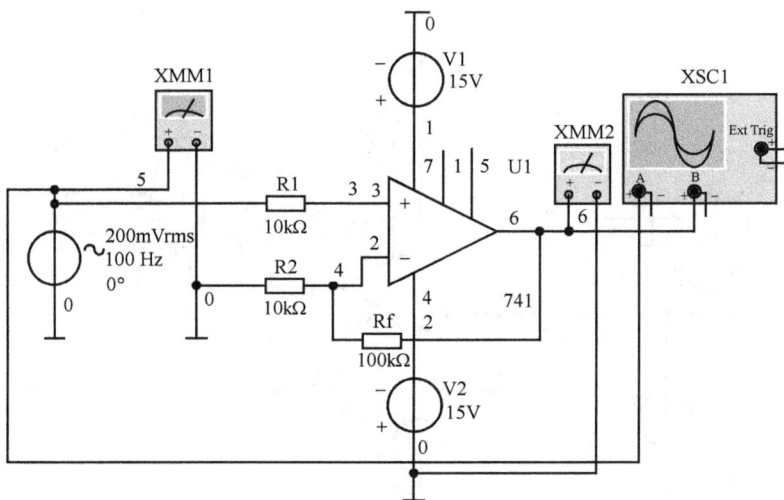

图 5-4-4　同相比例放大器

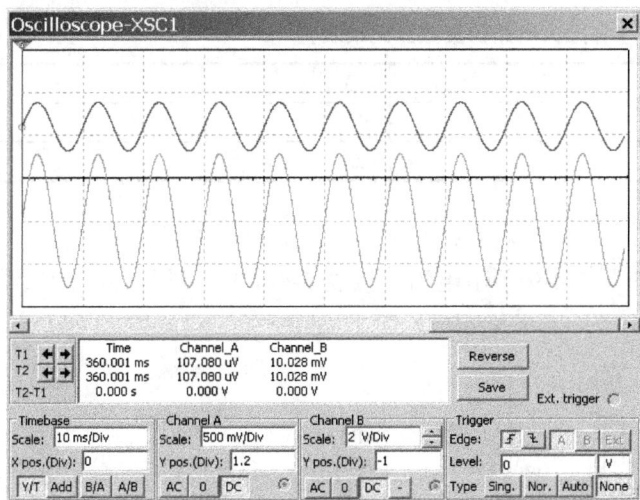

图 5-4-5　同相比例放大器输入输出波形　　　　图 5-4-6　同相比例放大器输入输出电压

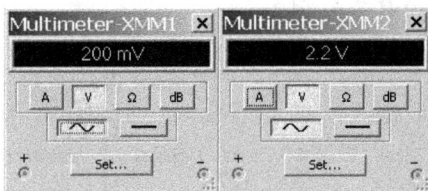

表 5-4-2　同相比例放大器仿真结果记录表

U_i(V)	U_o(V)	A_u		u_i、u_0 波形
		实测值	理论值	
0.2	2.2	11	11	

3．反相求和放大电路

在 IN Multisim11 电路工作区编辑如图 5-4-7 所示电路，按表 5-4-3 内容进行仿真测量，输入信号由直流电压源 V3、V4 提供，双击直流电压源 V3 或 V4 弹出图 5-4-8 所示对话框，在 Voltage 栏：可以选择所需的电压值。仿真结果如表 5-4-3 所示。

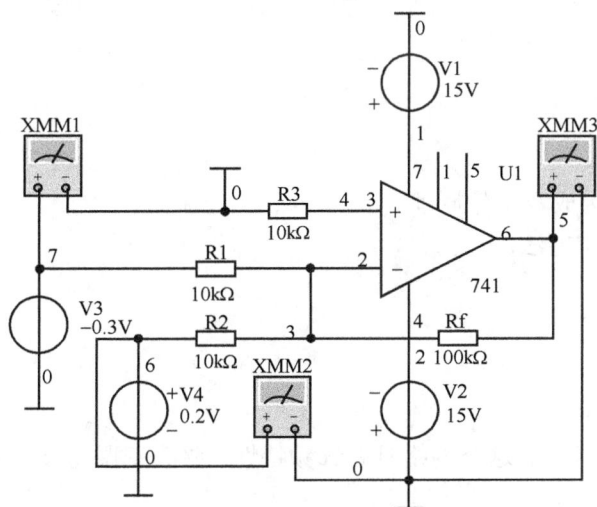

图 5-4-7　反相求和放大电路　　　　图 5-4-8　直流电源对话框

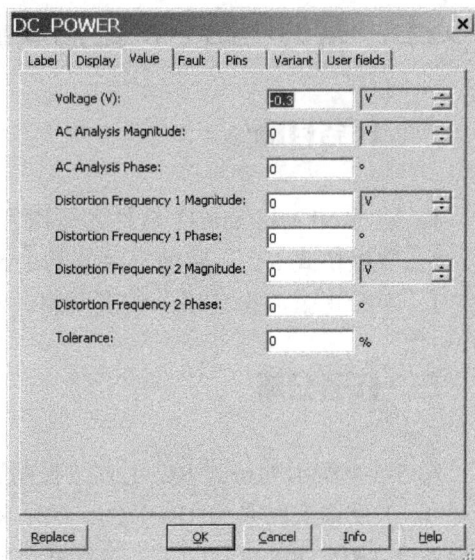

表 5-4-3　反相求和放大电路仿真数据记录表

U_{i1}（V）（XMM1）	0.3	-0.3
U_{i2}（V）（XMM2）	0.2	0.2
U_o（V）（XMM3）	−4.982	1.017

4．双端输入求和放大电路

在 NI Multisim11 电路工作区编辑如图 5-4-9 所示电路，按表 5-4-4 要求进行仿真测量并记录仿真结果。

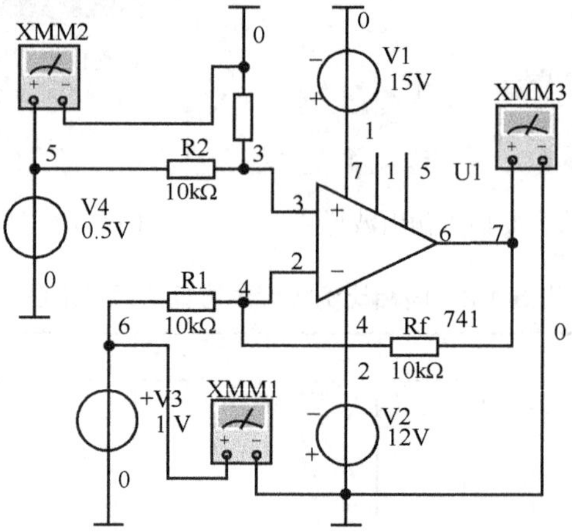

图 5-4-9　双端输入求和电路

表 5-4-4　双端输入求和电路仿真数据记录表

U_{i1}（V）（XMM1）	1	2	0.2
U_{i2}（V）（XMM2）	0.5	1.8	−0.2
U_o（V）（XMM3）	−0.4978	−0.1978	−0.3978

任务五　集成电路 RC 正弦波振荡器

一、任务目标

1．熟悉 NI Multisim11 软件的使用方法。
2．掌握桥式 RC 正弦波振荡器的电路构成及工作原理。
3．学会正弦波振荡器的仿真调整、测试方法。

二、任务分析

图 5-5-1 所示的桥式 RC 正弦波振荡器中：

①　正反馈支路是由 1RP、C1、C2、R1 组成，这个网络具有选频特性，要改变振荡频率，只要改变 1RP、R1 或 C1、C2 的数值即可。

②　2RP 和 R₂ 组成负反馈，其中 2RP 是用来调节放大器的放大倍数，使 $A_u \geqslant 3$。

本任务所需要的虚拟仪器：双踪示波器 、频率计。

三、任务实施过程

在 NI Multisim11 电路工作区编辑如图 5-5-1 所示电路，调节 1RP=R1=10kΩ（调至 10%处），2RP=11kΩ（调至 20%处）。启动仿真开关，双击频率计 XFC1 图标、示波器 XSC1 图标，得到振荡器输出频率如图 5-5-2 所示，振荡器输出波形如图 5-5-3 所示。

由图 5-5-3 可见，振荡器输出不是正弦波信号，而是方波信号。说明 1RP 的取值过小，但若取值过大电路却很难起振。所以，应首先调节 1RP、2RP 使振荡器可靠起振，若输出波形出现失真，再反复调节 1RP、2RP 让振荡器即能起振，而且输出为正弦波如图 5-5-4 所示，此时，1RP 调至 45%处、2RP 调至 50%处。

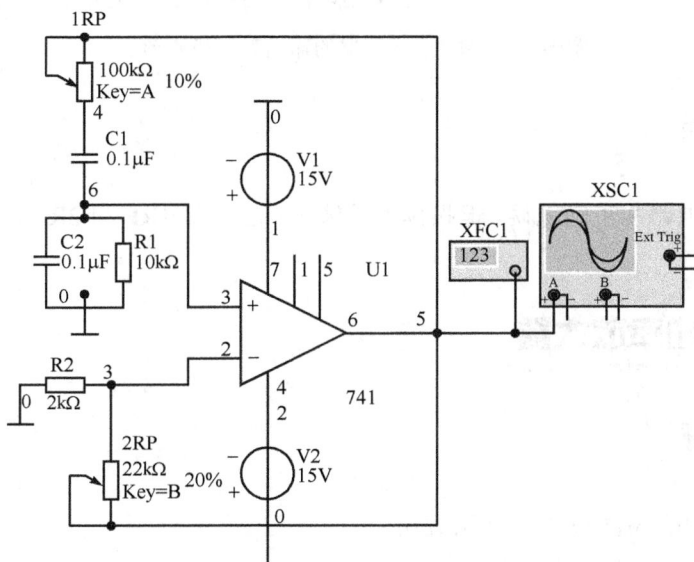

图 5-5-1　桥式 RC 正弦波振荡器

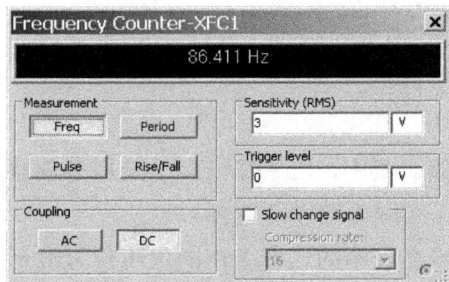

图 5-5-2　振荡器输出频率

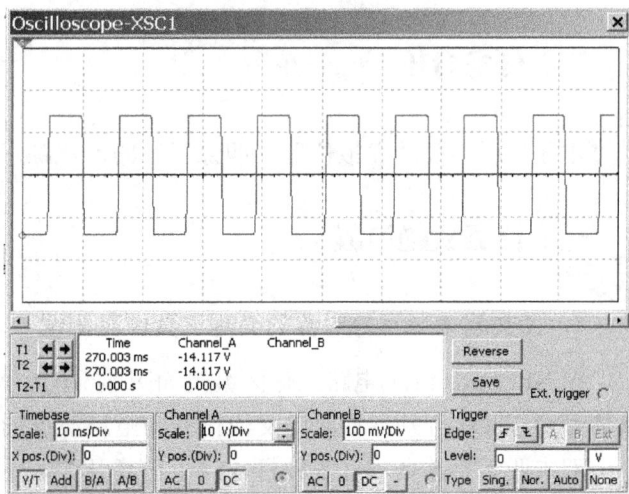

图 5-5-3　振荡器输出波形

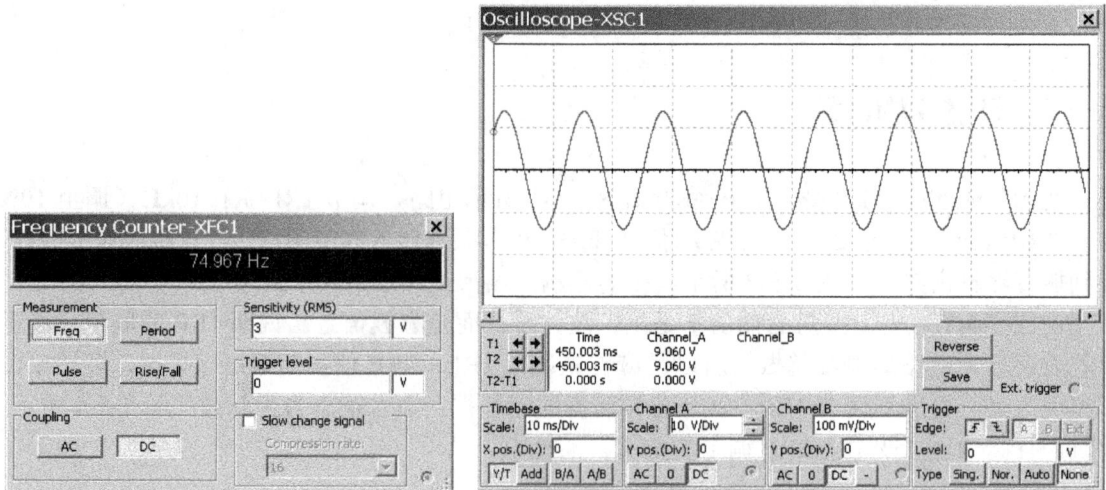

图 5-4-4　调整后振荡器的输出频率和波形

四、技巧要点

若编辑好仿真电路并正确无误，但振荡器无输出。应调整 1RP 和 2RP 让振荡器满足起振条件。

任务六　低频功率放大器

一、任务目标

1. 熟悉 NI Multisim11 软件的使用方法。
2. 掌握理解功率放大器的工作原理。
3. 掌握 OTL 功率放大器的主要性能指标的仿真方法。

二、任务分析

本任务所需要的虚拟仪器：四踪示波器、双踪示波器、数字万用表。

三、任务实施过程

1. 乙类双电源互补对称的交越失真仿真测试

在 NI Multisim11 电路工作区编辑如图 5-6-1 所示电路。其中，R1=R2=150Ω 是用来观察晶体管 Q1，Q2 分别导通时的交流信号的电压波形的（在实际电路中不需要）。

双击四踪示波器 XSC1 图标，按下仿真开关，示波器上显示的这四个点的电压信号波形如图 5-6-2 所示。示波器波形从上到下的顺序为：A 通道显示乙类双电源互补对称功率放大器电路的输入交流信号；B 通道显示晶体管 Q1 导通时的交流放大信号；C 通道显示晶体管

Q2 导通时的交流放大信号；D 通道显示乙类双电源互补对称功率放大器电路的输出交流信号。可以看出晶体管 Ql、Q2 分别导通时的电压信号波形为半波导通；输出端的电压信号产生了交越失真。

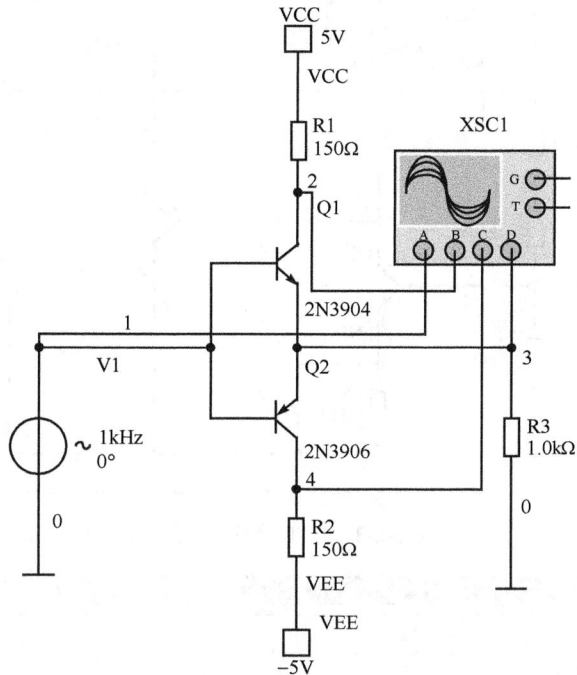

图 5-6-1　乙类双电源互补对称功率放大器测试图

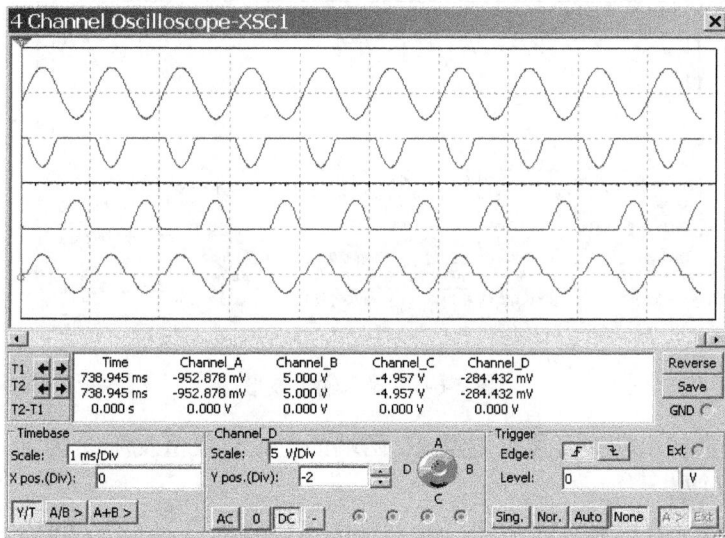

图 5-6-2　电压信号波形

2．OTL 功率放大器的仿真测试

在 NI Multisim11 电路工作区编辑如图 5-6-3 所示电路。按下仿真开关，得到 OTL 功率放大器的输入输出波形如图 5-6-4 所示。

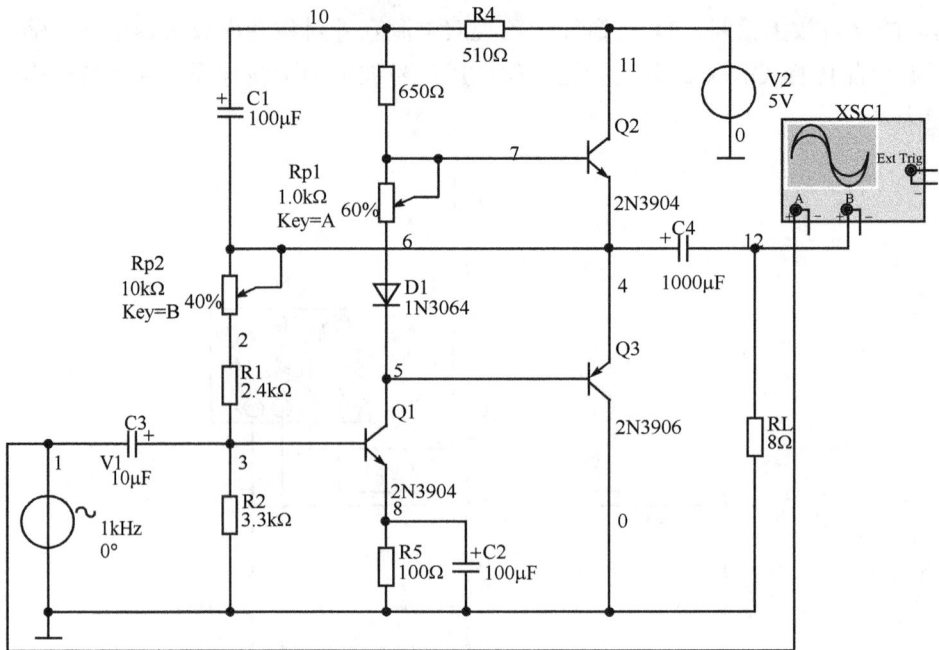

图 5-6-3　OTL 功率放大器

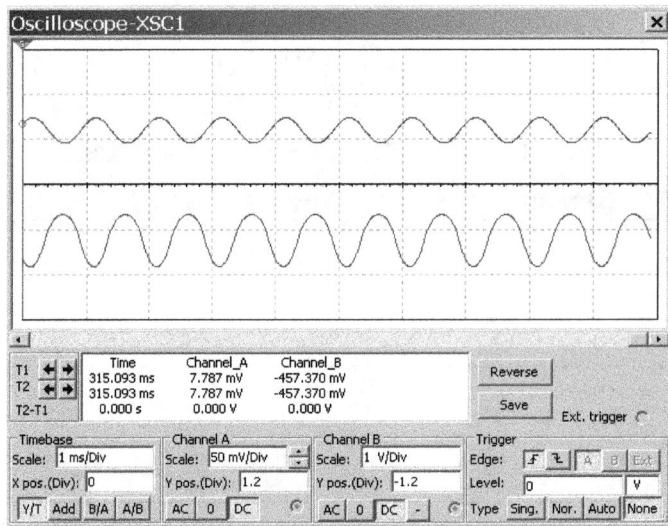

图 5-6-4　输入输出波形

① 最大不失真输出功率可通过测量 RL 两端的电压有效值及流过 RL 的电流有效值，来求得实际的 $P_{oM}=U_oI_o$。

图 5-6-5 中，数字万用 XMM1 测得 RL 两端的电压有效值为 427.77mV，数字万用 XMM2 测得流过 RL 的电流有效值为 53.471mA ，所以，P_{oM}=427.77mV×53.471mA=0.02（W）。

② 效率 η

$\eta=\dfrac{P_{oM}}{P_E}\times100\%$，可测量流过电源的平均电流 I_{DC}，如图 5-6-6 所示（V1 交流信号源置 0）。

从而求的 $P_E=V_{CC}I_{DC}$，P_E=5V×11mA=0.055(W)，$\eta=\dfrac{P_{oM}}{P_E}\times100\%=\dfrac{0.02}{0.055}\times100\%=36\%$

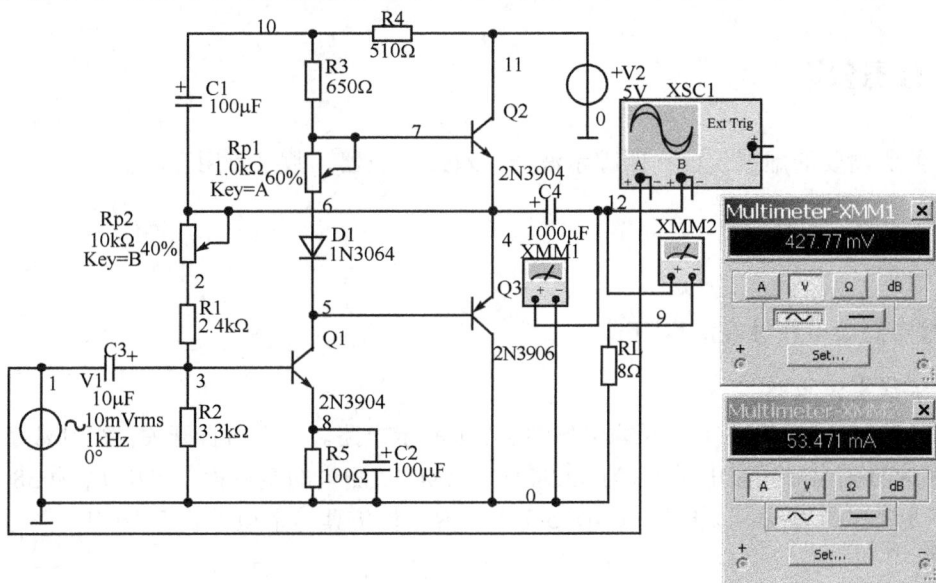

图 5-6-5 输出电压和输出电流测试图

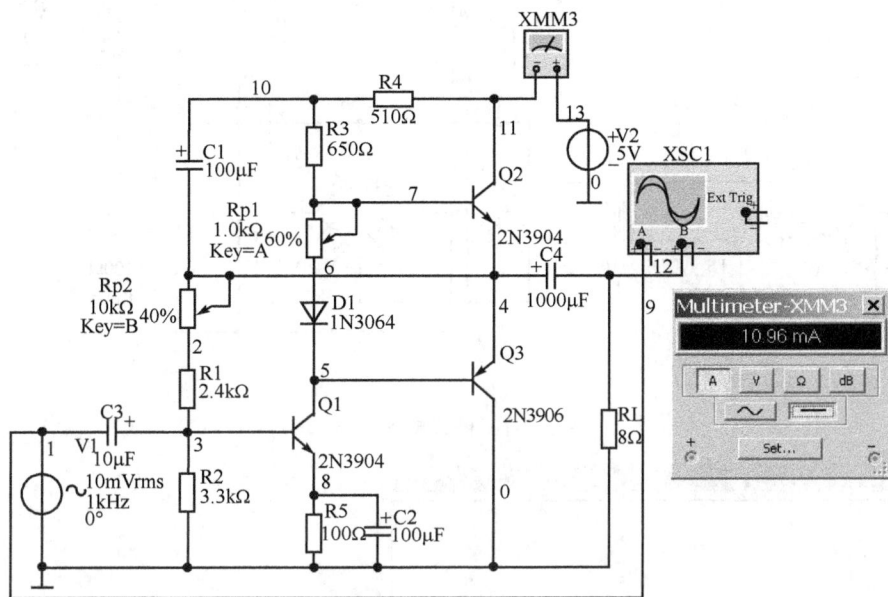

图 5-6-6 流过电源的平均电流测试图

任务七 直流稳压电源

一、任务目标

1. 熟悉 NI Multisim11 软件的使用方法。
2. 掌握单相桥式整流、电容滤波电路的特性。
3. 掌握集成稳压器主要性能指标的测试方法。

二、任务分析

本任务所需要的虚拟仪器：四踪示波器、双踪示波器、数字万用表。

三、任务实施过程

1. 整流滤波电路性能仿真测试

（1）桥式整流电路

在 NI Multisim11 电路工作区编辑如图 5-7-1 所示电路。按下仿真开关，得到数字万用表 XMM1 测量的变压器次级电压 U_2 为 43.942V、XMM2 测量的整流输出电压 U_o 为 38.169V；由示波器可观察到 U_2 和 U_o 波形，如图 5-7-2 所示。将仿真结果填入表 5-7-1 中。

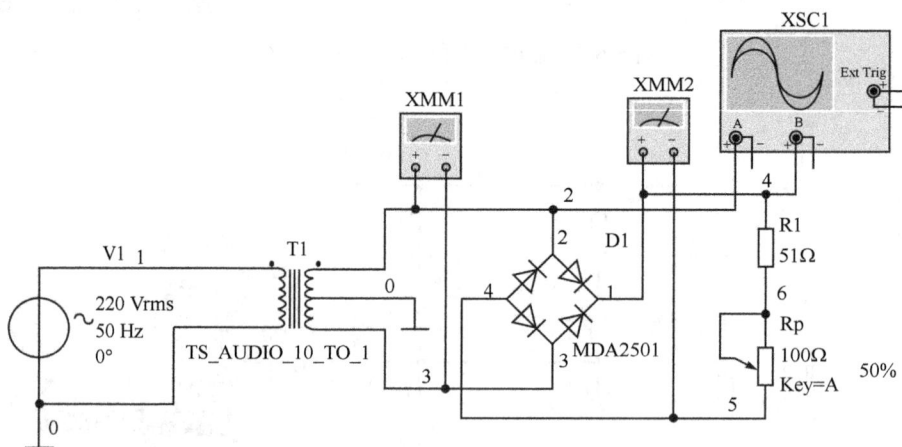

图 5-7-1　桥式整流电路

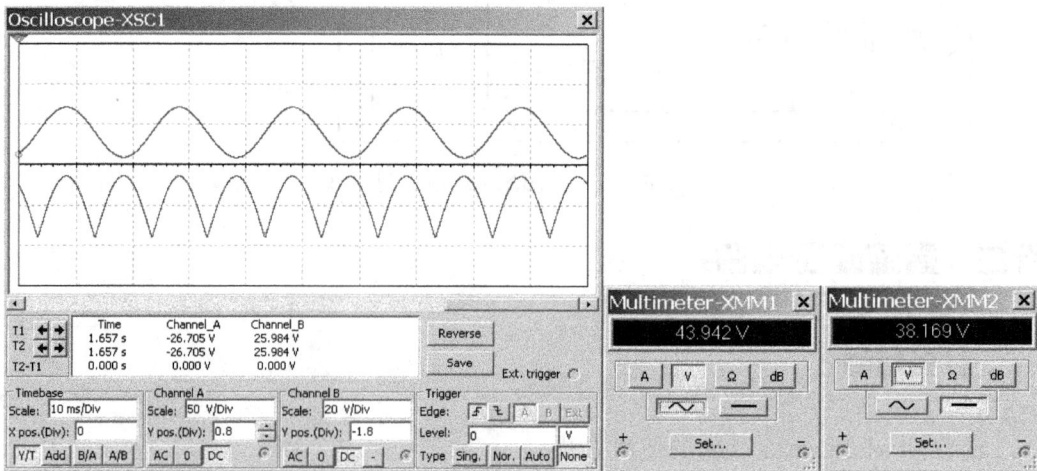

图 5-7-2　桥式整流电路仿真测试结果

表 5-7-1　整流滤波电路性能仿真测量记录表

电　　压	U_2（变压器次级）	U_o（整流）	U_o（滤波）
测量值（V）	43.942	38.169	56.23
波形			

（2）整流滤波电路

在 NI Multisim11 电路工作区编辑如图 5-7-3 所示电路。按下仿真开关，得到数字万用表 XMM3 测量的整流滤波后的输出电压 U_o 为 56.23V，由示波器可观察到 U_2 和 U_o 波形，如图 5-7-4 所示。将仿真结果填入表 5-7-1 中。

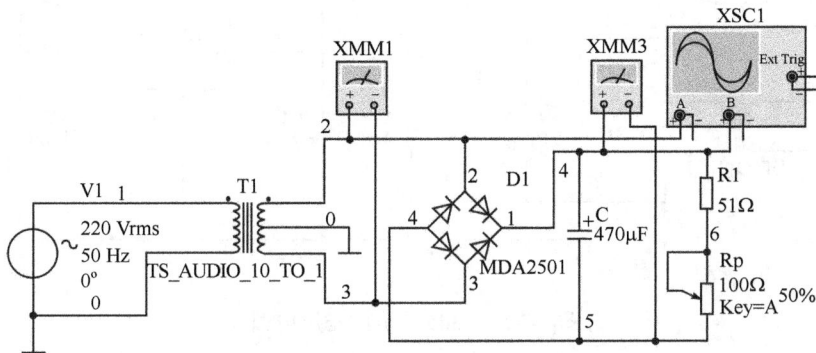

图 5-7-3　整流滤波电路

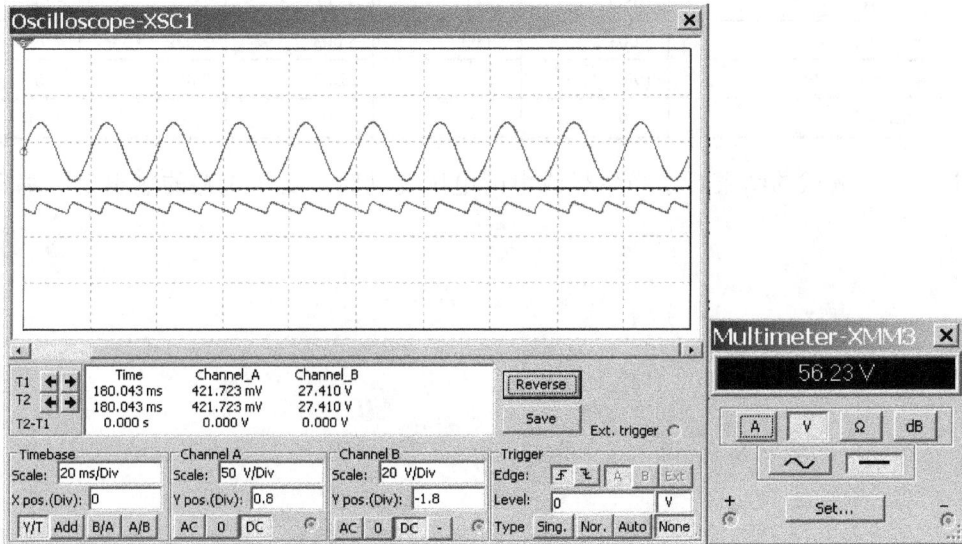

图 5-7-4　整流滤波电路仿真测试结果

2．稳压电路性能仿真测试

（1）输出电压

在 NI Multisim11 电路工作区编辑如图 5-7-5 所示电路。按下仿真开关，得到数字万用表

XMM1 测量的输出电压 U_o 为 5.003V。

（2）纹波电压（有效值）

将数字万用表 XMM1 置交流挡测量输出对地电压值，U_o（纹波）为约 50μV。

（3）负载变化

保持交流输入电压不变，分别将负载变换为 105Ω、55 Ω、35 Ω、15 Ω、5 Ω，用数字万用表 XMM1 测量其相对应的输出电压，填入表 5-7-2 中。

（4）输入电压变化

保持负载不变，电源 V1 电压分别取 190V、200V、220V、230V、250V，用数字万用表 XMM1 测量其相对应的输出电压，填入表 5-7-2 中。

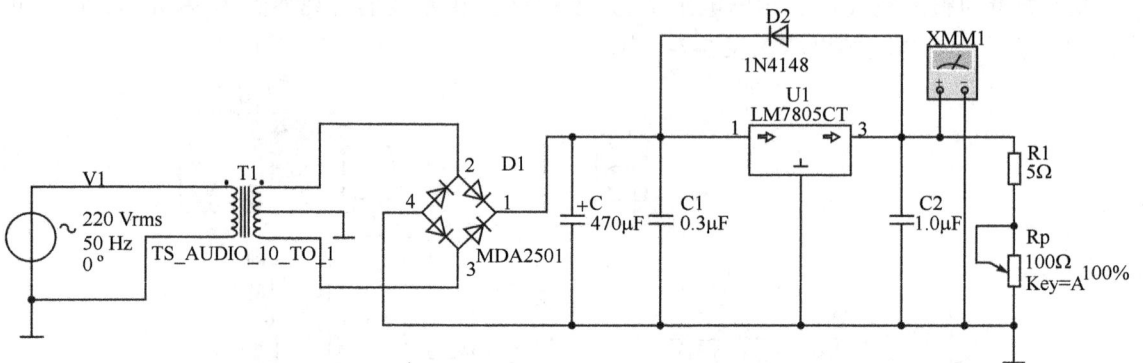

图 5-7-5   7805 构成的稳压电源

表 5-7-2   稳压电路性能测量记录表

负载电阻	105Ω	55 Ω	35 Ω	15 Ω	5 Ω
输出电压（V）	5.003	5.003	5.003	5.002	4.997
电网电压（V）	190	200	220	230	250
输出电压（V）	5.002	5.003	5.003	5.003	5.004

从上述仿真测试的结果看，当负载或电网电压变动时，稳压电路的输出电压基本保持不变。

项目六　NI Multisim11 在数字电子技术中的应用

任务一　组合逻辑电路

一、任务目标

1. 熟悉 NI Multisim11 软件的使用方法。
2. 用逻辑转换仪设计一个三人表决器。
3. 用逻辑转换仪测试全加器的逻辑功能。

二、任务分析

三人表决器的表决方式为少数服从多数，即 2 人或 2 人以上同意，即表决通过，否则不通过。设计逻辑电路的三个变量（三个人）为 A、B、C，分别控制 K1、K2、K3 三个逻辑开关，接入高电平（+5V）作为逻辑"1"表示同意，接入低电平（地）作为逻辑"0"表示不同意。逻辑电路输出端 Y 接一个指示灯，输出高电平时灯亮，输出低电平时灯灭。

两个 1 位二进制数相加，并考虑来自低位进位数的影响，这种加法运算称为全加，实现全加功能的电路称为全加器。本任务采用 74LS183 集成芯片，其内部含有两个 1 位的全加器。

三、任务实施过程

1. 用逻辑转换仪设计一个三人表决器

① 单击【Simulate】→【Instrument】→【Logic Converter】命令，然后，双击逻辑转换仪 XLC1 图标，弹出逻辑转换仪的控制面板。在真值表区单击 A、B、C 三个逻辑变量，建立三输入变量的真值表，根据逻辑控制要求在输出变量列中填入相应逻辑值，如图 6-1-1 所示。

② 单击逻辑转换仪控制面板上的 [1011 1021 AIB] 按钮，求得化简的逻辑表达式，如图 6-1-1 中逻辑转换仪的控制面板低部逻辑表达式栏所示。

③ 单击逻辑转换仪控制面板上 [AIB → ⊃] 按钮，获得逻辑电路如图 6-1-2（虚线以下部分）所示，是三人表决器的与或逻辑图。单击逻辑转换仪控制面板上 [AIB → NAND] 按

钮，获得逻辑电路如图 6-1-3（虚线以下部分）所示，是三人表决器的与非逻辑图。

图 6-1-1 三人表决器真值表与逻辑式

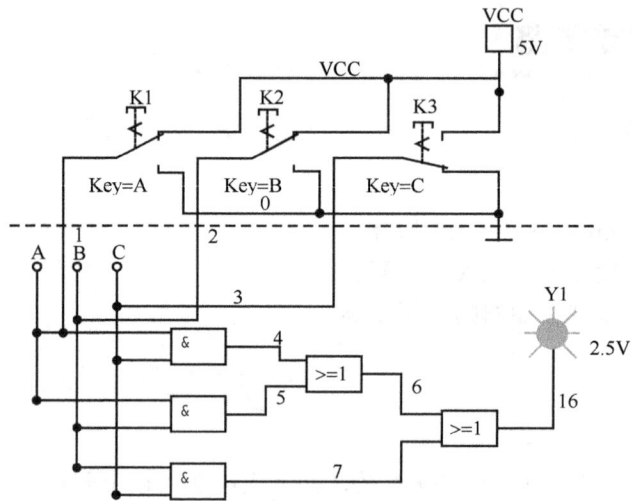

图 6-1-2 三人表决器的与或逻辑图

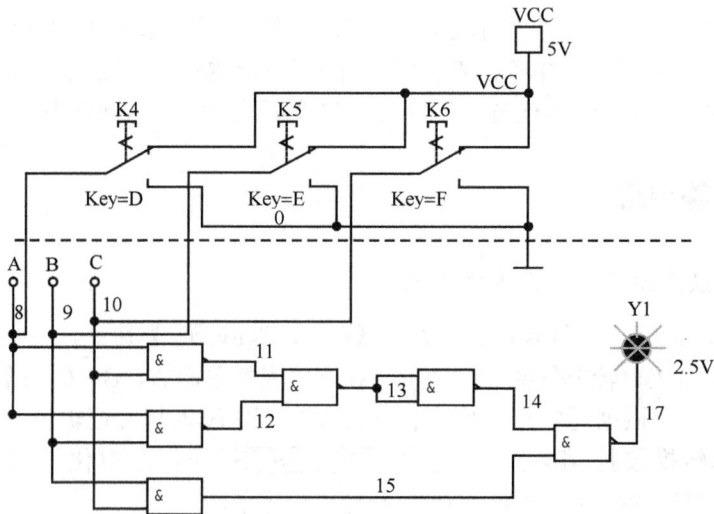

图 6-1-3 三人表决器的与非逻辑图

④ 进行逻辑功能测试，按图 6-1-1 所示真值表的状态选择不同的开关状态组合，观察指示灯的状态，三人表决器符合设计要求。

2. 用逻辑转换仪测试全加器的逻辑功能

① 在 NI Multisim11 电路工作区编辑如图 6-1-4 所示电路。

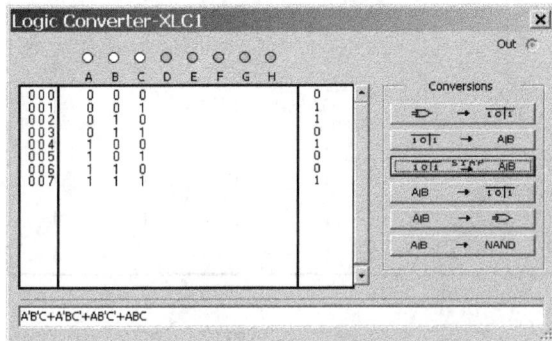

图 6-1-4 全加器测试电路

② 通过选择开关 J1 将全加器和（S1）端连接到逻辑转换仪输出端，双击逻辑转换仪 XLC1 图标，打开逻辑转换仪控制面板，单击 ⬢→10ī 按钮，可得到图 6-1-5 所示全加器和的真值表，单击 10ī SIMP AIB 按钮，可得到化简的逻辑表达式，如图 6-1-5 中逻辑转换仪表达式栏所示。

③ 通过选择开关 J1 将全加器进位输出端（1CN1）端与逻辑转换仪输出端连接，打开逻辑转换仪控制面板，同理可得到如图 6-1-6 所示全加器进位的真值表及化简的逻辑表达式。

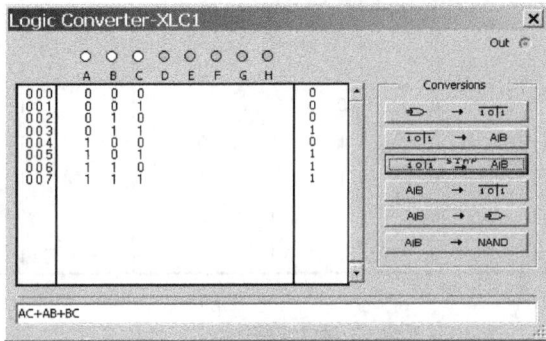

图 6-1-5 全加器和真值表及逻辑式　　　　图 6-1-6 全加器进位真值表及逻辑式

任务二 编码器、译码器及应用电路

一、任务目标

1. 熟悉 NI Multisim11 软件的使用方法。
2. 掌握编码器、译码器的逻辑功能仿真测试方法。

3. 设计一个路灯控制逻辑电路。

二、任务分析

所谓编码就是在选定的一系列二进制数码中，赋予每个二进制数码以某一固定的含义。本节是对集成二进制 8 线-3 线优先编码器 74LS148N 进行仿真分析。

译码器是把一组二进制代码翻译成特定的信号。例如，常用的地址译码器就是通过译码器把计算机地址总线翻译成各个端口地址，计算机才能知道读/写哪个地址端口。本节通过对集成 3 线-8 线译码器 74LS138 的仿真分析，了解译码器工作原理和使用方法。74LS138 译码器的真值表如表 6-2-1 所示。

要求在三个不同的地方都能独立控制路灯的亮灭，当一个开关闭合后亮，则另一个开关动作后灯灭，三个开关同时闭合灯也亮。可以通过 74LS138、74LS20 各一块来实现。设逻辑电路三个选择控制端 A、B、C 分别由 K1、K2、K3 三个开关控制，接入高电平作为逻辑 "1"，接入低电平作为逻辑 "0"。逻辑电路输出端 Y 接一个电平指示灯，模拟所控制的路灯，输出高电平时灯亮，输出低电平时灯灭。

表 6-2-1   74LS138 真值表

输　　入					输　　出							
使　能		选　择										
G_1	$\bar{G}_2$	A_2	A_1	A_0	$\bar{Y}_7$	$\bar{Y}_6$	$\bar{Y}_5$	$\bar{Y}_4$	$\bar{Y}_3$	$\bar{Y}_2$	$\bar{Y}_1$	$\bar{Y}_0$
×	1	×	×	×	1	1	1	1	1	1	1	1
0	×	×	×	×	1	1	1	1	1	1	1	1
1	0	0	0	0	1	1	1	1	1	1	1	0
1	0	0	0	1	1	1	1	1	1	1	0	1
1	0	0	1	0	1	1	1	1	1	0	1	1
1	0	0	1	1	1	1	1	1	0	1	1	1
1	0	1	0	0	1	1	1	0	1	1	1	1
1	0	1	0	1	1	1	0	1	1	1	1	1
1	0	1	1	0	1	0	1	1	1	1	1	1
1	0	1	1	1	0	1	1	1	1	1	1	1

三、任务实施过程

1. 编码器功能仿真测试

在 NI Multisim11 电路工作区编辑如图 6-2-1 所示电路。图中 74LS148 为集成二进制 8 线-3 线优先编码器。通过 K（8 组开关）与 R（8 个排线电阻）构成逻辑电平控制电路，K 往上拨为高电平，往下拨为低电平。由 K 控制编码器的输入端 D0～D7 分别为：01111111,10111111、11011111、…、11111101、11111110，使得编码器依次选取不同的输入信号进行编码。输出编码用数码管显示。启动仿真，可观察到数码管依次显示 7，6，5，4，3，2，1，0。

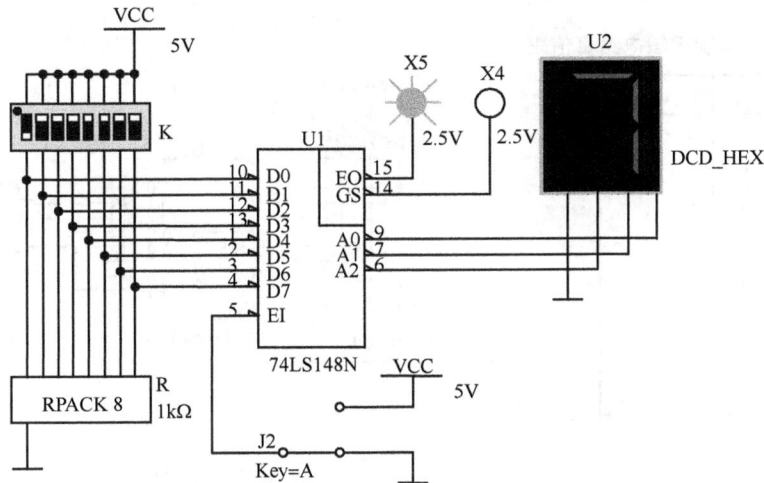

图 6-2-1　编码器功能测试电路

2. 译码器逻辑功能仿真测试

在 NI Multisim11 电路工作区编辑如图 6-2-2 所示电路。集成 3 线-8 线译码器 74LS138 其逻辑符号如图中的 U1 所示。其中 A，B，C 是输入端，G1，G2A，G2B 是控制端，只有当 G1 为高电平，G2A，G2B 为低电平时，译码器才工作。Y0～Y7 是输出端，外接电平指示灯，灯亮表示输出为高电平，熄灭表示输出为低电平。当 A，B，C 为不同的值时，Y0～Y7 对应引脚为低电平，灯熄灭，其余引脚为高电平（灯继续亮），即每次只能熄灭一个灯。

启动仿真，拨动逻辑开关 K，按表 6-2-1 的顺序逐项仿真 74LS138 译码器的逻辑功能。

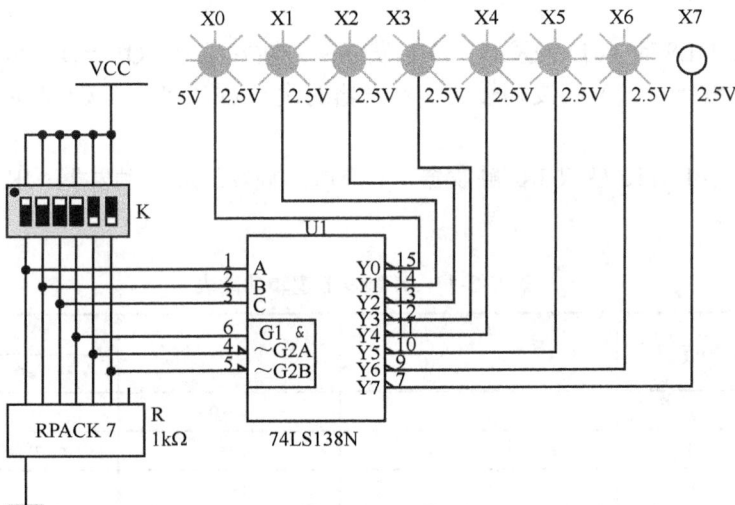

图 6-2-2　74LS138 译码器功能测试电路

3. 设计一个路灯控制逻辑电路

在 NI Multisim11 电路工作区编辑如图 6-2-3 所示电路。启动仿真，拨动逻辑开关 K，使 G1 为高电平，G2A、G2B 均为低电平，按表 6-2-2 顺序逐项测试路灯控制逻辑电路的功能。

表 6-2-2　路灯控制逻辑电路真值表

A B C	Y
0　0　0	0
0　0　1	1
0　1　0	1
0　1　1	0
1　0　0	1
1　0　1	0
1　1　0	0
1　1　1	1

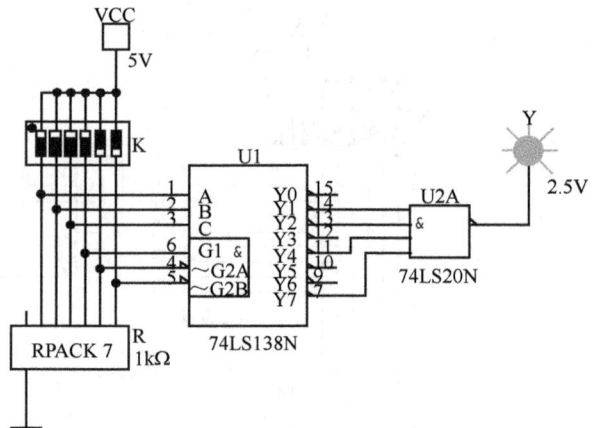

图 6-2-3　路灯控制逻辑电路

任务三　触发器及应用电路

一、任务目标

1. 熟悉 NI Multisim11 软件的使用方法。
2. 掌握 D 触发器、JK 触发器的逻辑功能仿真测试方法。
3. 设计一个用 JK 触发器构成的彩灯控制电路。

二、任务分析

本任务采用 74LS74 双 D 触发器。D 触发器的特性方程为：$Q^{n+1}=D$。其输出状态是在 CP 脉冲的上升沿（"0"→"1"）触发翻转的。触发器的次态 Q^{n+1} 取决于 CP 脉冲上升沿到来之前 D 端的状态。

本任务采用 74LS112 型双 JK 触发器，下降边沿触发的边沿触发器。JK 触发器逻辑功能表如表 6-3-1 所示。

表 6-3-1　JK 触发器逻辑功能表

$\overline{CLR}$	$\overline{PR}$	J　K	CLK	Q^{n+1}	
				$Q^n=0$	$Q^n=1$
0	1	×　×	1→0	0	0
1	0	×　×	1→0	1	1
1	1	0　0	1→0	0	1
1	1	0　1	1→0	0	0
1	1	1　0	1→0	1	1
1	1	1　1	1→0	1	0

选用双 JK 触发器 74LS112，将 J1 与 K1、J2 与 K2 连接在一起，作 T 触发器使用，在时钟秒信号作用下，使 X1、X2、X3 三盏灯按图 6-3-1 所示的顺序亮暗。

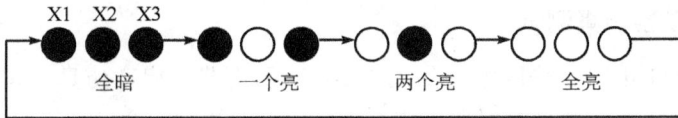

图 6-3-1　彩灯亮暗顺序图

三、任务实施过程

1．D 触发器功能仿真测试

在 NI Multisim11 电路工作区编辑如图 6-3-2 所示电路。将 D 触发器的 1、4 端接高电平，双击四踪示波器，将开关 J2 反复通断，使输入端 D 产生脉冲信号，得到如图 6-3-3 所示波形。

在图 6-3-3 中，示波器波形从上到下的顺序为：A 通道是时钟脉冲，B 通道是 D 端输入波形，C 通道是 Q 端输出波。从波形可以看出，当时钟脉冲上升沿到来时，如果 D=1，则 Q=1，若 D=0，则 Q=0。

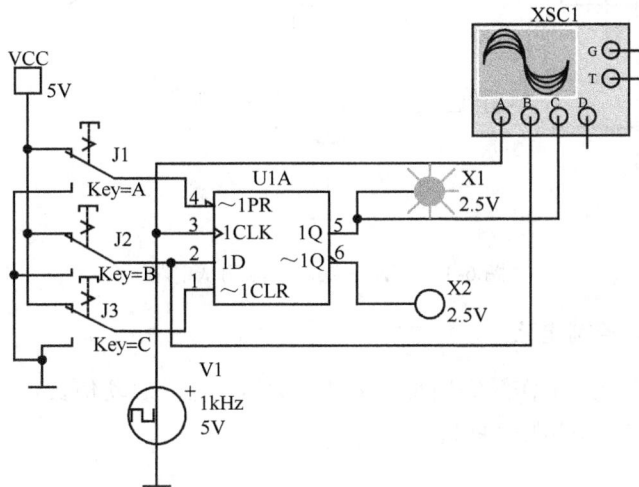

图 6-3-2　D 触发器功能测试电路

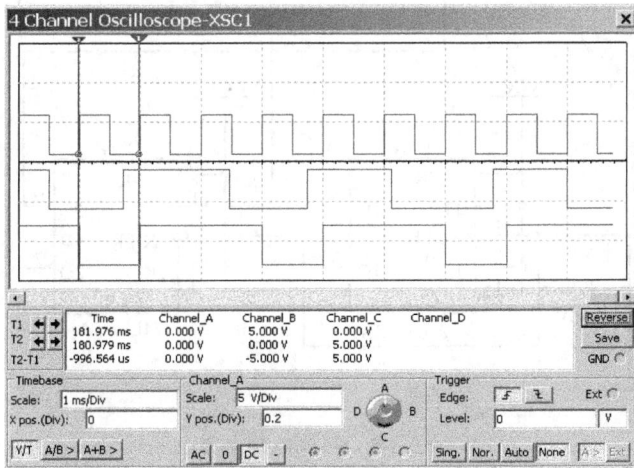

图 6-3-3　D 触发器电路输入输出时序

2．JK 触发器功能仿真测试

在 NI Multisim11 电路工作区编辑如图 6-3-4 所示电路。启动仿真，按表 6-3-1 顺序逐项测试 JK 触发器功能，并可验证其功能是正确的。

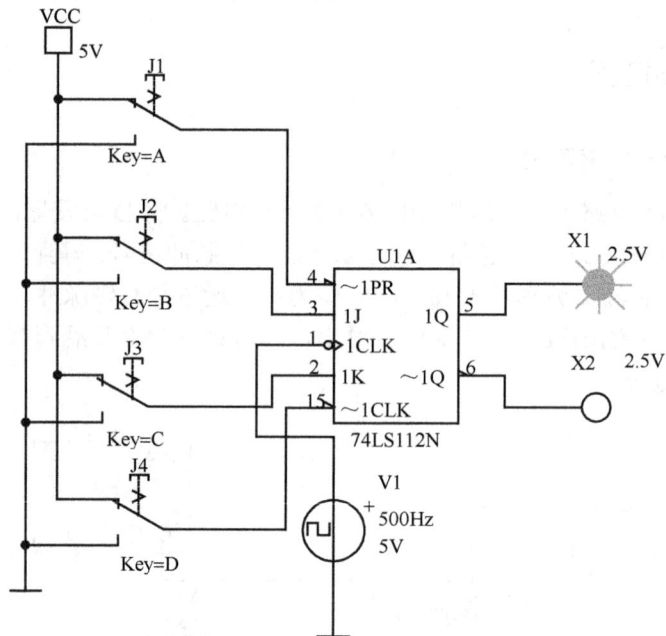

图 6-3-4　JK 触发器功能测试电路

3．设计一个彩灯控制电路

在 NI Multisim11 电路工作区编辑如图 6-3-5 所示电路。启动仿真，可以观察到 X1、X2、X3 三盏灯按图 6-3-1 所示的顺序亮暗。

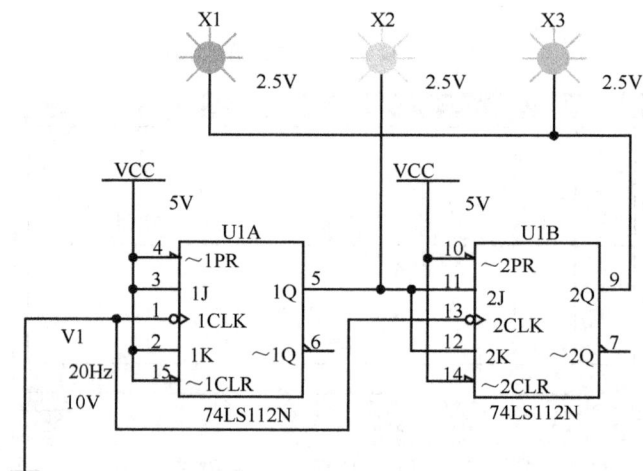

图 6-3-5　彩灯控制电路

任务四　集成计数器及应用电路

一、任务目标

1．熟悉 NI Multisim11 软件的使用方法。
2．掌握中规模集成计数器的功能仿真测试方法。
3．掌握构成 N 进制（任意进制）计数器的方法。

二、任务分析

集成计数器 74LS161 具有异步清零、同步并行置数、同步二进制加法计数、保持的功能。利用反馈归零法或反馈置数法可以使 74LS161 实现 N 进制计数器。74LS161 的功能表如表 6-4-1 所示。集成计数器 74LS390 的功能表如表 6-4-2 所示。

表 6-4-1　集成计数器 74LS161 功能表

输　入									输　入				
$\overline{CR}$	$\overline{LD}$	ENT	ENP	CLK	D	C	B	A	QD^{n+1}	QC^{n+1}	QB^{n+1}	QA^{n+1}	CO
0	×	×	×	×	×	×	×	×	0	0	0	0	0
1	0	×	×	↑	d	c	b	a	d	c	b	a	
1	1	1	1	↑	×	×	×	×	计数				
1	1	0	×	↑	×	×	×	×	保持				
1	1	×	0	×	×	×	×	×	保持				0

表 6-4-2　集成计数器 74LS390 功能表

输　入			输　出	
清零	时钟			
CLR	INA	INB	QD　QC　QB　QA	功能
1	×	×	0　　0　　0　　0	清零
0	↓	1	QA 输出	二进制计数
	1	↓	QDQCQB 输出	五进制计数
	↓	QA	QDQCQBQA 输出 8421BCD 码	十进制计数
	QD	↓	QAQDQCQB 输出 5421BCD 码	十进制计数
	1	1	不变	保持

三、任务实施过程

1．集成计数器 74LS161 功能仿真测试

在 NI Multisim11 电路工作区编辑如图 6-4-1 所示电路。启动仿真，拨动逻辑电平开关 J1，

按表 6-4-1 顺序逐项测试 74LS161 的功能，得到的仿真结果与该表一致。

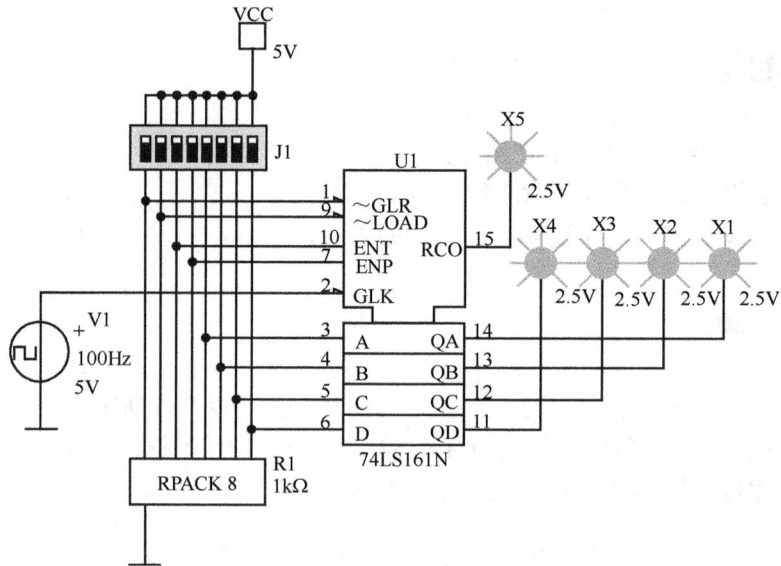

图 6-4-1　74LS161 功能仿真测试电路

2．N 进制计数器的仿真测试方法

（1）用 74LS161 构成十进制计数器

- 用异步清零端 $\overline{\text{CR}}$ 归零方法实现，编辑仿真电路如图 6-4-2 所示。启动仿真，可以看到，计数器从 0～9 进行计数并通过数码管显示。

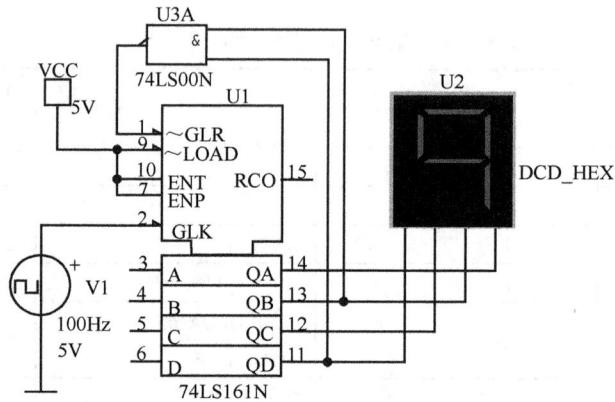

图 6-4-2　反馈归零方法实现十进制计数

- 用同步置数端 $\overline{\text{LD}}$ 归零方法实现，编辑仿真电路如图 6-4-3 所示。启动仿真，可以看到，计数器从 0～9 进行计数并通过数码管显示。

（2）用 74LS390 构成六十进制计数器

- 在 NI Multisim11 电路工作区编辑如图 6-4-4 所示电路。启动仿真，可以看到，计数器从 00～59 进行计数并通过数码管显示。

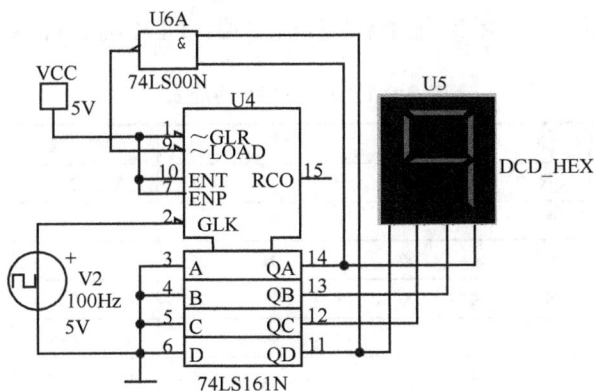

图 6-4-3 反馈置数法实现十进制计数

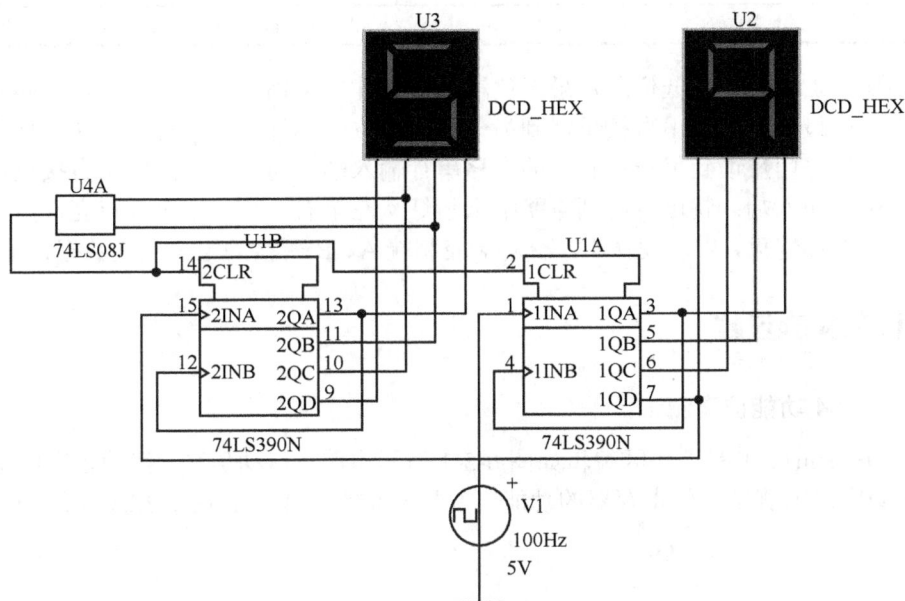

图 6-4-4 六十进制计数器

任务五 移位寄存器及应用电路

一、任务目标

1. 熟悉 NI Multisim11 软件的使用方法。
2. 掌握中规模四位双向移位寄存器的逻辑功能仿真测试方法。
3. 设计一个数据寄存与传输电路。

二、任务分析

74LS194 为四位双向通用移位寄存器，其功能表如表 6-5-1 所示。A、B、C、D 为并行输入端，QA、QB、QC、QD 为并行输出端；SR 为右移串行输入端；SL 为左移串行输入端；

S_0、S_1 为操作模式控制端；$\overline{CLR}$ 为直接无条件清零端；CLK 为时钟输入端。

表 6-5-1　74LS194 功能表

输 入										输 出				说　　明
$\overline{CLR}$	S1	S0	CLK	SR	SL	A	B	C	D	QA	QB	QC	QD	
0	×	×	×	×	×	×	×	×	×	0	0	0	0	异步置零
1	×	×	0	×	×	×	×	×	×	保持				保持
1	0	0	×	×	×	×	×	×	×	保持				保持
1	0	1	↑	1	×	×	×	×	×	1	QA	QB	QC	右移输入 1
1	0	1	↑	0	×	×	×	×	×	0	QA	QB	QC	右移输入 0
1	1	0	↑	1	×	×	×	×	×	QB	QC	QD	1	左移输入 1
1	1	0	↑	0	×	×	×	×	×	QB	QC	QD	0	左移输入 0
1	1	1	↑	×	×	a	b	c	d	a	b	c	d	并行置数

　　采用两块 74LS194，把低位芯片最低位输出通过非门反馈到另一块（高位）芯片的左移串行输入端，而最高位的输出直接反馈到另一块（高位）芯片的右串行输入端；把高位芯片最高位输出通过非门反馈到另一块芯片的右移串行输入端，而最高位的输出直接反馈到另一块芯片的左串行输入端；就可以看到电路中指示灯从左至右一个一个全部点亮，然后又从左至右一个一个全部熄灭，以此规律不断循环。控制端 A、B 所接的电平决定数据传输的方向。

三、任务实施过程

1．74LS194 功能仿真测试

　　在 NI Multisim11 电路工作区编辑如图 6-5-1 所示电路。启动仿真，拨动逻辑电平开关 J，按表 6-5-1 顺序逐项测试移位寄存器的功能，并检查仿真结果，验证 74LS194 的功能。

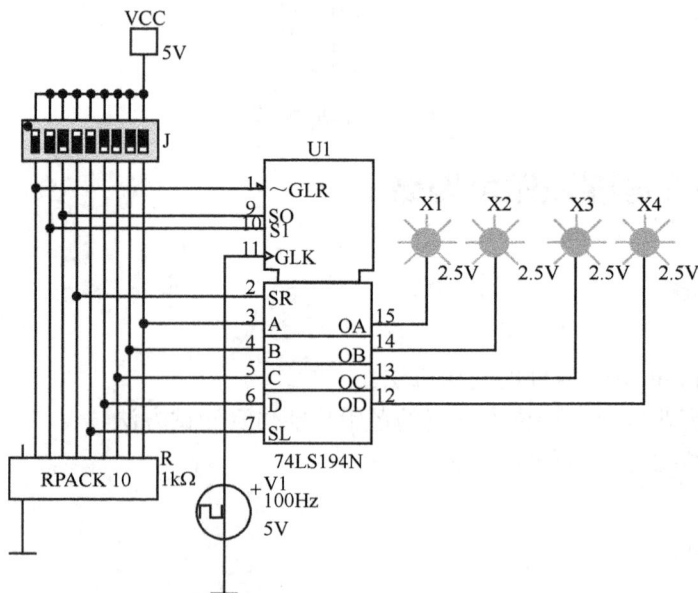

图 6-5-1　74LS194 功能仿真测试电路

2．设计一个数据寄存与传输电路

在 NI Multisim11 电路工作区编辑如图 6-5-2 所示电路。启动仿真：

- 将开关 J1 闭合，电路清零，所有指示灯熄灭。
- 将开关 J1 断开，J2 接高电平，J3 接低电平，此时指示灯从 X1～X8（从左至右）逐个全部点亮，然后又逐个全部熄灭。
- 将开关 J1 断开，J2 接低电平，J3 接高电平，此时指示灯从 X8～X1（从右至左）逐个全部点亮，然后又逐个全部熄灭。

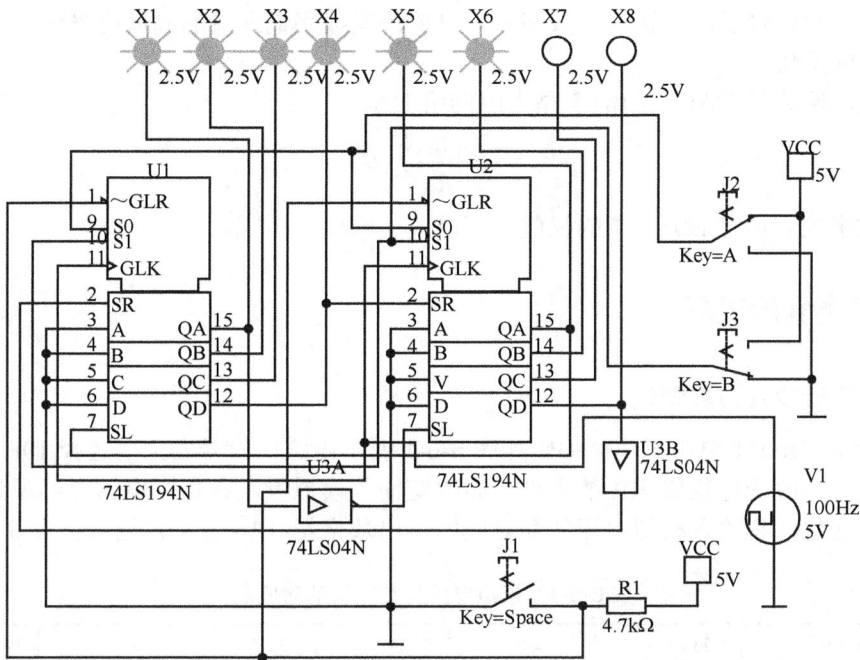

图 6-5-2　数据寄存与传输电路

任务六　A/D 与 D/A 转换电路

一、任务目标

1．熟悉 NI Multisim11 软件的使用方法。
2．A/D 与 D/A 转换器的逻辑功能仿真测试。
3．设计一个 DAC 构成的数字电压源电路。

二、任务分析

把模拟量转换为数字量称为模数转换电路（A/D 转换器，简称 ADC），将数字量转换为模拟量称为数模转换电路（D/A 转换器，简称 DAC）。

NI Multisim11 仿真软件中的 8 位 ADC 模型，其中，

- Vin：模拟电压输入端。

- Vref+：参考电压"+"端，要接直流参考源的正端，其大小视用户对量化精度的要求而定。如果输出是 8 位，若 Vref+ 为 5V，则输入信号对应的量化离散电平为 $V_{in} \times 256/V_{fs}$，V_{fs} 为满刻度电压，V_{in} 模拟输入电压，$V_{fs} = V_{ref+} - V_{ref-}$。
- Vref−：参考电压"−"端，一般与地连接。
- SOC：启动转换信号端，只有端电平从低电平变成高电平时，转换才开始，转换时间 1μs，期间 EOC 为低电平。
- $\overline{EOC}$ 转换结束标志位端，高电平表示转换结束。

NI Multisim11 仿真软件中的 8 位 VDAC 模型，VDAC 芯片中的 D0～D7 是 8 位数字量输入，用两个数码管显示其输入的数字量，只要改变数字输入端的高低电平，即可看出相应的模拟电压的变化。

对于电阻网络的 DAC，如倒 T 型电阻网络 DAC，有

$$V_o = \frac{V_{REF} R_F}{2^n R} \sum_{i=0}^{n-1} D_i \times 2^i$$

改变数字控制信号 D0～D7 的权值，可以改变输出电压 V_o。

三、任务实施过程

1．A/D 转换器仿真测试

在 NI Multisim11 电路工作区编辑如图 6-6-1 所示电路。信号发生器选择 10Hz 的方波信号，启动仿真：改变电位器 RP 的大小，即改变输入模拟量，在仿真电路中可观察到输出端数字信号的变化。将输入模拟电压值和对应的输出数字量（16 进制）记录在表 6-6-1 中。

表 6-6-1　模拟电压与数字量的对应表

模拟电压（V）	5.25V	6.75V	8.25V	12V	13.5V	14.25V
数字量(H)	59	73	8C	CC	E6	F3

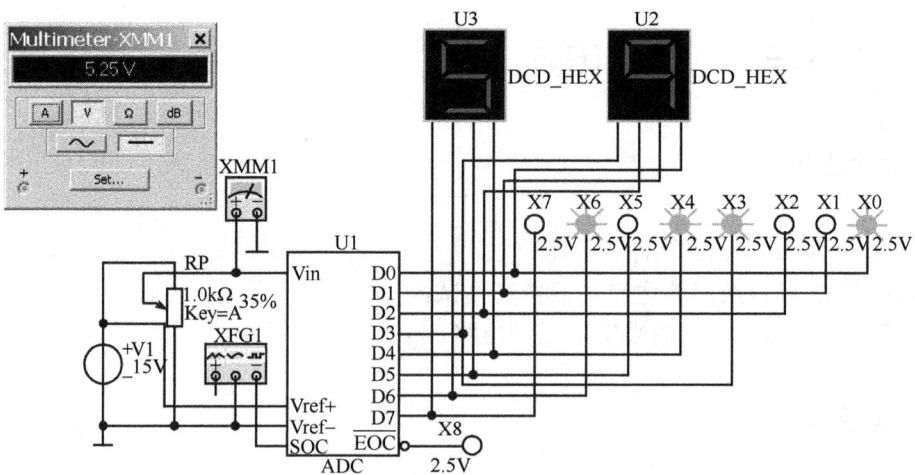

图 6-6-1　A/D 转换器仿真测试电路

2．D/A 转换器仿真测试

在 NI Multisim11 电路工作区编辑如图 6-6-2 所示电路。启动仿真，拨动逻辑电平开关 J1，

当数字输入端全部接高电平，数字量为 FF，输出模拟量为 9.961V；当数字输入端全部接地，数字量为 0，输出模拟量为 0V。将输入数字量（16 进制）和对应的输出模拟电压值记录表 6-6-2 中。

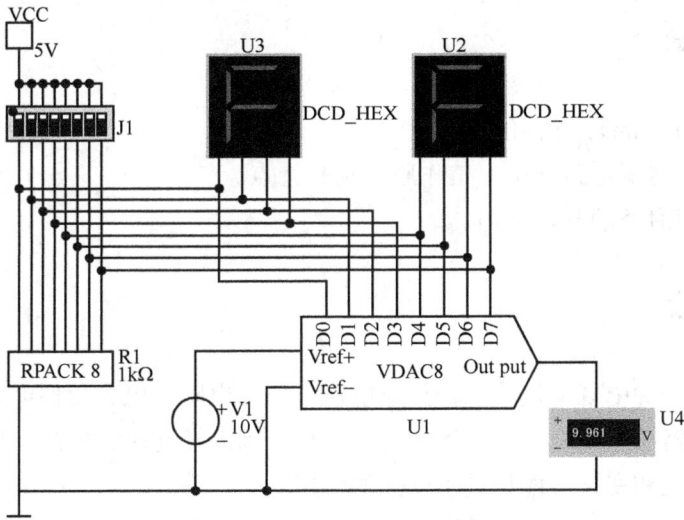

图 6-6-2　D/A 转换器仿真测试电路

表 6-6-2　数字量与模拟电压的对应表

数字量(H)	FF	81	46	22	1	0
模拟电压（V）	9.961	5.039	3.828	2.656	5.000	0

3. 设计一个 DAC 构成的数控电压源电路

在 NI Multisim11 电路工作区编辑如图 6-6-3 所示电路。基准电压 V_{REF} 由电压源 V1 和输出电压 V_o 通过电位器 RP 和 R4 分压获得，调整电位器 RP 可以调节基准电压 V_{REF} 和输出电压 V_o。Q1 为电压调整管。改变开关 J2 的触点位置，也可以改变输出电压 V_o。

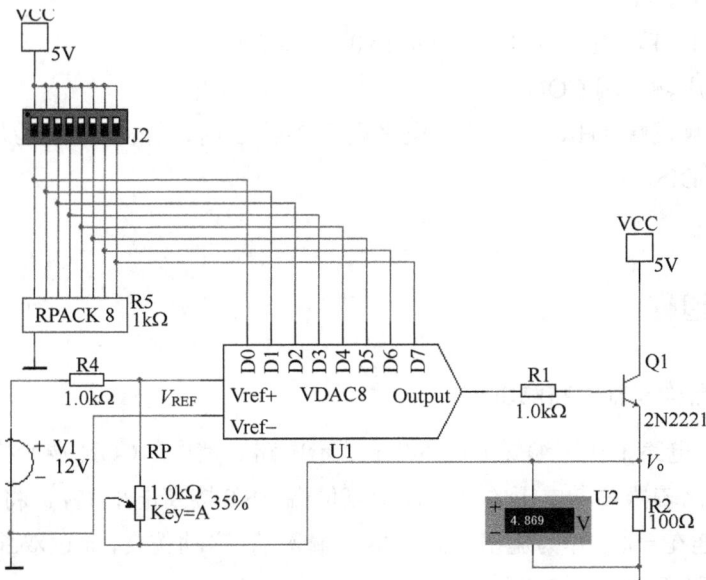

图 6-6-3　DAC 构成的数控电压源电路

任务七　555定时器的应用电路

一、任务目标

1. 熟悉 NI Multisim11 软件的使用方法。
2. 熟悉 555 定时器电路结构、工作原理及其特点。
3. 掌握 555 定时器的基本应用。

二、任务分析

555 定时器是一种中规模模数混合集成电路，外接电阻、电容元件可方便地构成单稳、多谐和施密特触发器等电路。使用灵活、功能齐全，因而在定时、检测、报警、家用电器、电子玩具、波形产生和变换方面得到了广泛的应用。

555 定时器有 TTL 和 CMOS 两种类型，二者的逻辑功能和引脚排列完全相同。TTL 型定时器具有较大的驱动能力，电源电压范围为 5～16V，输出电流最大可达 200mA，其产品型号最后的 3 位数码都是 555 或 556；CMOS 定时器具有较低的功耗和较高的输入电阻，电源电压范围为 3～18V，输出电流在 4mA 以下，其产品型号最后的 4 位数码都是 7555 或 7556。555 和 7555 是单定时器，556 和 7556 是双定时器。

本任务采用常用的 555 定时器（LM555CH），其逻辑符号如图 6-7-1 中 U1 所示，其引脚功能如下：

引脚 1 为接地端。

引脚 2 为低电平触发输入端 TRI，当该端电平低于 $V_{CC}/3$ 时，输出 OUT 为高电平。

引脚 3 为输出端 OUT。

引脚 4 为复位端 RST，当 RST=0 时，OUT=0。

引脚 5 为控制电压输入端 CON。

引脚 6 为高电平触发端 THR，当该端电平高于 $2V_{CC}/3$ 时，输出 OUT 为低电平。

引脚 7 为放电端 DIS。

引脚 8 接电源 V_{CC}。

三、任务实施过程

1. 用 555 定时器构成施密特触发器

在 NI Multisim11 电路工作区编辑如图 6-7-1 所示电路。其中，CON 端所接电容 10nF 起滤波作用，用来提高比较器参考电压的可靠性。复位端 RST 接高电平 V_{CC}。将两个比较器的输入端 THR 和 TRI 连在一起，作为施密特触发器的输入端。启动仿真，通过双踪示波器 XSC1 观察电路输入和输出波形如图 6-7-2 所示。

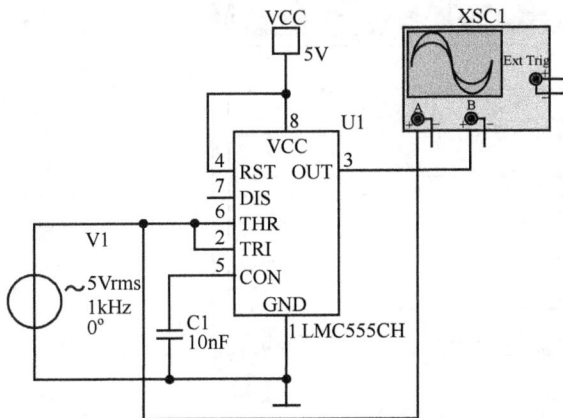

图 6-7-1　施密特触发器仿真电路

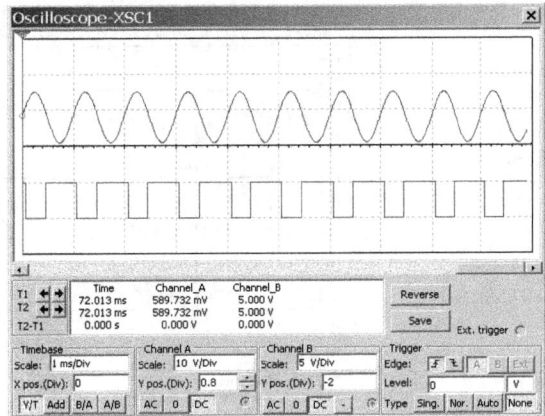

图 6-7-2　施密特触发器输入和输出波形

2．用 555 定时器构成单稳态触发器

在 NI Multisim11 电路工作区编辑如图 6-7-3 所示电路。其中，RST 接高电平 V_{CC}，TRI 端作为输入触发端，为下降沿触发。将 THR 端和 DIS 端接在一起，通过 R1 接 V_{CC} 构成反相器，并通过电容 C2 接地。这样就构成积分型单稳态触发器。启动仿真，单稳态触发器输入与输出波形如图 6-7-4 所示，A 通道是输入波形，B 通道是电容 C2 的波形，C 通道是输出波形。为观察方便，A 通道的波形上移 1 格；B 通道的波形上移 0.2 格，C 通道的波形下移 1.4 格。移动光标尺可测得输出脉冲宽度为 1.100ms，与理论值 t_p=1.1RC 一致。通过改变 R1 和 C2 的值来改变输出脉冲的宽度。

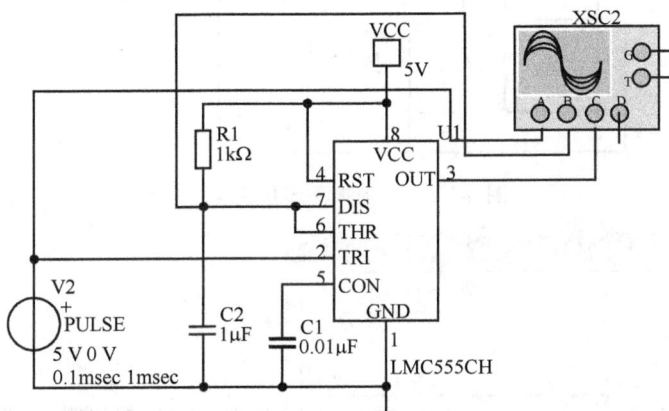

图 6-7-3　单稳态触发器仿真电路

3．用 555 定时器构成多谐振荡器

在 NI Multisim11 电路工作区编辑如图 6-7-5 所示电路。其中，RST 接高电平 V_{CC}，DIS 端通过 R1 接 V_{CC}，通过 R2 和 C2 接地，将 THR 端和 TRI 端并接在一起通过 C2 接地。启动仿真，用示波器观测多谐振荡器工作波形如图 6-7-6 所示，用数字频率计测得多谐振荡器的振荡频率为 9.266kHz，如图 6-7-7 所示。与理论计算一致：$f = \dfrac{1}{T} = \dfrac{1}{0.7(R1 + 2R2)C} = 9.3\text{kHz}$。

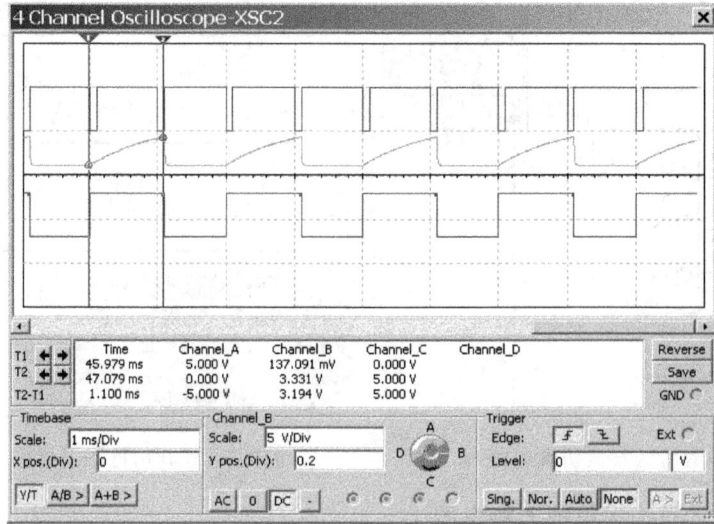

图 6-7-4　单稳态触发器输入和输出波形

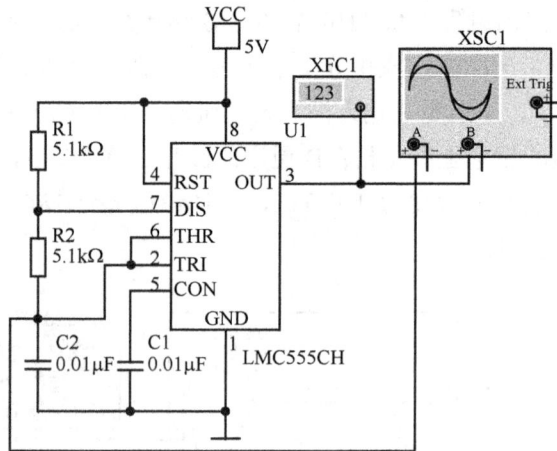

图 6-7-5　多谐振荡器仿真电路

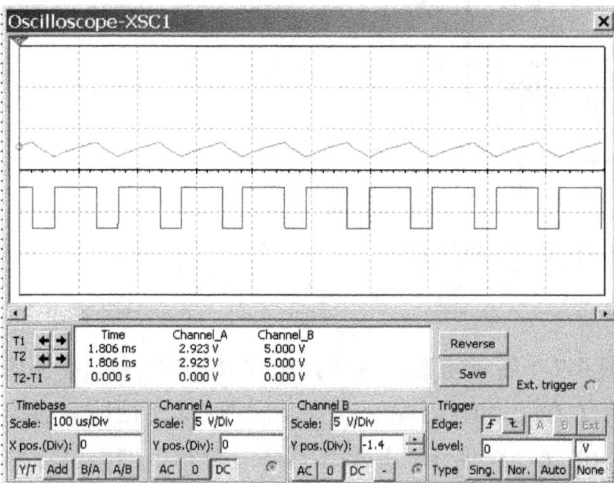

图 6-7-6　多谐振荡器工作波形

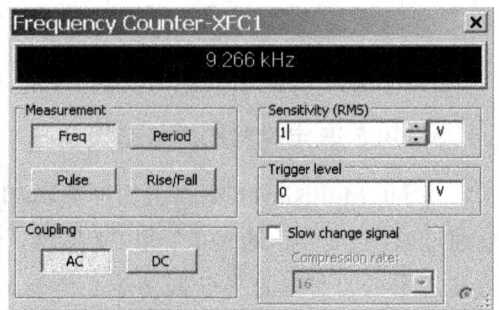

图 6-7-7　多谐振荡器的振荡频率

四、技巧要点

- 可以利用 NI Multisim11 提供的 555 Timer Wizard 直接生成单稳态触发器、多谐振荡器。
- 操作方法：在 NI Multisim11 仿真软件用户界面 Tools 菜单下，依次单击【Circuit Wizards】→【555 Timer Wizard】命令，弹出如图 6-7-8 所示的对话框。

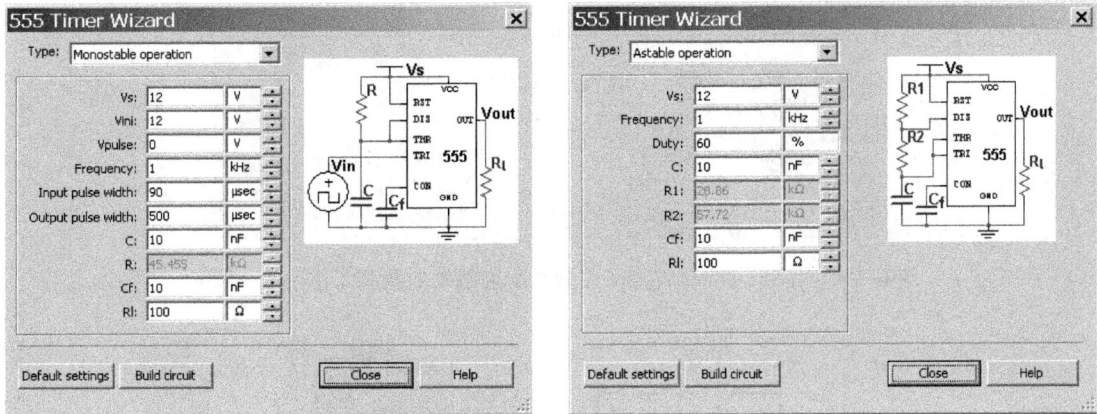

图 6-7-8　555 Timer Wizard 对话框

555 Timer Wizard 对话框提供了生成单稳态触发器（Monostable operation）的向导。在图 6-7-8 所示对话框中输入电源电压、输入信号源的幅度、输入信号源的输出下限值、输入信号源的频率、输入信号脉冲的宽度、负载电阻 R_f 和电阻 R 的值，电容 C 和电容 C_f 的值，单击【Build circuit】按钮，即可生成所需的电路，生成的仿真电路及其工作波形如图 6-7-9 所示。

在图 6-7-8 所示对话框 Type 栏中，选 Astable operation 选项，输入电路的相关参数即可得到多谐振荡器。默认生成的多谐振荡器及其工作波形如图 6-7-10 所示，振荡频率如图 6-7-11 所示。

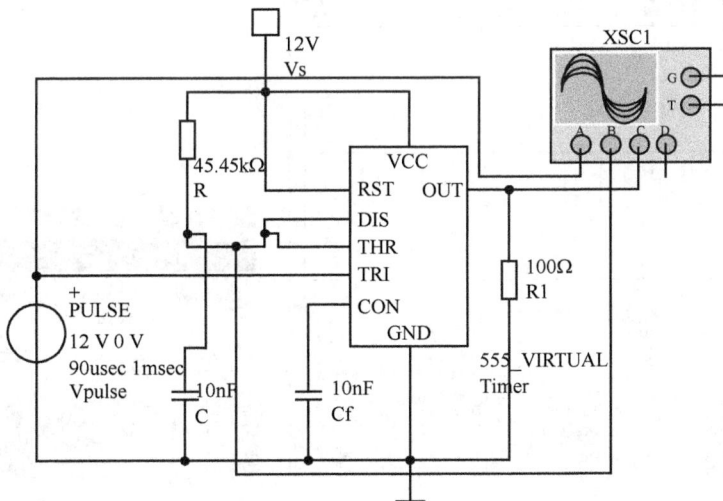

图 6-7-9　用 555 Timer Wizard 生成单稳态触发器及其工作波形

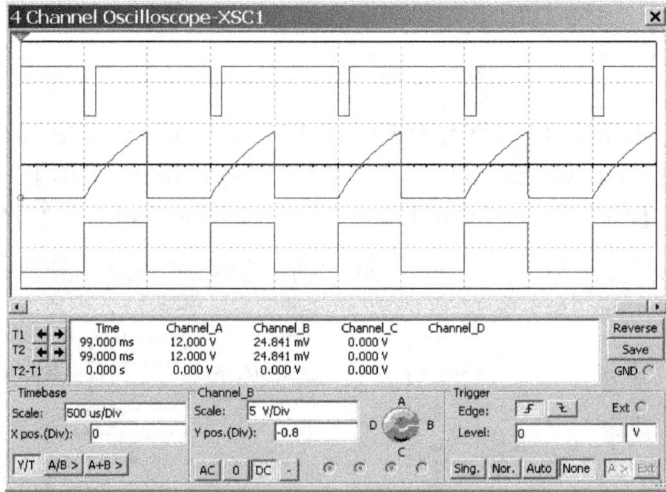

图 6-7-9　用 555 Timer Wizard 生成单稳态触发器及其工作波形（续）

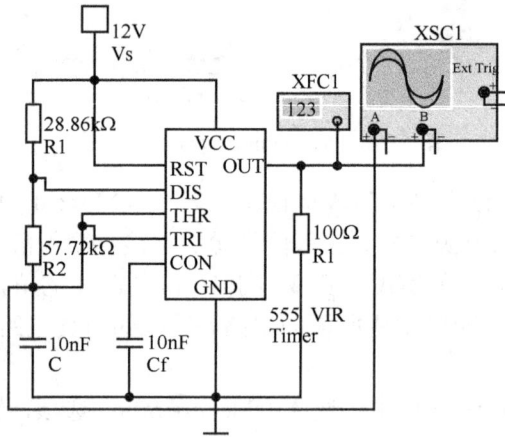

图 6-7-10　用 555 Timer Wizard 生成多谐振荡器及其工作波形

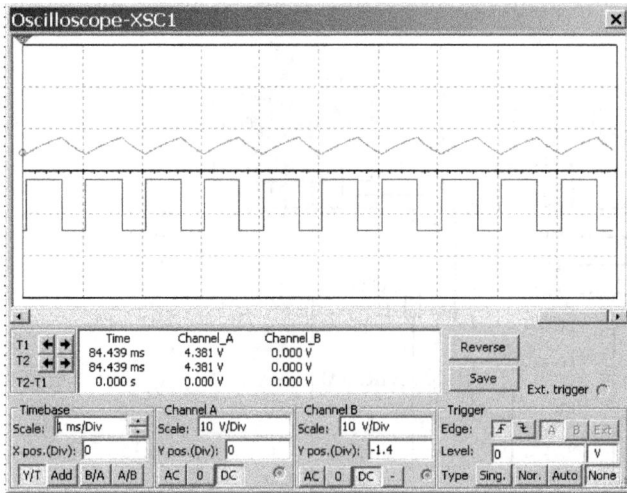

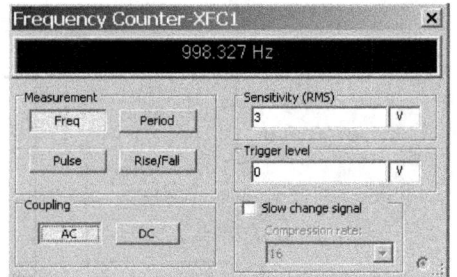

图 6-7-10　用 555 Timer Wizard 生成多
谐振荡器及其工作波形（续）

图 6-7-11　用 555 Timer Wizard 生成多
谐振荡器的振荡频率

项目七　NI Multisim11 在通信电子技术中的应用

任务一　小信号调谐放大器

一、任务目标

1. 熟悉 NI Multisim11 软件的使用方法。
2. 掌握单调谐回路放大器的仿真分析方法。

二、任务分析

单调谐放大器是由单调谐回路作为交流负载的放大器。图 7-1-1 所示的为一个共发射极的单调谐放大器，它是接收机中的一种典型的高频小信号调谐放大器电路。

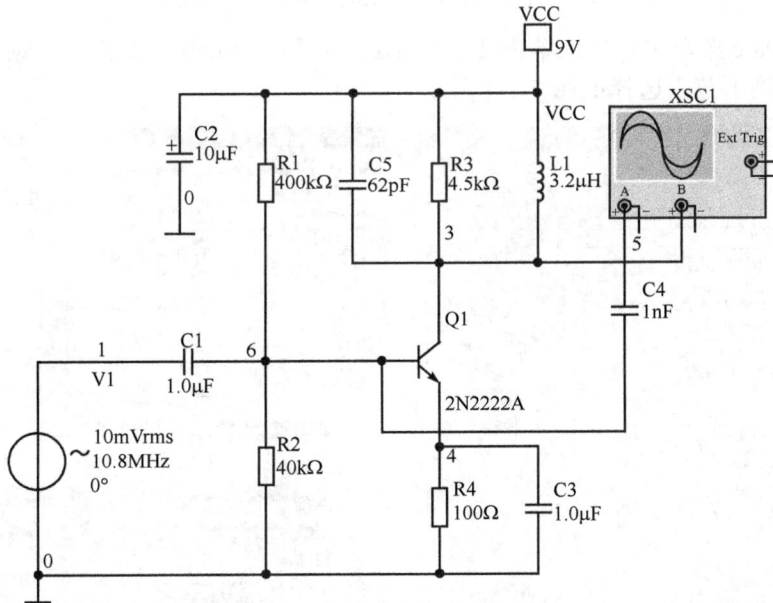

图 7-1-1　单调谐放大器仿真测试电路

图 7-1-1 所示中 R1、R2 是放大器的偏置电阻，R4 是直流负反馈电阻，C3 是旁路电容，它们起到稳定放大器静态工作点的作用。L1、R3、C5 组成并联谐振回路，它与三极管一起起着选频放大作用。为了防止三极管输出与输入导纳直接并入 LC（L1，R3，C5）谐振回路，影响回路参数，以及为防止电路的分布参数影响谐振频率，同时也为了放大器的前后级匹配，该电路采用部分接入方式。R3 的作用是降低放大器输出端调谐回路的品质因数 Q 值，以加宽放大器的通频带。

三、任务实施过程

1．在 NI Multisim11 电路工作区编辑如图 7-1-1 所示电路。

2．按下仿真开关，双击示波器图标，得到单调谐回路放大器输入输出电压波形，如图 7-1-2 所示。

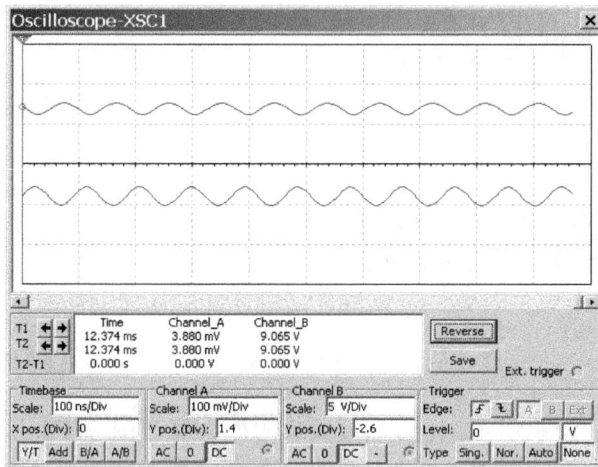

图 7-1-2　单调谐回路放大器输入输出电压波形

3．在 Simulate 菜单中，依次单击【Analysis】→【AC Analysis】命令，频率参数设置如图 7-1-3 所示，输出节点选择如图 7-1-4 所示。

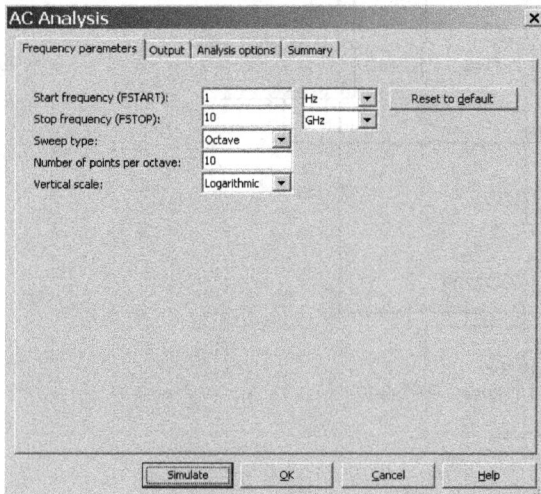

图 7-1-3　频率参数设置

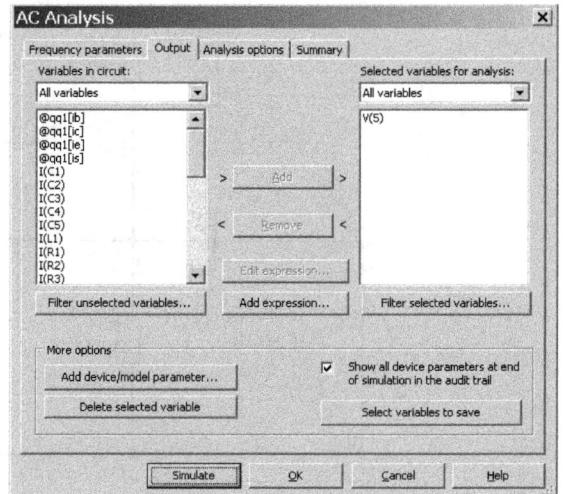

图 7-1-4　输出节点选择

4．按下【Simulate】按钮，得到的单调谐回路放大器的幅频特性、相频特性如图 7-1-5 所示。

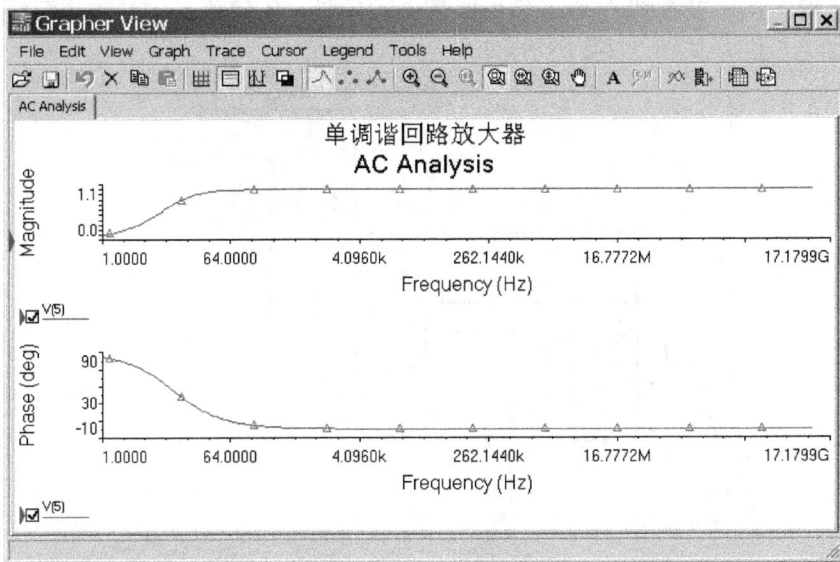

图 7-1-5　单调谐回路放大器的幅频、相频特性

任务二　振幅调制与解调电路

一、任务目标

1．熟悉 NI Multisim11 软件的使用方法。
2．掌握振幅调制电路的仿真分析方法。
3．掌握解调电路的仿真分析方法。

二、任务分析

　　振幅调制是用调制信号控制载波信号的振幅，使其振幅按调制信号的变化规律而变化，同时保持载波的频率及相位不变。振幅调制分为普通调幅波（AM）、抑制载波的双边带调幅波（DSB）及单边带调幅波（SSB）3 种。

　　解调则是调制电路的逆过程，是指从已调波信号中恢复出原调制信号的过程。这种解调称为检波，实现这种解调的电路称为振幅检波电路。检波电路分为包络检波和同步检波。包络检波适合于普通调幅波的解调，同步检波主要应用于双边带调幅波和单边带调幅波的解调。

三、任务实施过程

1．乘法器组成的普通调幅（AM）电路仿真测试

从 NI Multisim11 的 Sources 库中的 CONTROL_FUNCTION 里找到乘法器（MULTIPLIER），

连接所需信号源以及其他元件，在电路工作区编辑得到如图 7-2-1 所示电路。图中 V2 为高频载波信号加到 Y 输入端口；直流电压 V3 和低频调制信号 V1 加到 X 输入端口。启动仿真，双击四踪示波器图标，可看到 A 通道显示低频调制信号，B 通道显示高频载波信号，C 通道显示 AM 信号电压波形如图 7-2-2 所示。

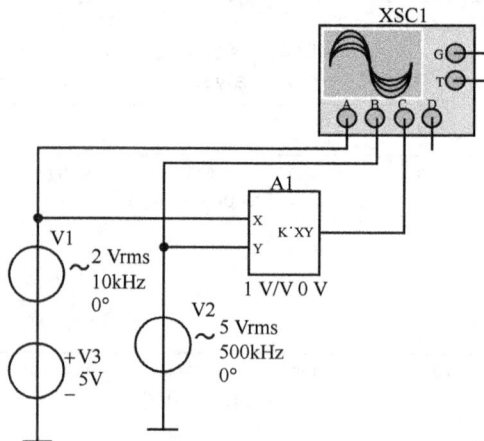

图 7-2-1　乘法器组成的普通调幅（AM）电路

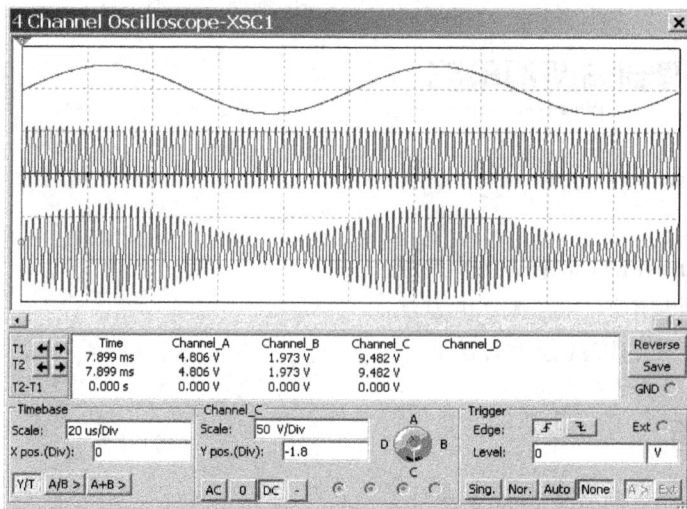

图 7-2-2　普通调幅（AM）仿真波形

2．抑制载波双边带调幅（DSB）调制电路仿真测试

在 NI Multisim11 电路工作区编辑如图 7-2-3 所示电路。图中 V1 为低频调制信号加到 X 输入端口；高频载波信号 V2 加到 Y 输入端口。启动仿真，双击四踪示波器图标，可看到 A 通道显示低频调制信号，B 通道显示高频载波信号，C 通道显示 DSB 信号电压波形如图 7-2-4 所示。

3．乘法器实现同步检波的电路仿真测试

在 NI Multisim11 电路工作区编辑如图 7-2-5 所示电路。其中第一个乘法器的输出为一个 DSB 信号。该信号作为输入信号送入第二个乘法器中，与插入本地载频（与 V1 载频同频同

相）相乘。第二个乘法器的输出经低滤波器，即可得到检波信号。

启动仿真，双击四踪示波器图标，可看到示波器显示的波形如图 7-2-6 所示。从上到下的顺序是：A 通道：调制信号；B 通道：载波信号；C 通道：DSB 信号；D 通道：检波信号。

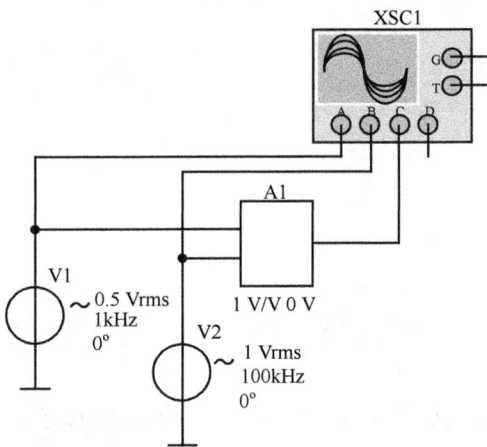

图 7-2-3　乘法器组成的 DSB 调制电路

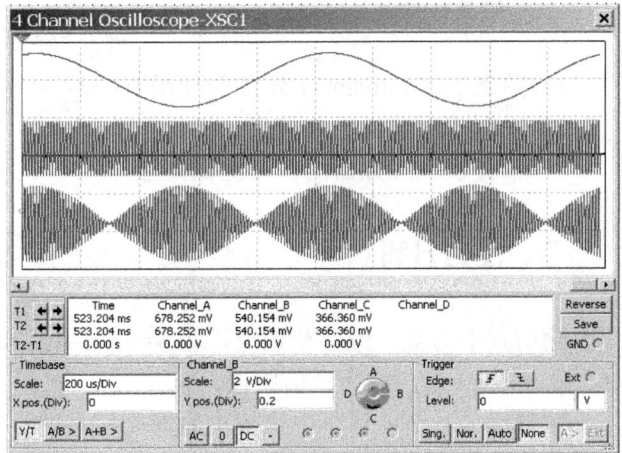

图 7-2-4　DSB 调制电路仿真输出波形

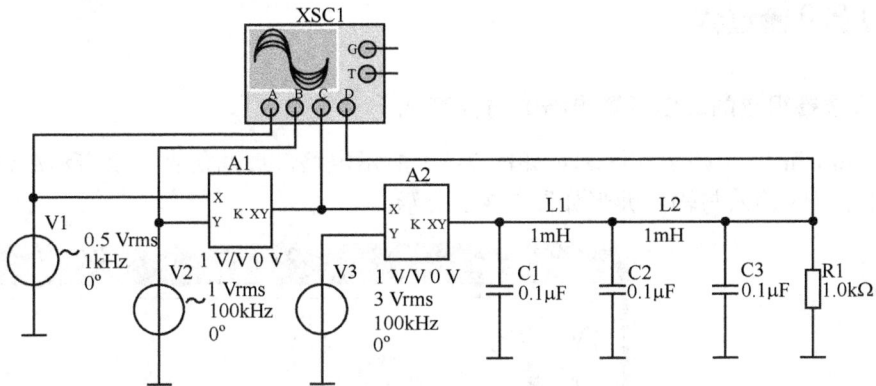

图 7-2-5　乘法器实现同步检波的电路

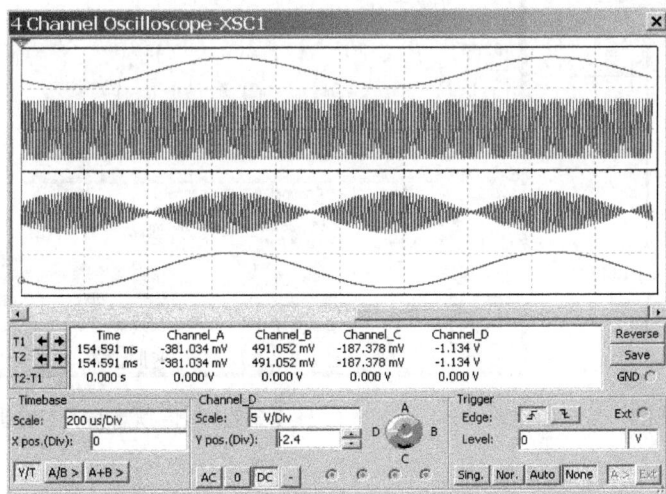

图 7-2-6　调制信号、载波信号、DSB 信号、检波信号

任务三　倍频与鉴频电路

一、任务目标

1．熟悉 NI Multisim11 软件的使用方法。
2．掌握倍频器特性与仿真分析的方法。
3．掌握锁相鉴频器的仿真测试方法。

二、任务分析

输出频率为输入频率整数值，即 $f_0=nf_n(n=1，2，\cdots)$，则这频率变换电路称为倍频器。当 $n=2$ 时，即 $f_0=2f_s$，称为二倍频器。

鉴频就是从 FM 信号中恢复出原调制信号的过程，又称为频率检波。鉴频的方法很多，本节任务是锁相鉴频器的仿真测试。

三、任务实施过程

1．用乘法器组成的二倍频器电路的仿真测试

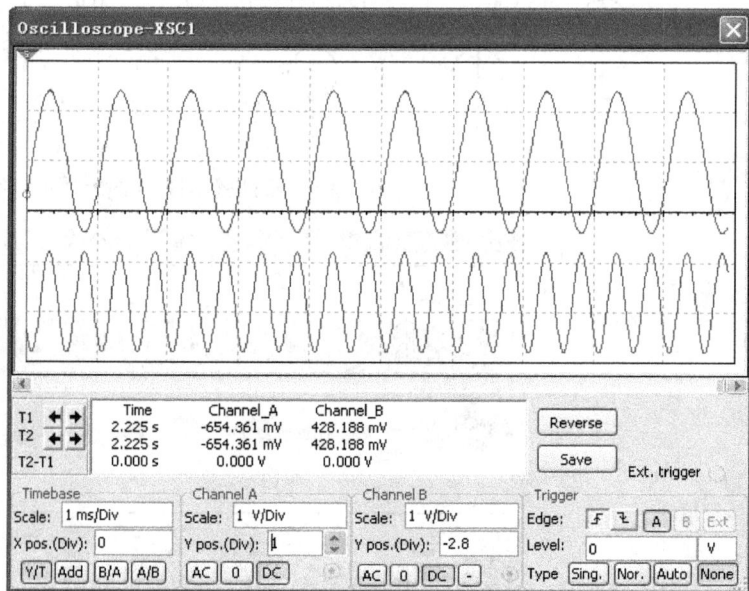

在 NI Multisim11 电路工作区编辑如图 7-3-1 所示电路。启动仿真，双击示波器图标，可看到示波器显示的输入与输出波形如图 7-3-2 所示。

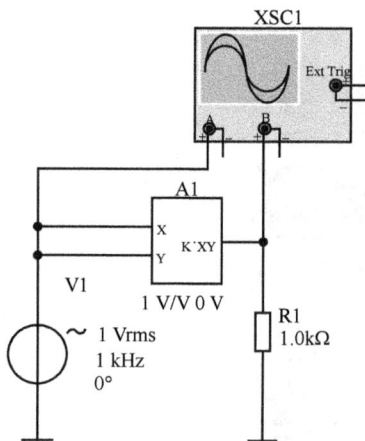

图 7-3-1　用乘法器组成的二倍频器电路　　　　图 7-3-2　二倍频器输入与输出波形

2．锁相鉴频器的仿真测试方法

从 NI Multisim11 的 Mixed 库中的 MIXED_VIRTUAL 里找到锁相环模块（PLL_VIRTUAL），

构建锁相环鉴频器仿真电路如图 7-3-3 所示。其中 V1 为一个调频信号,四踪示波器 XSC1 分别观察锁相环的 PLLin 端、PDin 端和 LPFout 端。用频率计 XFC1 测量输出频率。

双击锁相环模块,弹出锁相环模块设置对话框,对其进行相应的参数设置如图 7-3-4 所示。

启动仿真,看到在示波器上显示的波形如图 7-3-5 所示。显示通道从上到下显示波形的顺序是:A 通道:调频信号 V1;B 通道:PDin 端信号;C 通道:鉴频信号。

频率计 XFC1 上显示的频率为 5kHz,与调制信号一致。如图 7-3-6 所示。

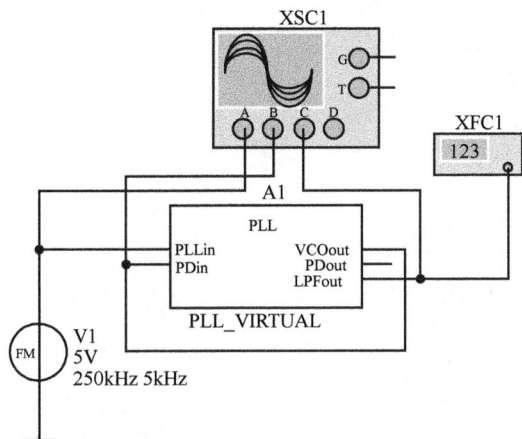

图 7-3-3　锁相环鉴频器仿真电路

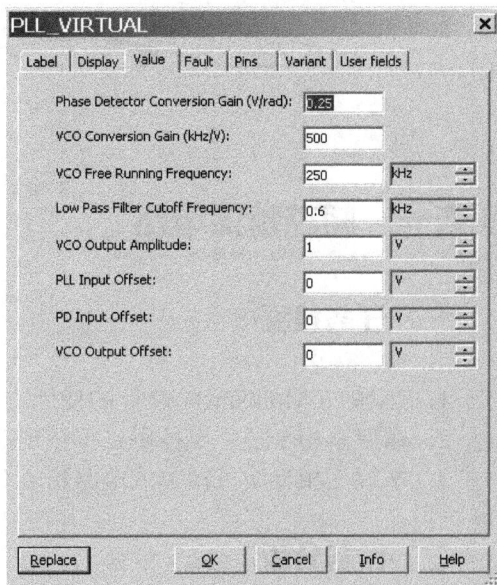

图 7-3-4　锁相环模块设置对话框

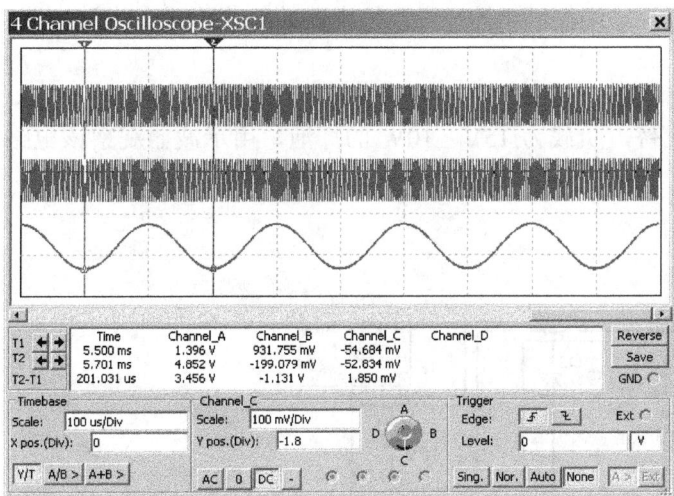

图 7-3-5　调频信号、PDin 端信号、鉴频信号

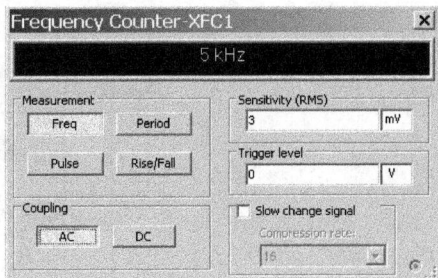

图 7-3-6　频率计上显示的频率

项目八　NI Multisim11 在电力电子技术中的应用

任务一　相控整流电路

一、任务目标

1. 熟悉 NI Multisim11 软件的使用方法。
2. 掌握单相全控、半控桥式整流电路仿真分析方法。
3. 掌握三相半波可控整流电路仿真分析方法。

二、任务分析

整流电路（AC-DC 变换电路）：将交流电变为直流电。按电源的相数分单相电路、三相电路、多相电路；按组成的器件分不可控、半控、全控三种；按电路的结构形式分半波电路、全波电路、桥式电路等。

图 8-1-1 所示为单相桥式全控整流电路，其中 V1 为 15V 交流电源，D1～D4 为晶闸管，晶闸管的驱动电路由脉冲信号源 V3 代替，负载为 15V、10W 的灯泡，用示波器观察该电路的工作波形。

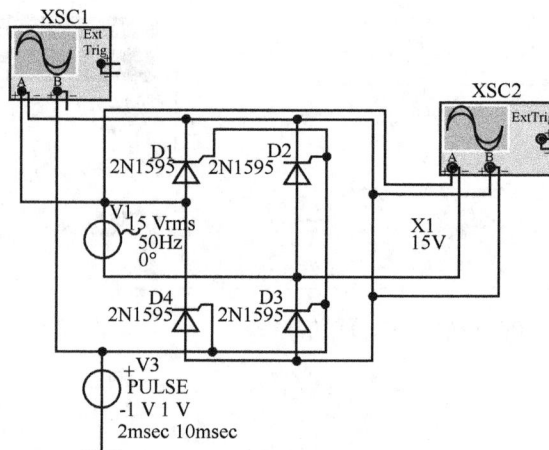

图 8-1-1　单相全控桥式整流电路

图 8-1-2 所示为单相桥式半控整流电路，其中 V1 为 220V 交流电源，D1、D2 为晶闸管，晶闸管的驱动电路由脉冲信号源 V2 代替，D3、D4 为二极管，R1、L1 为负载。用示波器观察该电路的工作波形。

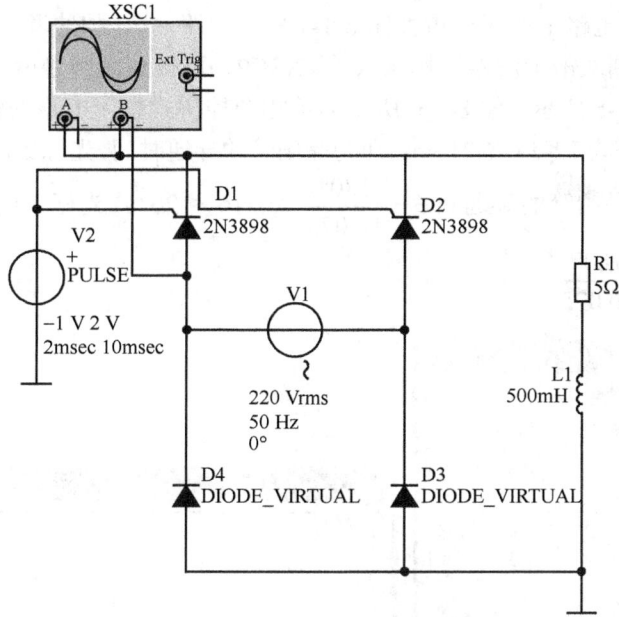

图 8-1-2　单相半控桥式整流电路

图 8-1-3 所示为三相半波可控流电路，其中 V1 为三相交流电源，D1、D2、D3 为晶闸管，晶闸管的驱动电路由脉冲信号源 V2 代替，负载为 R1，用示波器观察该电路的工作波形。

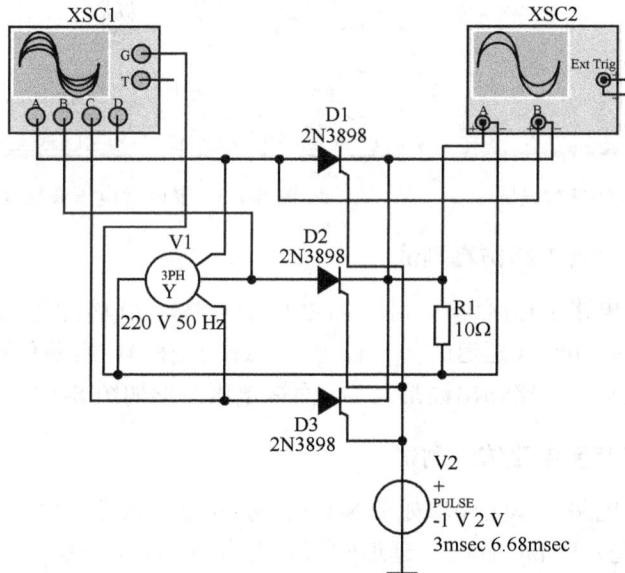

图 8-1-3　三相半波可控整流电路

三、任务实施过程

1. 单相全控桥式整流电路仿真测试

在 NI Multisim11 电路工作区编辑如图 8-1-1 所示电路，V3 脉冲源的参数设置如图 8-1-4 所示。启动仿真，分别双击示波器图标 XSC1、XSC2，可得到晶闸管两端的电压波形及晶闸管的触发脉冲如图 8-1-5 所示。图 8-1-6 所示为单相全控桥式整流电路的输入和输出波形，光标 2 与光标 1 的时间差为 T2-T1=6.716ms，即为晶闸管的导通时间，光标 2 的值为 T2=10.075 ms，即为 180° 的时间，则晶闸管的导通角 $\theta = \dfrac{180°}{10.075} \times 6.716 = 120°$，光标 1 的值为 T1=3.358 ms，即晶闸管控制角 $\alpha = \dfrac{180°}{10.075} \times 3.358 = 60°$。

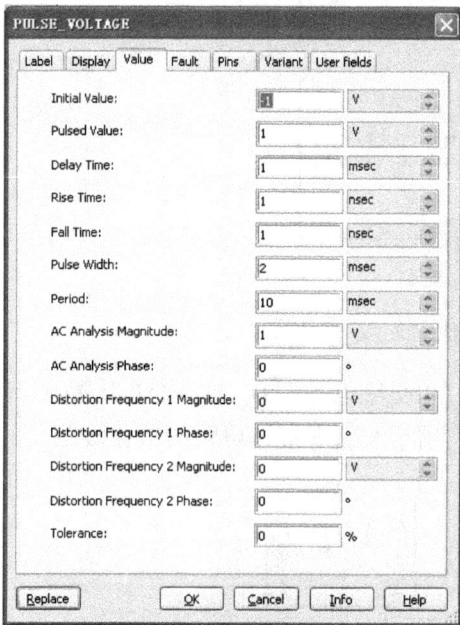

图 8-1-4　脉冲源参数设置

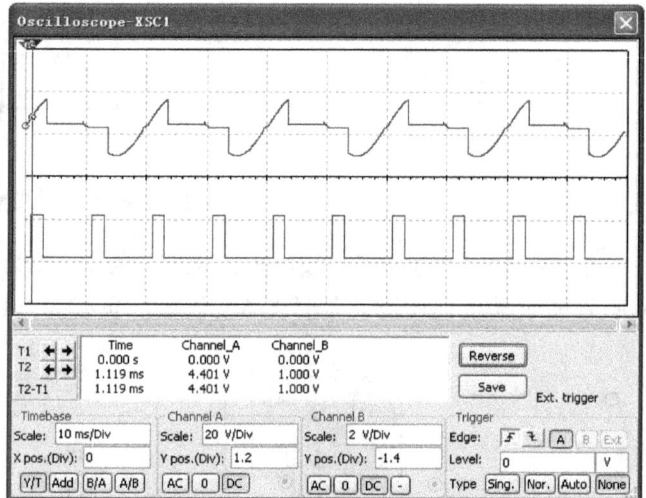

图 8-1-5　晶闸管电压波形及触发脉冲波形

2. 单相桥式半控整流电路仿真测试

在 NI Multisim11 电路工作区编辑如图 8-1-2 所示电路，V2 脉冲源的参数设置与图 8-1-4 所示类似，只是 Delay Time（延迟时间）设为 3msec（毫秒）。启动仿真，双击示波器图标 XSC1，得到桥式半控整流电路输出波形及 D1 两端电压波形如图 8-1-7 所示。

3. 三相半波可控整流电路仿真测试

在 NI Multisim11 电路工作区编辑如图 8-1-3 所示电路，V2 脉冲源的参数设置与图 8-1-4 所示类似，所不同的是：Delay Time（延迟时间）设为 2msec（毫秒），Pulse Width（脉冲宽度）设置为 3 msec（毫秒），Period（周期）设置为 6.68 msec（毫秒）。启动仿真，分别双击示波器图标 XSC1、XSC2，可得到三相半波可控整流电路输入、输出波形及 D1 两端电压波形如图 8-1-8 所示。

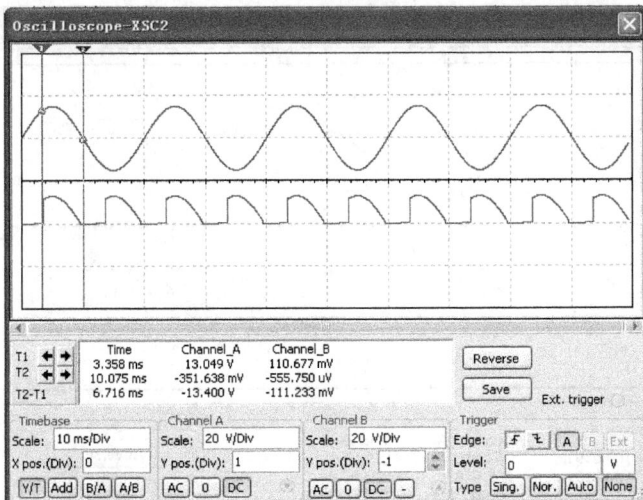

图 8-1-6 单相全控桥式整流电路的输入和输出波形

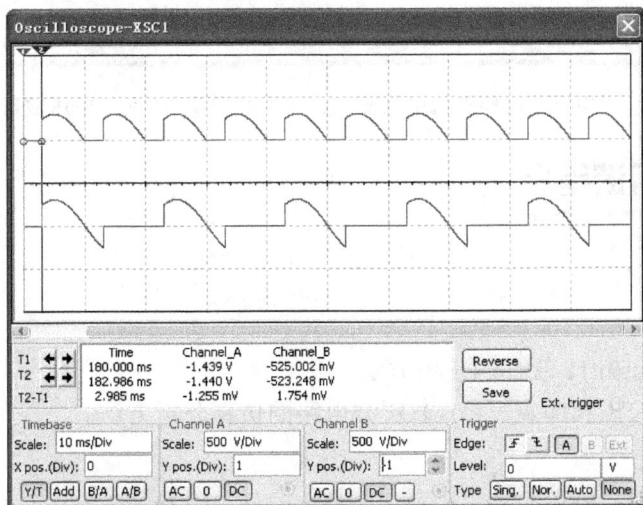

图 8-1-7 桥式半控整流电路输出波形及 D1 两端电压波形

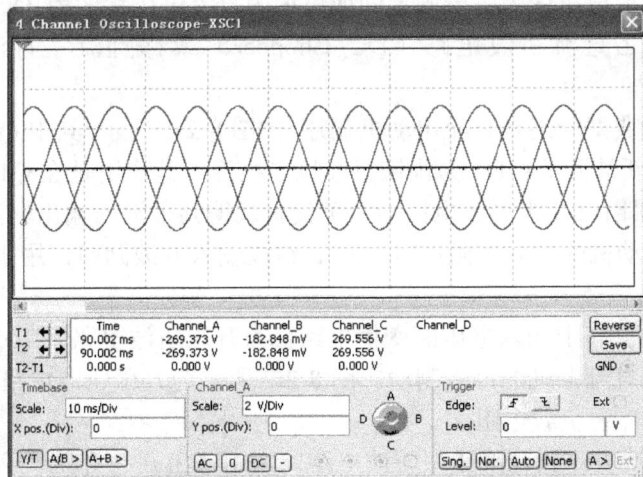

图 8-1-8 三相半波可控整流电路输入、输出波形及 D1 两端电压波形

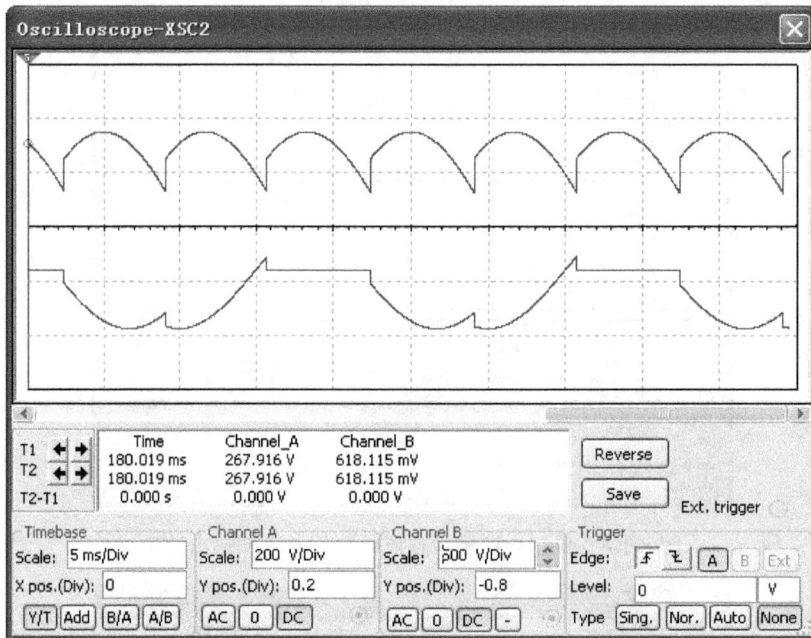

图 8-1-8　三相半波可控整流电路输入、输出波形及 D1 两端电压波形（续）

任务二　直流斩波电路

一、任务目标

1. 熟悉 NI Multisim11 软件的使用方法。
2. 掌握降压、升压和库克（Cuk）斩波电路的仿真分析方法。

二、任务分析

将一个固定的直流电压变为另一固定的或可调的直流电压称之为 DC-DC 变换，而实现这种功能的电路称之直流斩波电路（DC Chopper）或称直流—直流变换器（DC/DC Converter）。

降压斩波电路的典型应用是直流电动机调速，如图 8-2-1 所示。其中 Q1 是全控器件 IGBT（IRG4BC10U）作为斩波开关；D1 为快恢复续流二极管，其作用是在 Q1 关断时给负载中的电感电流提供续流回路；Ld 为平波电抗器，可使负载得到平滑的输出电流，负载为 S1 直流电动机，R 为直流电动机的等效电阻；LF 和 CF 组成输入滤波回路，用于吸收斩波器产生的谐波电流。

输出电压的平均值高于输入电压的变换电路称为升压斩波电路（Boost Chopper），它可用于直流稳压电源和直流电机的再生制动。图 8-2-2 所示为升压斩波电路，其中 L 和 C 分别为大电感和大电容，R 为负载电阻。

库克（Cuk）斩波电路属升降压型斩波电路，它由降压式与升压式两种基本斩波电路混合而成，输出电压的平均值可高于或低于电源电压，电路如图 8-2-3 所示。电路中 L1 和 L2

为储能电感，D1 是快恢复续流二极管，C 为传送能量的耦合电容。该电路输出电压极性与输入电压相反。

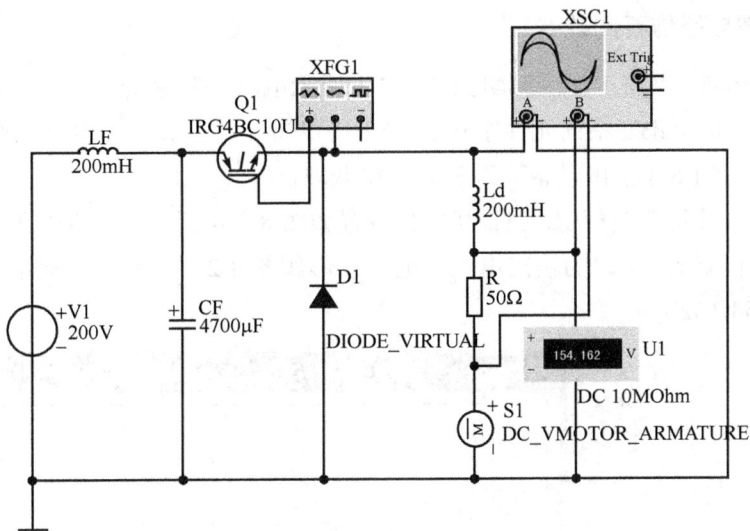

图 8-2-1　降压斩波电路

图 8-2-2　升压斩波电路

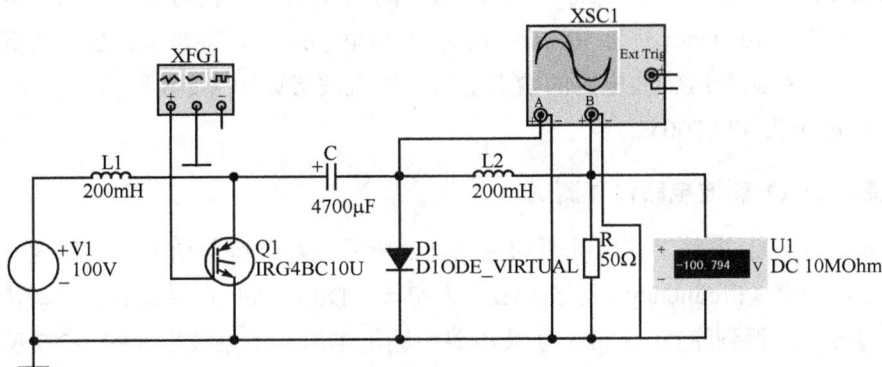

图 8-2-3　库克（Cuk）斩波电路

三、任务实施过程

1．降压斩波电路仿真测试

在 NI Multisim11 电路工作区编辑如图 8-2-1 所示电路，其中 Q1 可单击元件工具栏的晶体管按钮，从对应的 IGBT 系列元件中获取；S1 可单击元件工具栏的电机元件按钮，从对应的 OUTPUT_DEVICES（输出设备）系列元件中获取。

双击函数信号发生器图标 XFG1，其参数设置如图 8-2-4 所示。启动仿真，双击示波器图标 XSC1，得到降压斩波电路的输出电压、电流波形如图 8-2-5 所示。直流电压表 U1 测得负载两端电压为 154.162V。

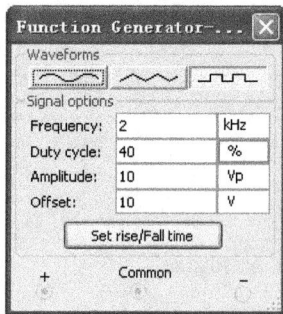

图 8-2-4　函数信号发生器的参数设置　　　图 8-2-5　降压斩波电路的输出电压和电流波形

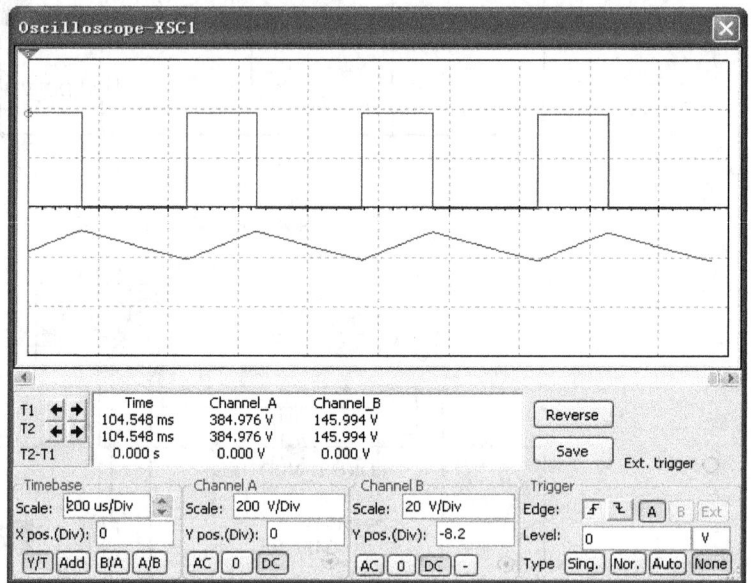

2．升压斩波电路仿真测试

在 NI Multisim11 电路工作区编辑如图 8-2-2 所示电路，函数信号发生器的参数设置与图 8-2-4 类似，频率（Frequency）为 100Hz，占空比（Duty cycle）为 80%，启动仿真，双击示波器图标 XSC1，得到升压斩波电路的输出电压、电流波形如图 8-2-6 所示。直流电压表 U1 测得负载两端电压为 473.700V。

3．库克（Cuk）斩波电路仿真测试

在 NI Multisim11 电路工作区编辑如图 8-2-3 所示电路，函数信号发生器的参数设置与图 8-2-4 类似，频率（Frequency）为 500Hz，占空比（Duty cycle）为 50%，启动仿真，双击示波器图标 XSC1，得到库克（Cuk）斩波电路的输出电压、电流波形如图 8-2-7 所示。直流电压表 U1 测得负载两端电压为-100.794V。

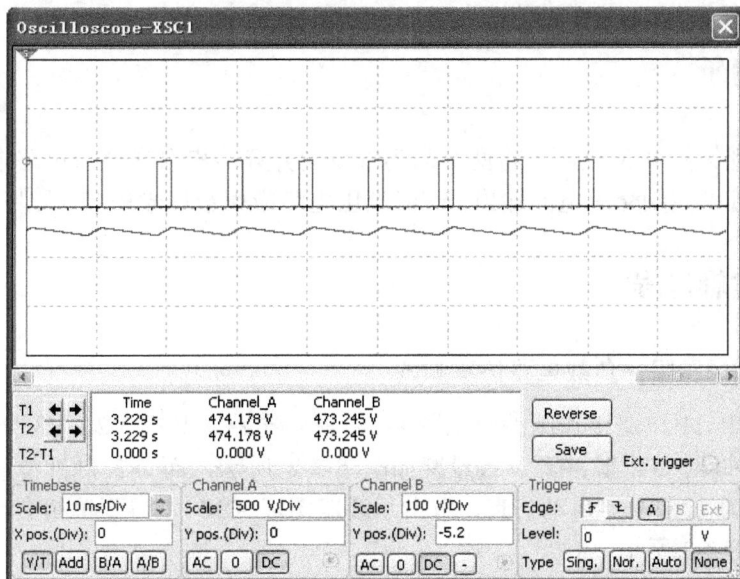

图 8-2-6　升压斩波电路输出电压和电流波形

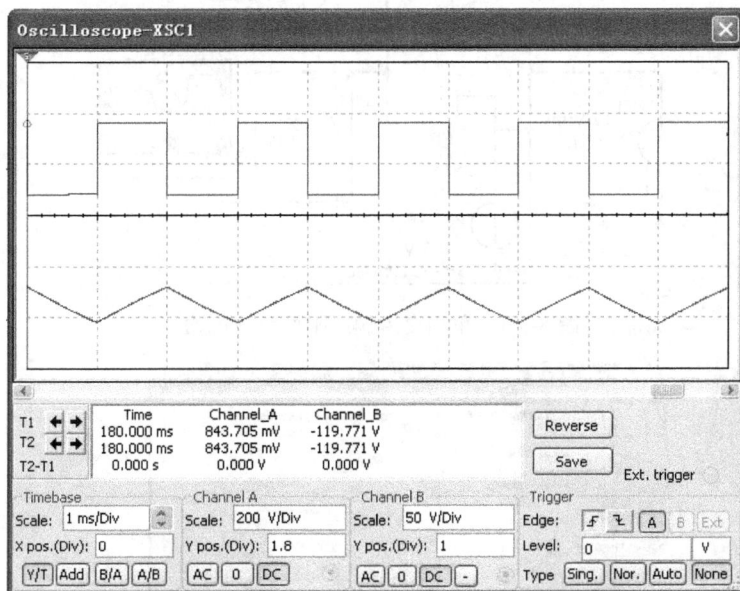

图 8-2-7　库克（Cuk）斩波电路输出电压和电流波形

任务三　交流调压电路

一、任务目标

1. 熟悉 NI Multisim11 软件的使用方法。
2. 掌握单相交流调压阻性负载电路仿真分析方法。
3. 掌握单相交流调压感性负载电路仿真分析方法。

二、任务分析

交流调压电路采用相位控制，将两个晶闸管反向并联后串联在交流电路中，通过控制晶闸的触发角，就可以控制交流电的输出。交流调压电路应用于灯光控制、异步电动机调速等。

三、任务实施过程

1. 单相交流调压阻性负载电路仿真测试

在 NI Multisim11 电路工作区编辑如图 8-3-1 所示电路。其中 V2、V3 分别为 D1 和 D2 晶闸管的驱动脉冲源，V2 脉冲源参数设置如图 8-3-2 所示，而 V3 脉冲源的设置需将延时（Delay Time）改为 12msec。启动仿真，双击示波器图标 XSC1，得到单相交流调压阻性负载的工作波形如图 8-3-3 所示。

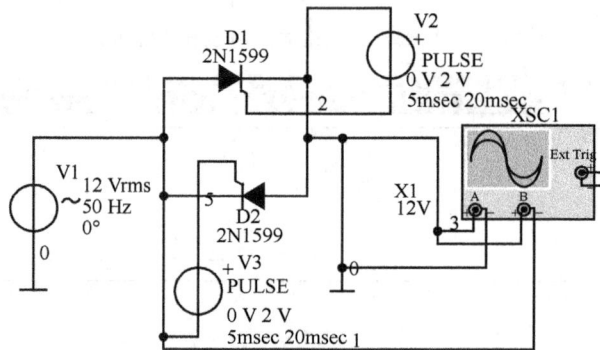

图 8-3-1　单相交流调压阻性负载电路

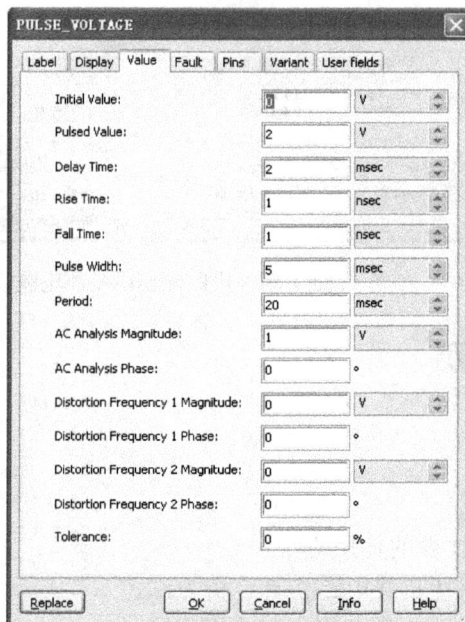

图 8-3-2　V2 脉冲源参数设置

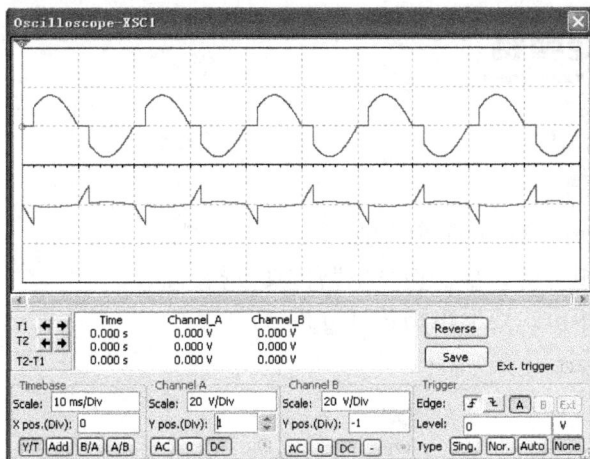

图 8-3-3　单相交流调压阻性负载的工作波形

2．单相交流调压感性负载电路仿真测试

在 NI Multisim11 电路工作区编辑如图 8-3-4 所示电路。其中晶闸管驱动信号脉冲源的设置与图 8-3-2 类似，将 V2、V3 延时（Delay Time）分别改为 5 msec 和 15 msec。启动仿真，双击示波器图标 XSC1，得到单相交流调压感性负载的工作波形如图 8-3-5 所示。

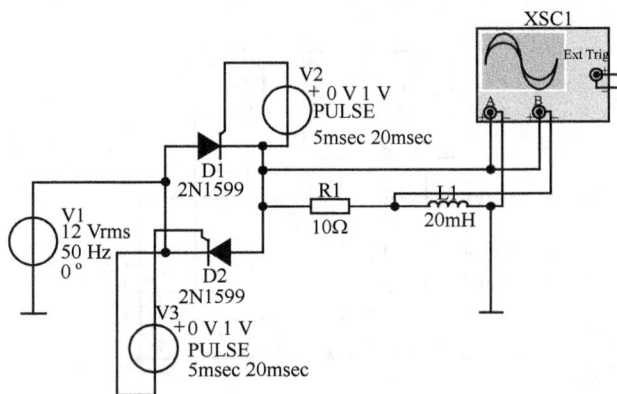

图 8-3-4　单相交流调压感性负载电路

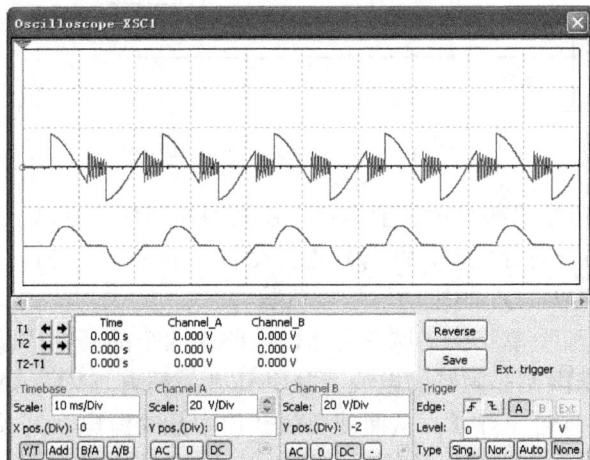

图 8-3-5　单相交流调压感性负载的工作波形

任务四　无源逆变电路

一、任务目标

1. 熟悉 NI Multisim11 软件的使用方法。
2. 掌握电压型单相半桥、全桥逆变电路仿真分析方法。
3. 掌握电流型单相桥式逆变电路仿真分析方法。

二、任务分析

逆变电路按其直流电源性质不同分为两种：电压型逆变电路：直流侧电源为电压源；电流型逆变电路：直流侧电源为电流源。

图 8-4-1 所示为电压型单相半桥逆变电路，由一对桥臂和一个带有电压中点的直流电源构成。每个导电桥臂由一个全控型器件（带保护二极管的功率场效应管）组成；电压中点由接在直流侧的两个相互串联的足够大且数值相等的电容 C1 和 C2 分压而成。负载为 R1 和 L1。Q1、Q2 的驱动信号由函数信号发生器提供。

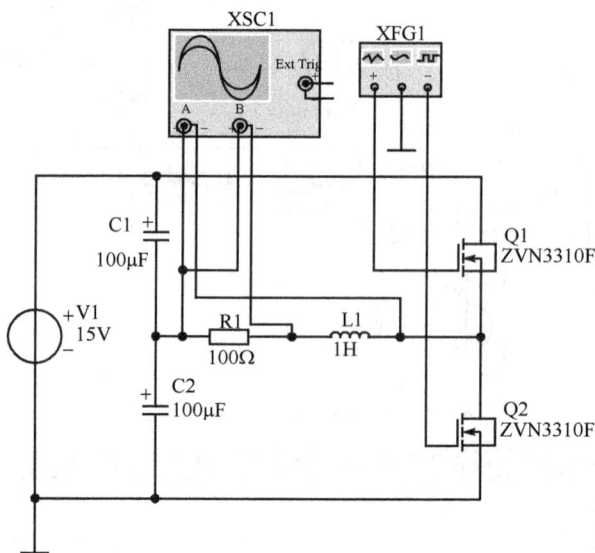

图 8-4-1　电压型单相半桥逆变电路

图 8-4-2 所示为电压型单相全桥逆变电路，由两对桥臂组合而成。Q1 和 Q4 构成一对导电臂，Q2 和 Q3 构成另一对导电臂，两对导电臂交替导通 180°。Q1、Q4 的驱动信号接函数信号发生器的正脉冲，Q2、Q3 的驱动信号接负脉冲。

图 8-4-3 所示为电流型单相桥式逆变电路，电路由四个晶闸管桥臂构成，每个桥臂均串联一个电抗器 LT，用来限制晶闸管的电流上升率 di/dt。桥臂 TV1、TV4 和桥臂 TV2、TV3 以 1000～2500 Hz 的中频轮流导通，从而使负载获得中频交流电。开关管通常采用快速晶闸管。负载是一个电磁感应线圈，其可等效为 L 和 R 串联，并与补偿电容 C 构成并联谐振电路，故这种逆变电路也称为并联谐振逆变电路。

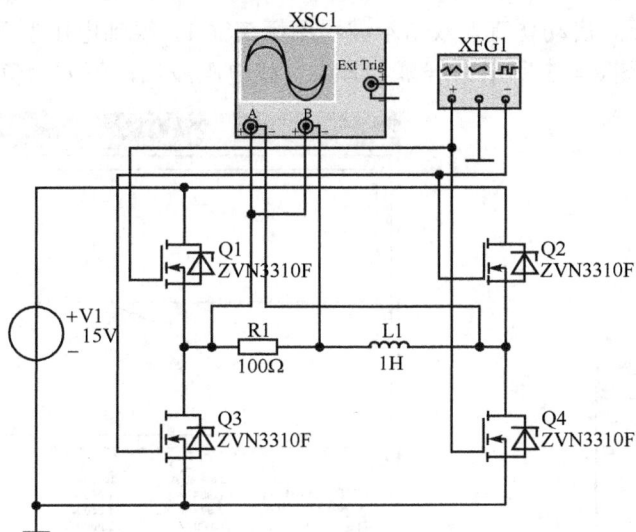

图 8-4-2 电压型单相全桥逆变电路

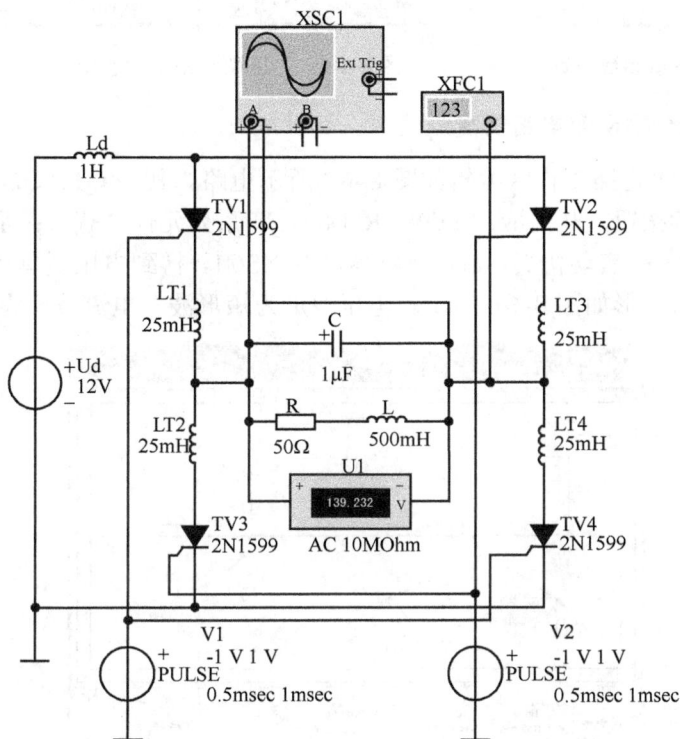

图 8-4-3 电流型单相桥式逆变电路

三、任务实施过程

1. 电压型单相半桥逆变电路仿真测试

在 NI Multisim11 电路工作区编辑如图 8-4-1 所示电路。其中 Q1、Q2、Q3、Q4 可单击元件工具栏的晶体管按钮,从对应的 POWER_MOS_N 系列元件中获取;函数信号发生器参数设置如图 8-4-4 所示。启动仿真，双击示波器图标 XSC1，得到电压型单相半桥逆变电路感性负载的工作波形如图 8-4-5 所示。屏幕上方为负载电压波形，下方为负载电流波形。

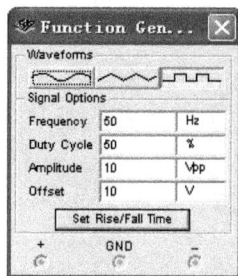

图 8-4-4　函数信号发生器参数设置　　　　图 8-4-5　电压型单相半桥逆变电路感性负载波形

2．电压型单相全桥逆变电路仿真测试

在 NI Multisim11 电路工作区编辑如图 8-4-2 所示电路。其中 Q1、Q2、Q3、Q4 可单击元件工具栏的晶体管按钮，从对应的 POWER_MOS_N 系列元件中获取；函数信号发生器参数设置如图 8-4-4 所示。启动仿真，双击示波器图标 XSC1，得到电压型单相全桥逆变电路感性负载的电压和电流波形如图 8-4-6 所示。电压波形为矩形波，电流波形为锯齿波。

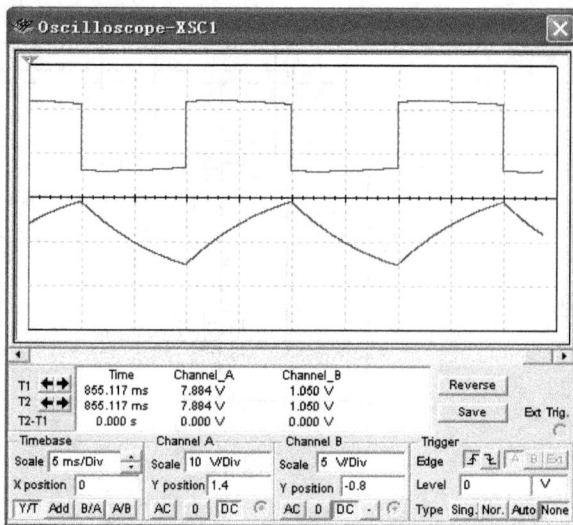

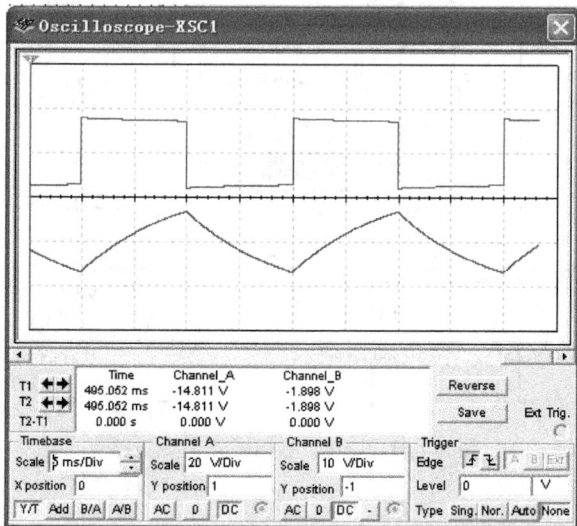

图 8-4-6　电压型单相全桥逆变电路感性负载波形

3．电流型单相桥式逆变电路仿真测试

在 NI Multisim11 电路工作区编辑如图 8-4-3 所示电路。其中 TV1～TV4 可单击元件工具栏的二极管按钮，从对应的 SCR 系列元件中获取，V1 脉冲源作为 TV1 和 TV4 的驱动信号，

其参数设置如图 8-4-7 所示；V2 脉冲源作为 TV2 和 TV3 的驱动信号，其参数设置与如图 8-4-7 所示类同，只是延时（Deley Time）需改为 0.5msec。

　　启动仿真，分别双击示波器图标 XSC1 和频率计图标 XFC1，得到电流型单相桥式逆变电路的负载电压波形为正弦波如图 8-4-8 所示，输出频率如图 8-4-9 所示。交流电压表 U1 测得负载两端的电压有效值为 139.232V。

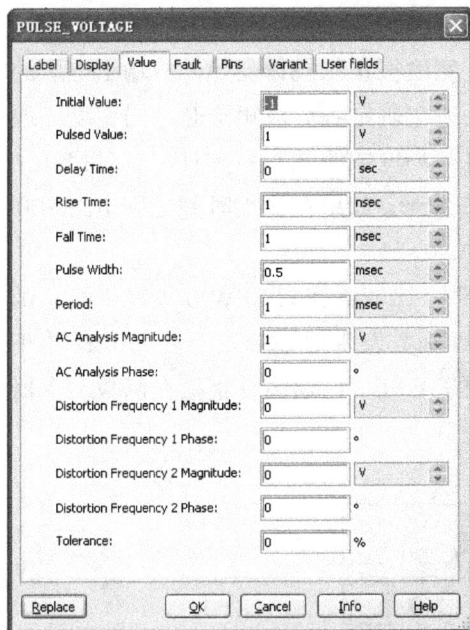

图 8-4-7　脉冲源参数设置　　　　　　　　　　图 8-4-8　负载电压波形

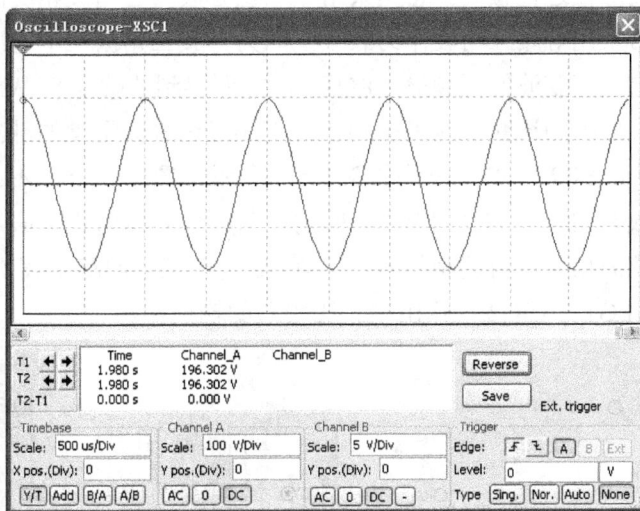

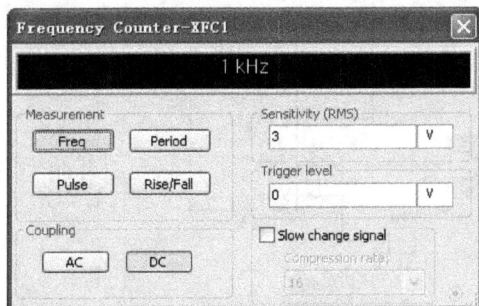

图 8-4-9　输出频率

任务五　正弦脉宽调制（SPWM）控制电路

一、任务目标

1. 熟悉 NI Multisim11 软件的使用方法。
2. 掌握 SPWM 产生电路的仿真分析方法。
3. 掌握 SPWM 逆变电路的仿真分析方法。

二、任务分析

正弦脉宽调制（Sine Pulse Width Modulation）的控制是：利用逆变器的开关元件，由控制线路按一定的规律控制开关元件的通/断，从而在逆变器的输出端获得一组等幅、等距但不等宽的脉冲序列。

正弦脉宽调制的特点是输出脉冲序列是不等宽的，宽度按正弦规律变化，故输出电压的波形接近正弦波。它是采用一个正弦波与三角波相交的方案确定各分段矩形脉冲的宽度。通常采用等腰三角波作为载波，因为等腰三角波上下宽度与高度成线性关系并且左右对称。当它与正弦波的调制信号波相交时，所得到的就是 SPWM 波形。如果在交点时刻控制电路中开关器件的通断，便可得到宽度正比于信号波幅度的脉冲。

SPWM 产生电路如图 8-5-1 所示，图中采用 LM339AJ 比较器作为 SPWM 调制电路，函数发生器 XFG1 产生 lkHz 的三角波信号作为载波信号，函数发生器 XFG2 产生 50 Hz 的正弦波信号作为调制信号。其中 RL 为负载，四踪示波器的 A、B、C 通道分别接在函数发生器 XFG1、XFG2 的输出端和比较器的输出端。

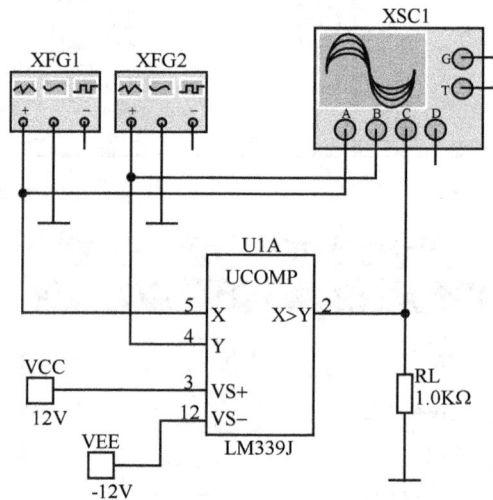

图 8-5-1　SPWM 产生电路

SPWM 逆变电路如图 8-5-2 所示，SPWM 逆变电路的驱动信号部分由 LM339AJ 和 3554SM 组成。LM339AJ 输出端的 SPWM 调制波作为 Q1 和 Q4 的驱动信号；3554SM 作为反相放大器其输出波形为 Q2 和 Q3 的驱动信号。

三、任务实施过程

1．SPWM 产生电路仿真测试

在 NI Multisim11 电路工作区编辑如图 8-5-1 所示电路。其中 LM339AJ 比较器可通过单击元件工具栏的模拟元件按钮（Analog），从对应的 Select all famities 元件系列中获取；函数信号发生器 XFG1 和 XFG2 的参数设置如图 8-5-3 和图 8-5-4 所示。双击四踪示波器图标 XSC1 得到 SPWM 调制波形如图 8-5-5 所示。

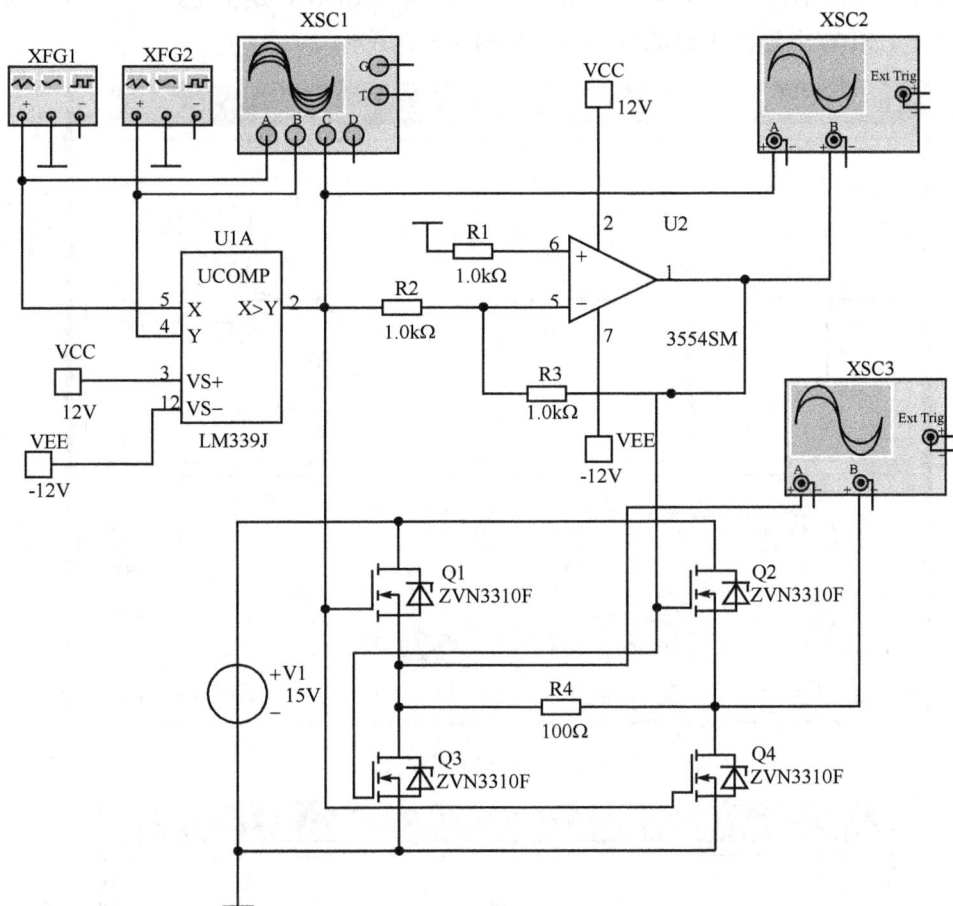

图 8-5-2 SPWM 逆变电路

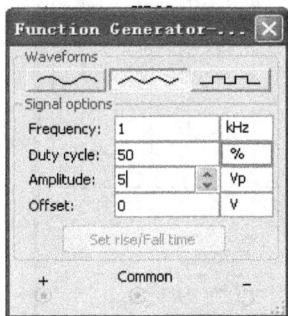

图 8-5-3 XFG1 设置

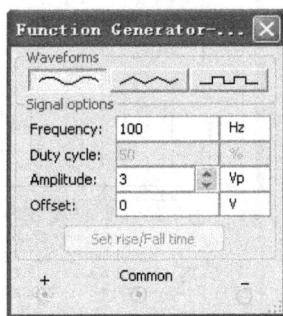

图 8-5-4 XFG2 设置

2. SPWM 逆变电路仿真测试

在 NI Multisim11 电路工作区编辑如图 8-5-2 所示电路。其中 LM339AJ 比较器、3554SM

反相放大器，可通过单击元件工具栏的模拟元件按钮（Analog），从对应的 Select all famities 元件系列中获取；Q1、Q2、Q3、Q4 可单击元件工具栏的晶体管按钮，从对应的 POWER_MOS_N 系列元件中获取。函数信号发生器 XFG1 和 XFG2 的参数设置如图 8-5-3 和图 8-5-4 所示。双击示波器图标 XSC2、XSC3，分别得到 SPWM 逆变电路的驱动信号波形如图 8-5-6 所示，SPWM 逆变电路的输出波形如图 8-5-7 所示。

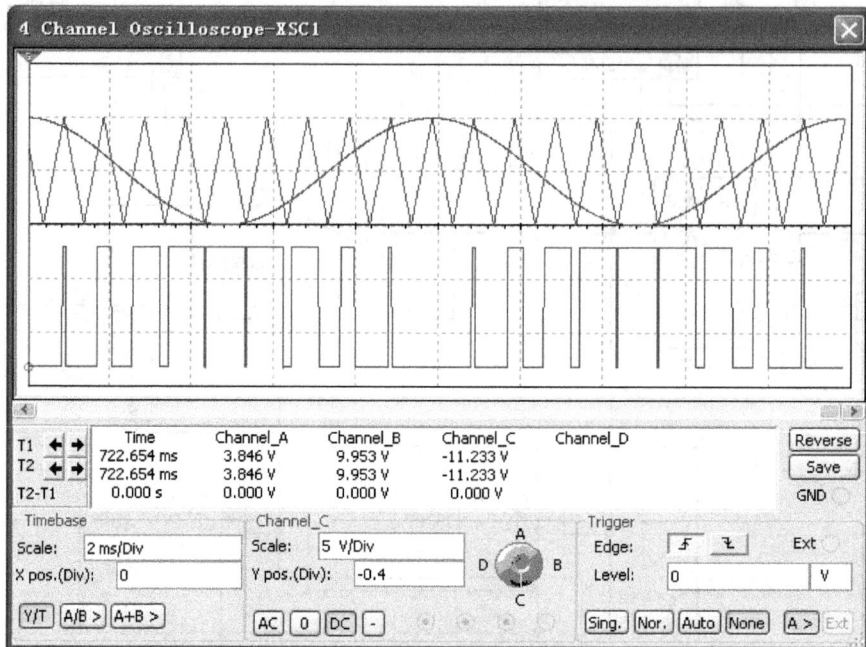

图 8-5-5　SPWM 调制波形

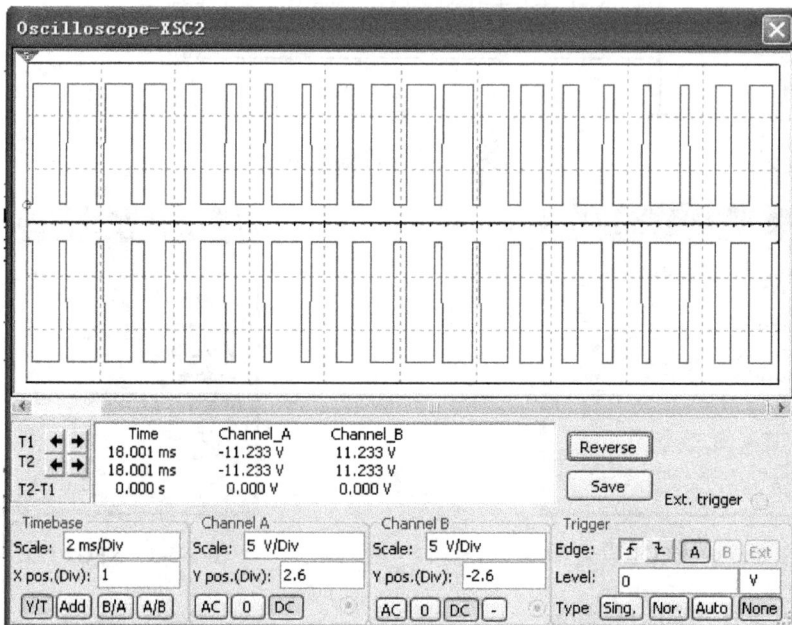

图 8-5-6　SPWM 逆变电路的驱动信号波形

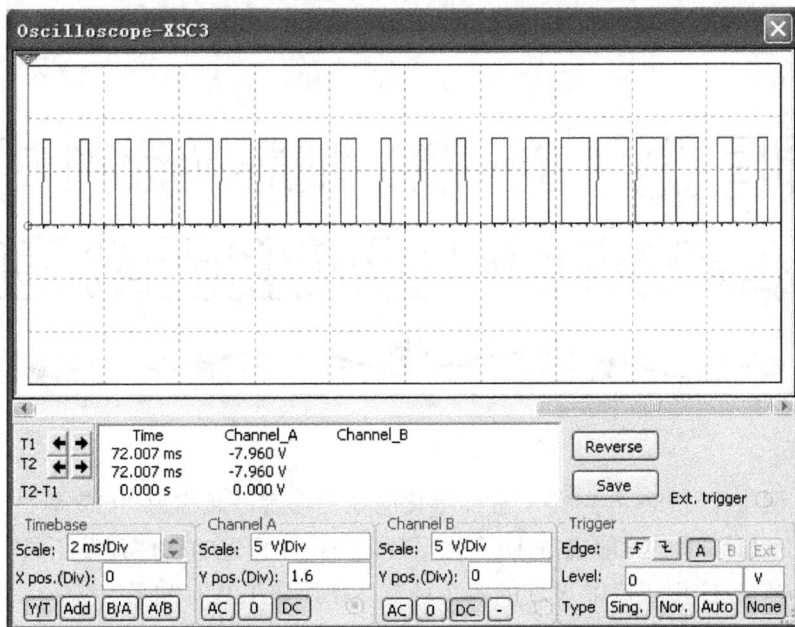

图 8-5-7 SPWM 逆变电路的输出波形

项目九　NI Multisim11 中的 LabVIEW 虚拟仪器的使用

LabVIEW 诞生于 1986 年，是一种图形化的编程语言，又称为"G"语言。经过多年的发展已成为用于设计、测试和控制的图形化平台，是业界领先的软件开发工具。LabVIEW 图形化开发工具被广泛应用于产品设计的各个环节，使用该工具有利于改善产品质量、缩短产品投放市场的时间，并提高产品开发和生产效率。在 LabVIEW 环境下开发的程序称为虚拟仪器（VI），它通过计算机虚拟出仪器的面板和相应的功能，然后通过鼠标或键盘操作仪器。使用 LabVIEW 几乎可以构造出任何功能的仪器，从而衍生出了"软件即是仪器"的概念，并在航空航天、电子、机械、通信等领域得到了广泛的应用。

任务一　晶体管分析仪和阻抗计的使用

一、任务目标

1. 了解晶体管分析仪（BJT Analyzer）的使用；
2. 了解阻抗计（Impedance Meter）的使用。

二、任务分析

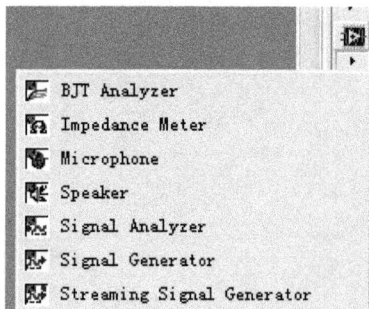

图 9-1-1　LabVIEW 虚拟仪器

NI Multisim11 自带了 7 种 LabVIEW 虚拟仪器，分别是晶体管分析仪（BJT Analyzer）、阻抗计（Impedance Meter）、麦克风（Microphone）、扬声器（Speaker）、信号分析仪（Sighal Analyzer）、信号发生器（Signal Generator）和连续流动信号发生器（Streaming Signal Generator）。在 NI Multisim11 仪器栏中，打开 LabVIEW 虚拟仪器的下拉框，可以看到这 7 个虚拟仪器，如图 9-1-1 所示。使用方法和使用 Multisim 自带的仪器一样，单击后可以直接把它们放到电路绘制窗口中使用。

三、任务实施过程

1. 晶体管分析仪（BJT Analyzer）的使用

① 在 NI Multisim11 电路工作区放置晶体管分析仪图标 XLV1，并将被测元件三极管的 b 极、e 极、c 极对应与 XLV1 连接如图 9-1-2 所示。

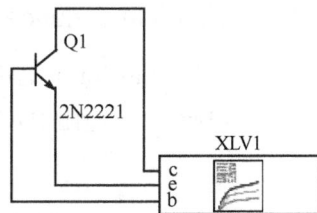

图 9-1-2　晶体管分析仪测试例图

② 双击晶体管分析仪图标 XLV1 打开晶体管分析仪的设置面板，在显示屏处单击右键弹出显示设置选项如图 9-1-3 所示。

③ 设置所需测试的管型、U_{CE} 的电压范围、I_B 电流范围，通常使用默认参数值。

④ 启动仿真，得到三极管输出特性曲线测试的仿真结果如图 9-1-4 所示。

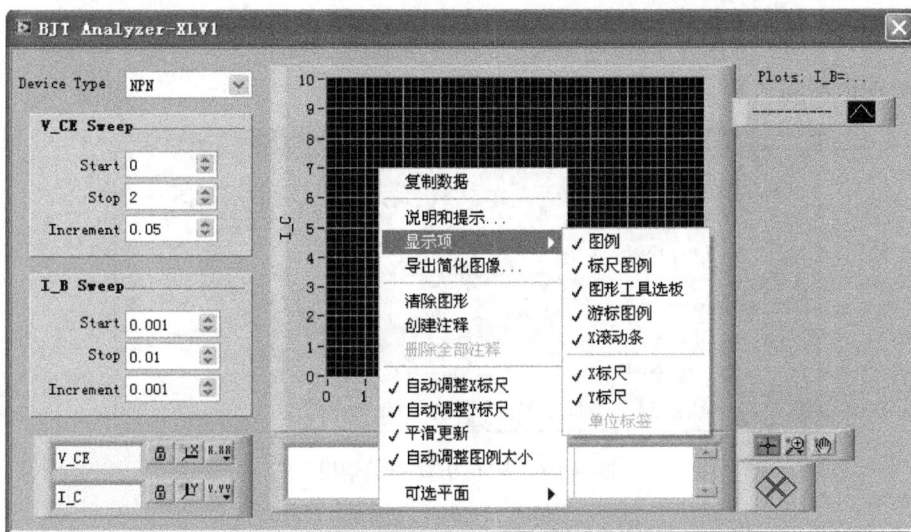

图 9-1-3　晶体管分析仪设置面板

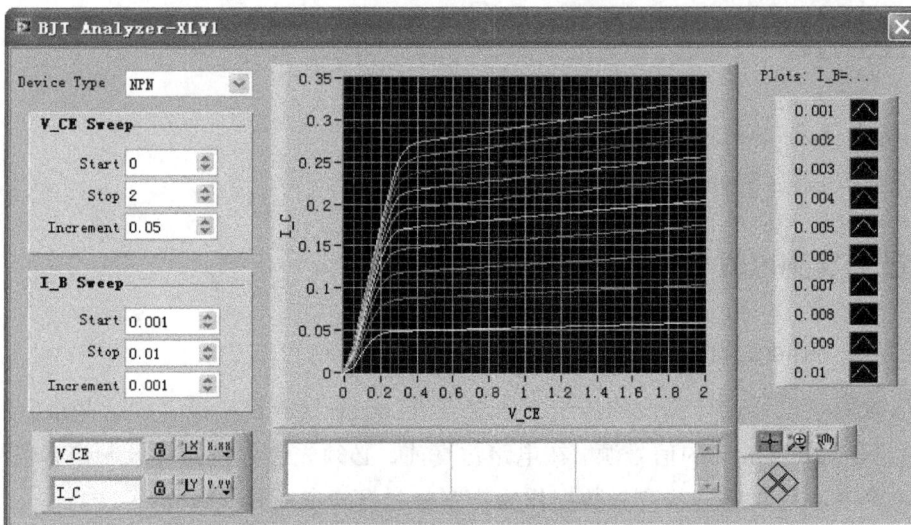

图 9-1-4　三极管输出特性曲线

2．阻抗计（Impedance Meter）的使用

① 在 NI Multisim11 电路工作区放置阻抗计（Impedance Meter）图标 XLV2，将被测的电容 C1、电感 L1、电阻 R1 串联阻抗与 XLV2 连接，如图 9-1-5 所示。

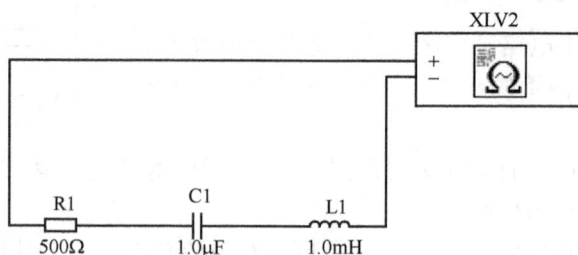

图 9-1-5　阻抗测试电路

② 双击阻抗计图标 XLV2 打开阻抗计参数设置界面，设置所需的频率范围及输出选项；启动仿真得到被测阻抗仿真结果如图 9-1-6 所示。

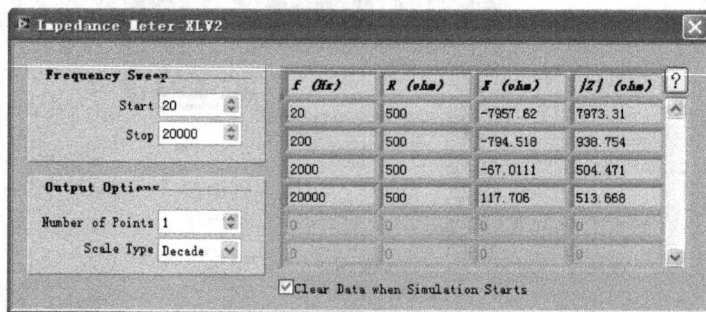

图 9-1-6　阻抗仿真测试结果

任务二　麦克风和扬声器的使用

一、任务目标

1．了解麦克风（Microphone）的使用。
2．了解扬声器（Speaker）的使用。

二、任务实施过程

1．麦克风（Microphone）

麦克风仪器可以通过计算机的声卡（如麦克风，CD 播放机）录音，这些录制的声音数据可以作为 NI Multisim11 的信号源。在电路仿真前，必须先进行设置和录制声音信号，在随后的电路仿真中，可以用这些音频数据作为声音信号源，其使用方法如下。

① 在 NI Multisim11 电路工作区放置麦克风图标，如图 9-2-1 所示。

图 9-2-1　麦克风图标

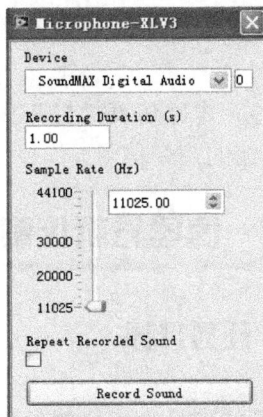

图 9-2-2　麦克风参数设置界面

② 双击麦克风图标 XLV3 打开参数设置界面，如图 9-2-2 所示。在"Device"中选择合适的音频设备（通常选用默认的设备），在"Recording　Duration（s）"中设置合适的录音持续时间，在"Sample　Rate（Hz）"中设置采样频率。采样频率越高，输出声音信号的品质越好，但是仿真的速度就越慢。在仿真前，可以选取"Repeat Recorded Sound"复选框，这可以防止当录音时间超过设定录音长度时输出的信号为零。

③ 参数设置好后，单击【Record Sound】按钮，即可通过计算机的声卡进行录音。

④ 录音完成后，启动仿真，此时麦克风仪器会把刚才录制的音频信号作为一个电压信号输出，为其他设备提供信号源。

2．扬声器（Speaker）的使用

扬声器可以提供电压形式的输出信号，经计算机的声卡可以把该音频信号播放出来，在使用该仪器前必须先设置好参数。

① 在 IN Mulusim11 电路工作区放置扬声器图标 XLV4，如图 9-2-3 所示。

② 双击扬声器图标 XLV4 打开参数设置界面，如图 9-2-4 所示，在"Device"中选择合适的音频设备（通常选取默认设备），在"Playback Duration（s）"设置播放的时间，在"Sample Rate（Hz）"中设置采样率。如果使用由麦克风录制的数据作为信号源数据，则扬声器的频率应和麦克风的频率应相同，或者把扬声器的频率设定为输入信号频率的 2 倍以上。

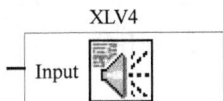

图 9-2-3　扬声器图标

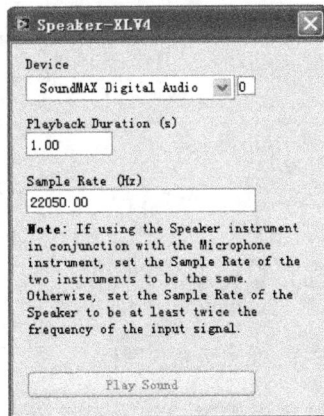

图 9-2-4　扬声器参数设置界面

③ 电路开始仿真，在仿真过程中扬声器存储输入的数据，直到到达设定的仿真时间才停止。

④ 停止电路仿真，打开扬声器参数设置界面，单击【Play Sound】按钮，扬声器开始播放刚才存储的声音信号。

任务三　信号分析仪和信号发生器的使用

一、任务目标

1．了解信号分析仪的使用。
2．了解信号发生器的使用。
3．了解连续流动信号发生器的使用。

二、任务实施过程

1．信号分析仪（Signal Analyzer）的使用

信号分析仪是一个信号接收设备，它能够实时地显示和分析输入信号，其使用方法如下。

① 在 NI Multisim11 电路工作区放置信号分析仪图标 XLV5，如图 9-3-1 所示。

② 双击信号分析仪图标 XLV5，打开参数设置面板，如图 9-3-2 所示。在"Analysis Type"选项中设置信号的分析类型；在"Sampling Rate[Hz]"选项中设置信号的采样率，为保证信号的正常显示，采样频率应是信号频率的 2 倍以上，采样率越高输出波形和输入波形就越一致。

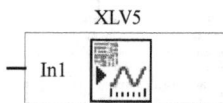

图 9-3-1　信号分析仪图标　　　　　图 9-3-2　信号分析仪参数设置面板

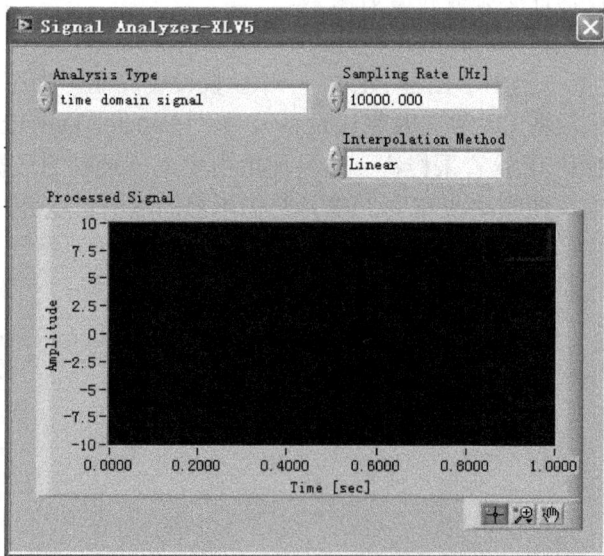

2．信号发生器（Signal Generaic）的使用

① 在 NI Multisim11 电路工作区放置信号发生器图标 XLV6，如图 9-3-3 所示。

② 双击信号发生器图标 XLV6 打开参数设置面板，如图 9-3-4 所示。设置"Signal Information"中的内容：在"signal type"选择框中，选择需要的信号类型：正弦波、三角波、方波和锯齿波；在"frequency"选项中设置信号的频率；在"square wave duty cycle(%)"选项中设置方波信号的占空比；在"amplitude"选项中设置信号的

XLV6

图 9-3-3　信号发生器图标

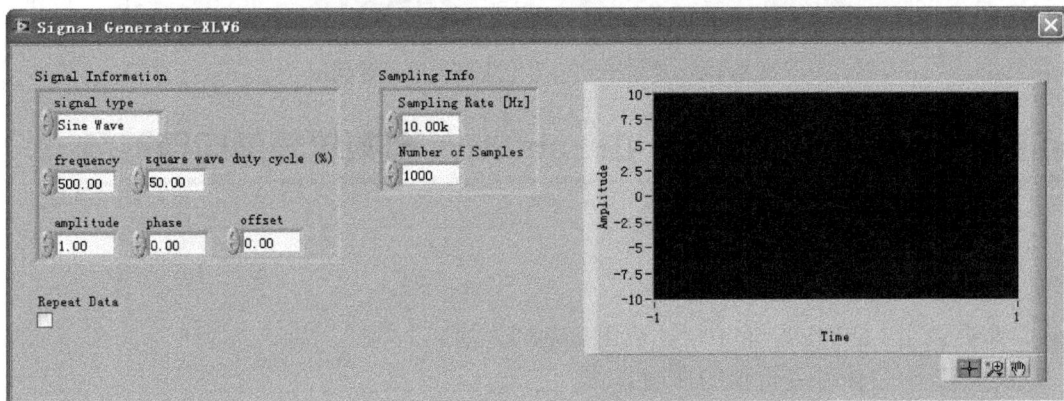

幅度；在"phase"选项中设置信号的相位；在"offset"选项中设置信号的偏置电压。设置"Sampling Info"中的信息：在"Sampling Rate[Hz]"选项中设置信号的采样率；在"Number of Samples"选项中设置信号的采样个数。为保证信号的连续输出，可选择"Repeat Data"复选框。

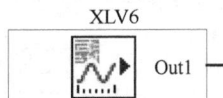

图 9-3-4　信号发生器参数设置面板

③ 参数设置好后启动仿真，信号发生器产生输出波形如图 9-3-5 所示，可作为信号源用于仿真。

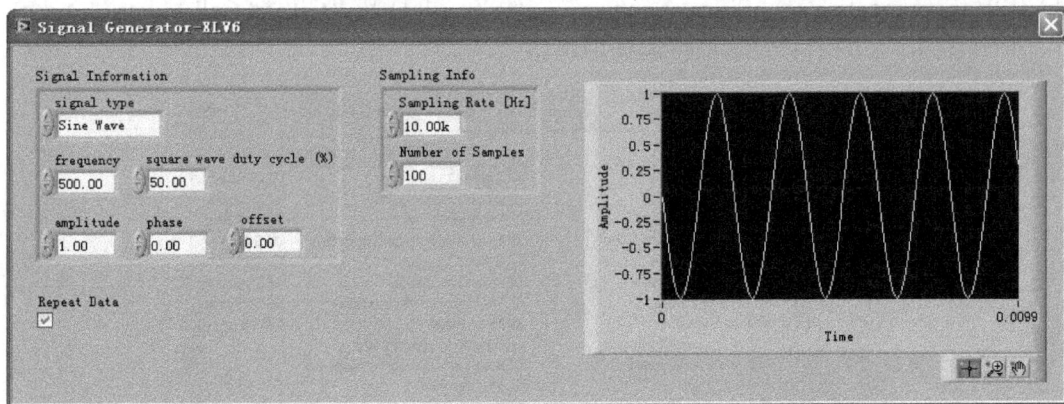

图 9-3-5　信号发生器输出波形

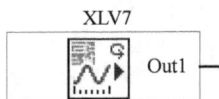

XLV7

图 9-3-6　连续流动信号发生器图标

3. 连续流动信号发生器（Streaming Signal Generator）的使用

① 在 NI Multisim11 电路工作区放置连续流动信号发生器图标 XLV7，如图 9-3-6 所示。

② 双击连续流动信号发生器图标 XLV7 打开参数设置面板，如

图 9-3-7 所示。参数设置方法与前面所介绍的信号发生器类同，其输出的波形为连续波形。

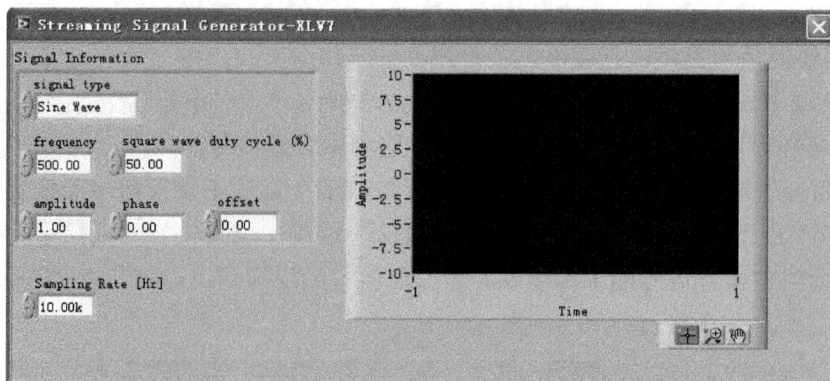

图 9-3-7　连续流动信号发生器参数设置面板

任务四　调用 NI Multisim11 中 LabVIEW 虚拟仪器的应用范例

一、任务目标

1．掌握调用 LabVIEW 虚拟仪器应用范例的方法。
2．进一步学习信号分析仪的使用方法。

二、任务实施过程

单击菜单【File】→【Open Samples…】命令，弹出如图 9-4-1 所示对话框。依次打开 "LabVIEW Instruments" → "Signal Analyer" 文件夹，再打开 "Gilbert Cell Mixer"（*.ms11）文件，得到图 9-4-2 所示的吉尔伯特混频器电路。

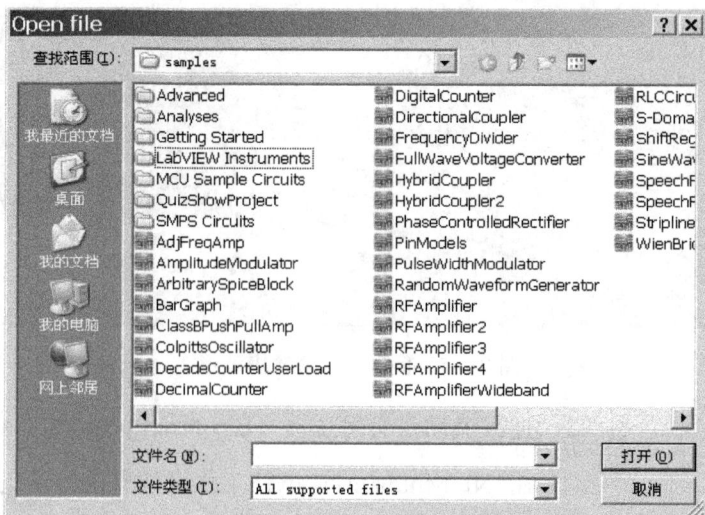

图 9-4-1 "Open file" 对话框

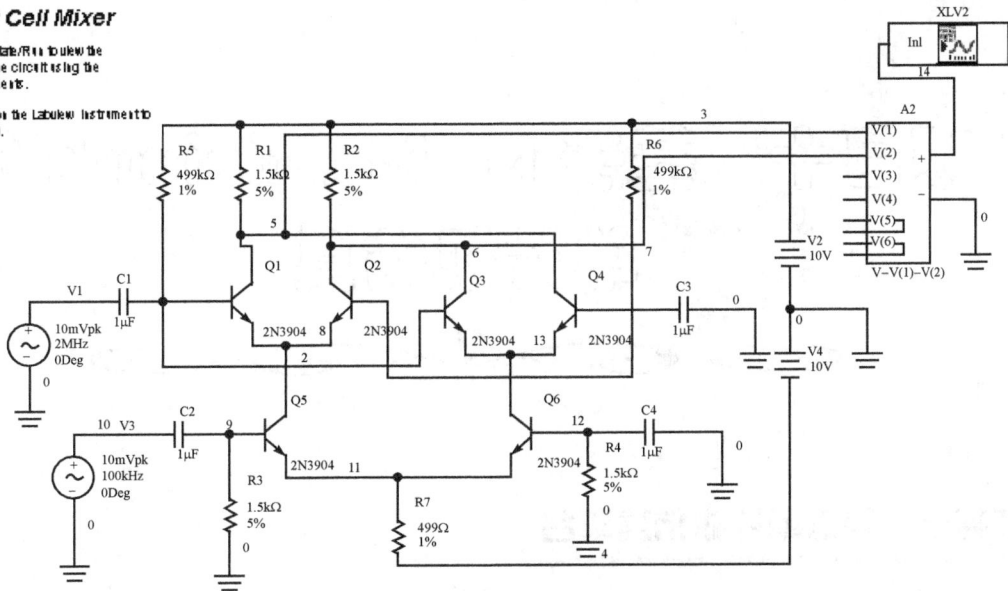

图 9-4-2　吉尔伯特混频器电路

　　双击信号分析仪图标 XLV2，在信号分析仪面板"Analyer Type"（分析类型）下拉框中选中"time domain signal"（时域信号）选项。启动仿真，通过信号分析仪观察吉尔伯特混频器电路输出的时域信号波形如图 9-4-3 所示。此外，也可测量信号的平均值如图 9-4-4 所示。

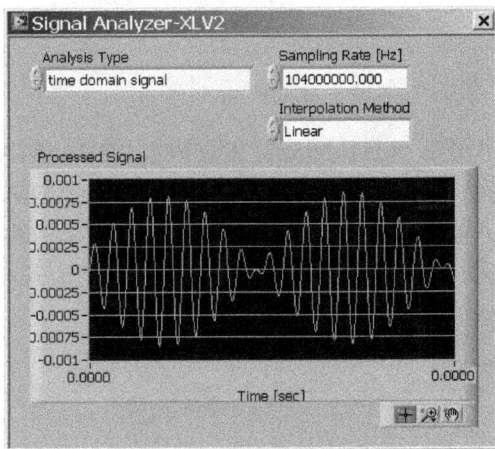

图 9-4-3　时域信号波形图

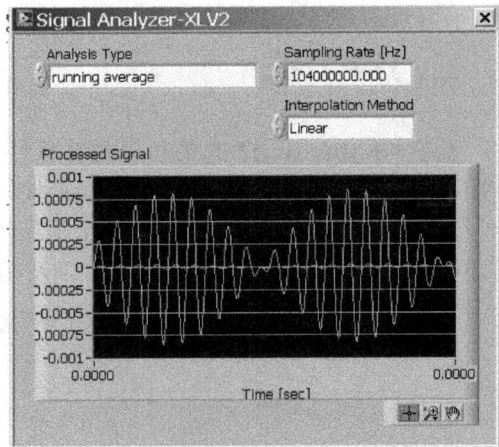

图 9-4-4　信号平均值

项目十 基于 NI Multisim11 的 单片机仿真

任务一 熟悉单片机仿真平台

一、任务目标

1. 熟悉基于 NI Multisim11 的单片机仿真软件 MCU。
2. 熟悉 MCU 单片机仿真界面的设置。
3. 熟悉单片机元件的参数设置。

二、任务分析

基于 NI Multisim11 的单片机仿真软件 MCU，它提供了 8051、5052、PIC16F84、PIC16F84A 单片机以及数据存储器、程序存储器模块，另外还有数码管、键盘、液晶显示器等外围设备。

图 10-1-1 所示的工作窗口中显示了一块 8051 单片机芯片。在该芯片显示在工作窗口之前，需要根据电路设计的要求对其工作特性及相关参数进行详细的设置，以便于后续仿真的需要。

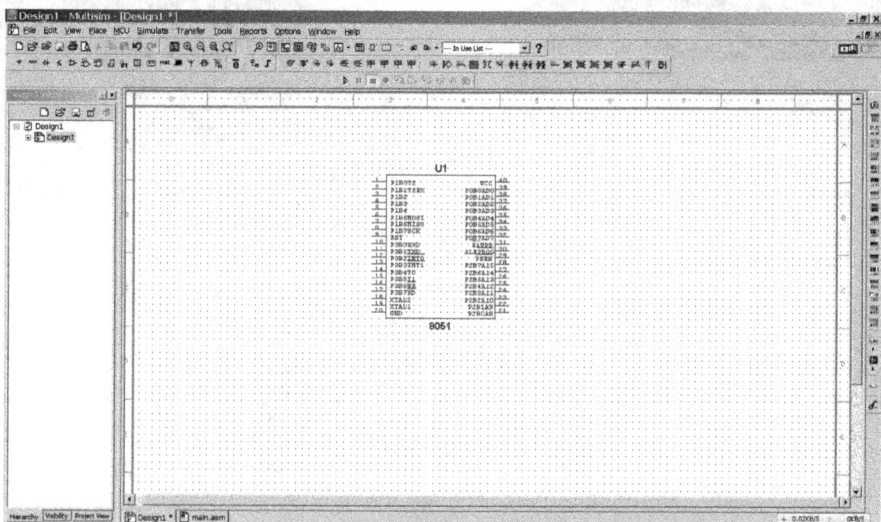

图 10-1-1 8051 单片机芯片

三、任务实施过程

1. 选择单片机元件

单击元件工具栏的 ⬛ 按钮，弹出如图 10-1-2 所示的元件库选择窗口。在此窗口中可以选择仿真所需的单片机型号。例如：选择 8051 单片机，应在元件库中选 805x，再在 Component 栏中选择 8051，单击【OK】按钮即可。

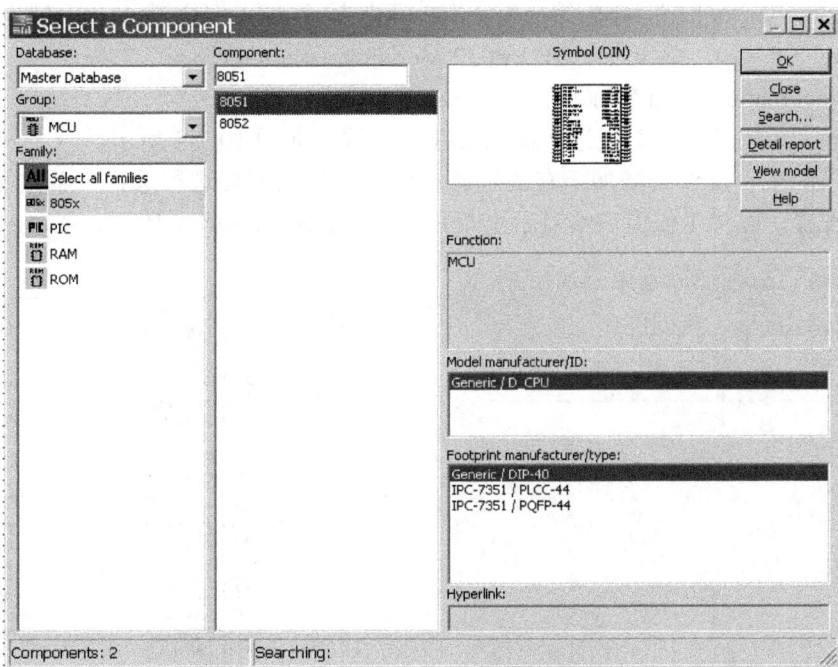

图 10-1-2 单片机元件库选择窗口

2. 单片机仿真设置向导

选择好单片机型号之后，会出现单片机仿真设置向导，分为 3 个步骤，如图 10-1-3 所示。选择好路经并给工作面板取名，单击【Next】按钮，进入第 2 步设置，如图 10-1-4 所示。

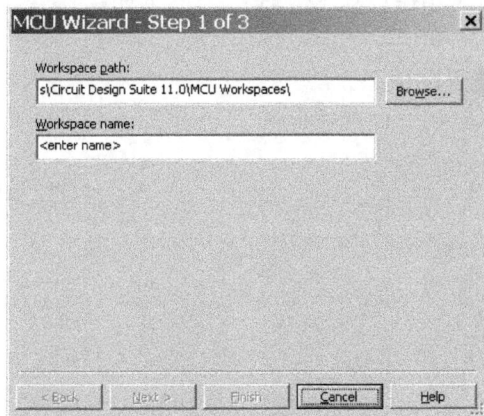

图 10-1-3 单片机仿真设置向导步骤 1   图 10-1-4 单片机仿真设置向导步骤 2

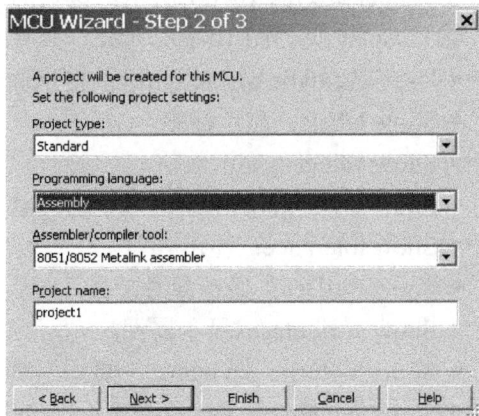

在第 2 步设置中，可以设置设计所需要用到的语言和编译方式，并给项目文件命名。

（1）Project type（项目类型）

在 Project type 下拉框有两个选项：Standard（标准）和 Load External Hex File（加载外部 Hex 文件），可以在 Keil 等环境下编写汇编和 C 源程序，然后生成 Hex 文件，通过"加载外部 Hex 文件"导入。

（2）Programming language（编程语言）

在 Programming language 下拉框有两个选项：C 和 Assembly（汇编），如果选择 C，则在 Assembler / compiler tool（汇编器/编译器工具）下拉框会出现"Hi-Tech C51-Lite compiler"，选择 Assembly（汇编），则出现"8051/8052 Metalink assembler"。

（3）Project name（项目名称）

设置完毕，单击【Next】按钮，进入第 3 步设置，如图 10-1-5 所示。

创建空白的项目文件或增加已有的资源文件可以根据需要进行选择，单击【Finish】按钮完成向导设置，此时工作窗口会显示出单片机模块，如图 10-1-6 所示。

图 10-1-5　单片机仿真设置向导步骤 3

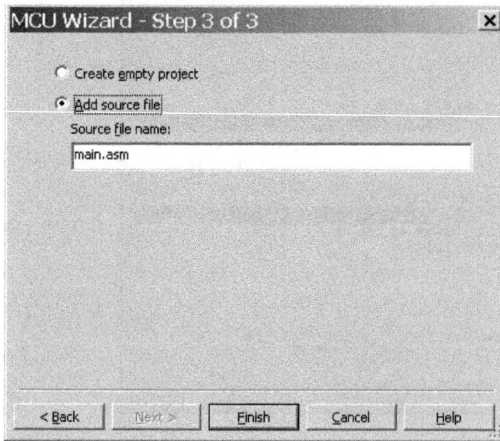

图 10-1-6　单片机模块

3．单片机仿真界面设置

双击单片机模块，弹出单片机设置对话框。

① Label 页如图 10-1-7 所示。该页的设置与其他元器件设置一样，不再赘述。

② Display 页如图 10-1-8 所示，各项说明如下。

- Use Schematic global seting：使用原理图的普通设置。
- Show labels：显示标签。
- Show values：显示数值。
- Show initial conditions：显示初始状态。
- Show tolerance：显示容差。
- Show RefDes：显示参考定义。
- Show attributes：显示属性。
- Show footprint pin names：显示引脚名称。
- Show symbol pin names：显示标志引脚名称。
- Show variant：显示变量。

- Use symbol pin name font global seting：使用标志引脚名字体的普通设置。
- Use footprint pin name font global seting：使用引脚名字体的普通设置。
- Reset text position：复位文本位置。

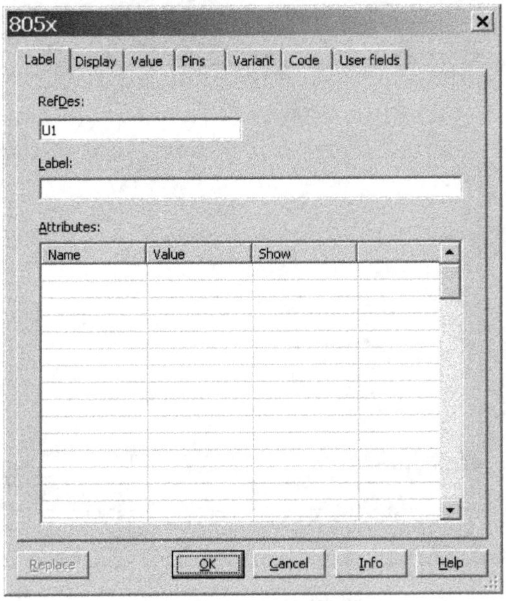

图 10-1-7　Label 页

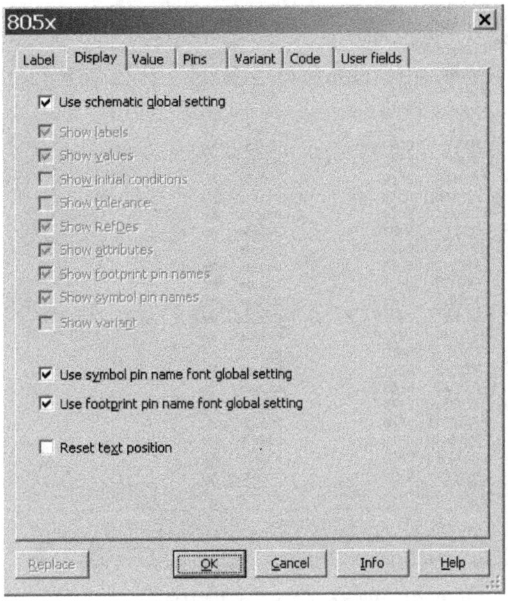

图 10-1-8　Display 页

③ Value 页如图 10-1-9 所示，各项说明如下：

- Built-in internal RAM：内部数据存储器容量。
- Built-in external RAM：外部数据存储器容量。
- ROM size：程序存储器容量。
- Clock speed：时钟频率。

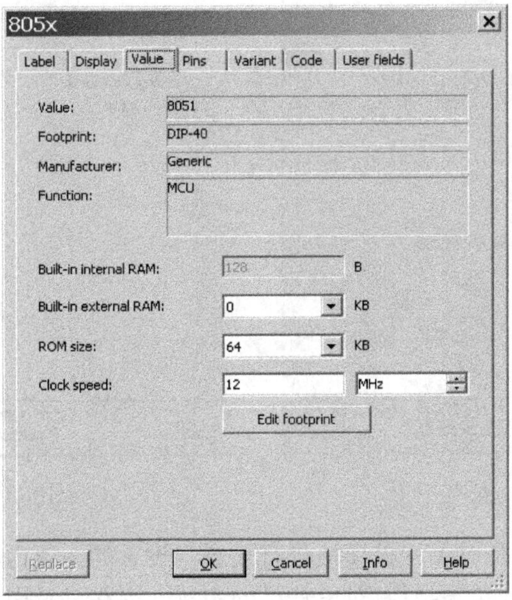

图 10-1-9　Value 页

④ Pins 页如图 10-1-10 所示，表中列出了单片机各个引脚的名称类型。

⑤ Variant 页如图 10-1-11 所示，该页的设置与其他元器件设置一样，不再赘述。

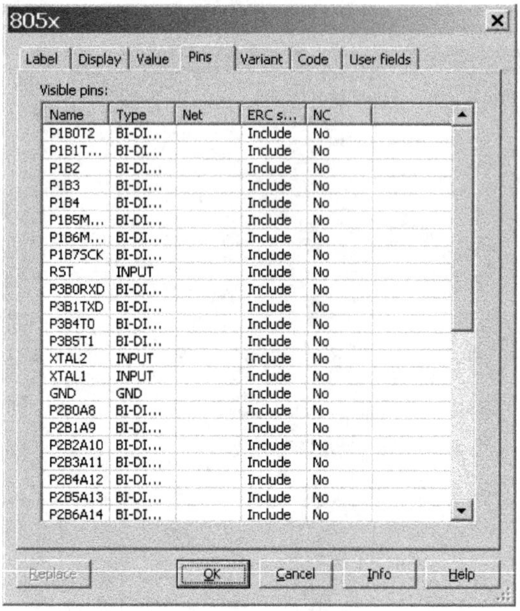

图 10-1-10　Pins 页

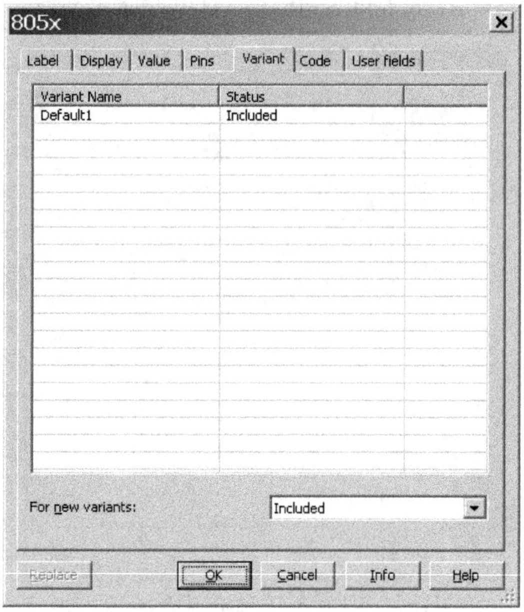

图 10-1-11　Variant 页

⑥ Code 页如图 10-1-12 所示，主要显示程序代码的属性。

⑦ User fields 页图 10-1-13 所示，主要显示使用者需要自己标记的一些备注。

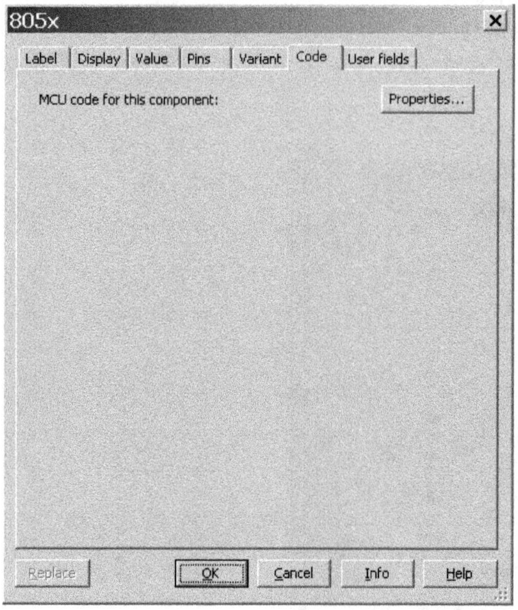

图 10-1-12　Code 页

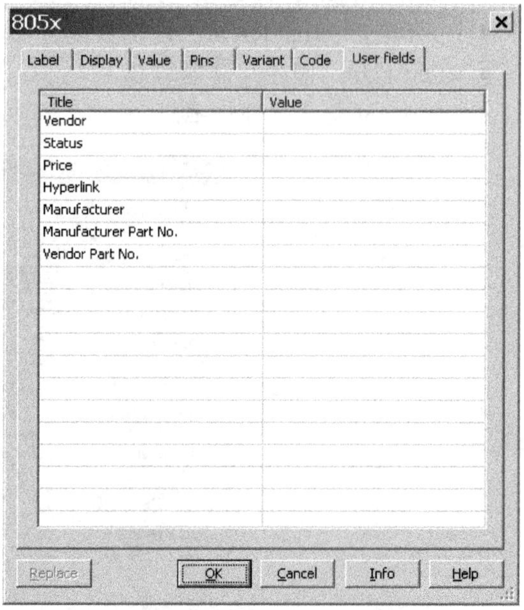

图 10-1-13　User fields 页

　　上述 7 个选项卡主要是对单片机模块进行设置，设置的主要内容为 Value 和 Pins 选项卡中的相关参数。可根据设计的需要，对单片机的主频、内存以及引脚进行设置。当设置好单片机模块的参数后，此模块就可以进行电路的搭建了。

任务二　单片机仿真应用实例

一、任务目标

1．用 8051 实现流水灯的仿真。
2．学会单片机电路的仿真与调试。

二、任务分析

上个任务中主要是进行单片机仿真所需的准备工作，本任务是通过用 8051 实现流水灯的仿真。首先搭建外围电路，再将单片机汇编程序写出进行汇编，通过后下载到单片机模块中进行仿真。

三、任务实施过程

1．硬件电路的构建

在 NI Multisim11 的单片机仿真界面的电路窗口中，构建出如图 10-2-1 所示的电路图。为了电路的简洁明了，在电路中采用总线的接法。

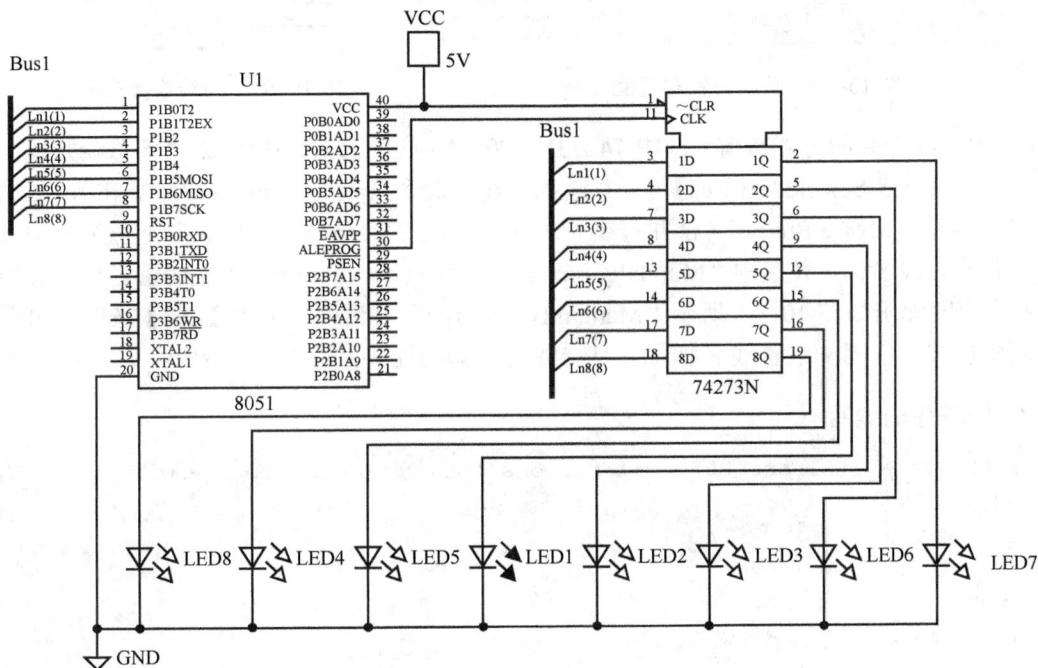

图 10-2-1　流水灯仿真电路

单片机 8051 的选择及相关设置与前个任务相同，总线放置的操作过程：
① 单击菜单中【Place】→【Bus】命令，进入绘制总线状态。

②　拖动所要绘制总线的起点，即可拉出一条总线，到达目的地后双击即可完成该总线，系统自动给出总线的名称。若要修改总线名称，双击该总线打开"Bus Settings"（总线设置）对话框如图 10-2-2 所示。在"Bus name"（总线名称）页的"Preferred bus name"（首选总线名称）栏内输入新的总线名称，然后，单击【OK】按钮即可。

③　绘制第一个元件（74273N）与总线 Bus1 连接的单线，单击所要连接的元件引脚，然后单击并移向总线，再单击则出现如图 10-2-3 的"Bus Entry Connection"（总线连接）对话框，输入单线名称，如 A 或 B，本任务采用默认名称，单击【OK】按钮关闭对话框。

④　第二个元件（8051）与总线 Bus2 连接的单线的连接方法与第一个元件的连接方法相同，但要将总线 Bus2 的 Net Name（网名）修改，表示与第一个元件相对应的管脚连接。否则仿真将不能得到正确的结果。

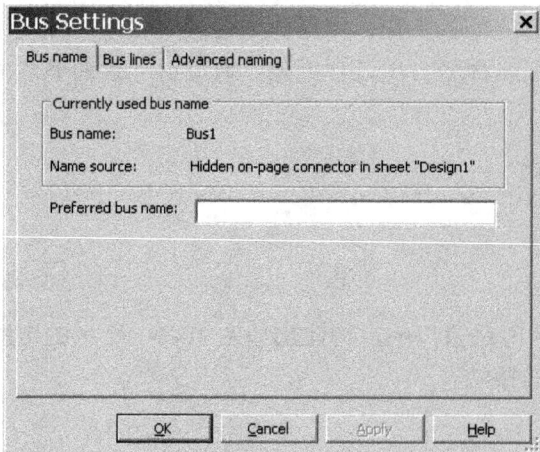

图 10-2-2　总线设置对话框　　　　　　　图 10-2-3　总线连接对话框

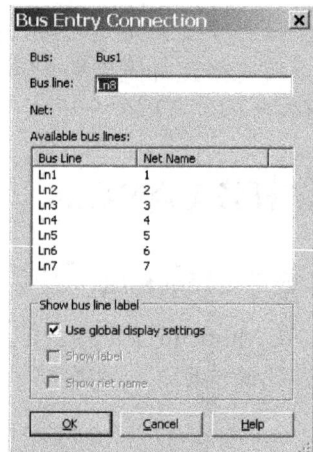

⑤　用总线合并的方式放置：选中 74273N、8051 对应的 Bus1 和 Bus2 两条总线并单击右键，单击【Merge Selected Buses】（合并选择总线）命令（或在 Fdit 菜单中单击），弹出如图 10-2-4 所示"Merge Buses"（合并总线）对话框，从"Keep names from"下拉菜单中选择用于合并的总线名称，并选中"Manually rename bus lines for merging"（手动重名合并总线导线）选项，即弹出如图 10-2-5 所示"Manual Bus Merge"对话框，单击【OK】按钮即可看到原来两条总线共享同一条总线名称，并且导线与引脚的连接关系一一对应。

2．源程序的编写

```
$MOD51;This includes 8051 definitions for the metalink assembler
ORG 0000H
LJMP MAIN
ORG 0660H
MAIN:
MOV A,#01H; 给累加器 A 赋值
LOOP:
MOV P1,A; 累加器 A 值送至 P1 口
RR A; 右移累加器 A
LCALL DELAY; 延时
LJMP LOOP; 循环
```

```
DELAY:
MOV R6,#01H
LP:DJNZ R6,LP
RET
END
```

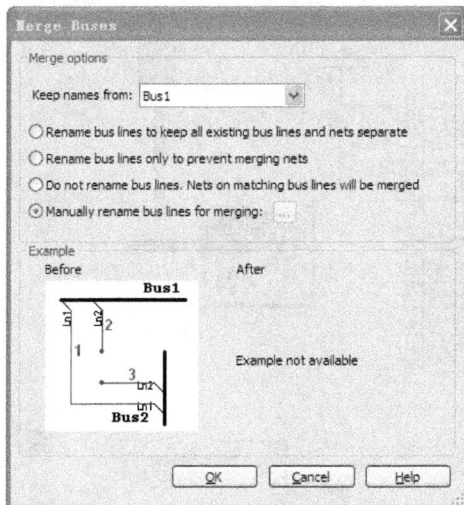

图 10-2-4　"Merge Buses"对话框　　　　　　图 10-2-5　"Manual Bus Merge"对话框

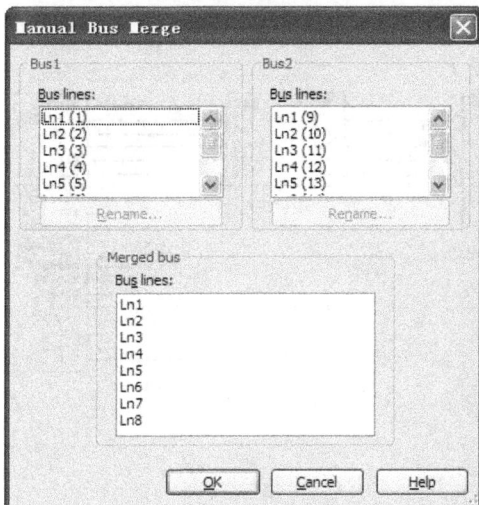

3．编译源程序

① 打开源码编辑区　在图 10-2-1 上双击 8051 芯片，选择"code（源码）"→"Properties（属性）"进入 MCU code Manager（MCU 源码管理器）→"New MCU Project"→输入工程名→ 选定生成的工程→ "New File"→选择文件类型并输入文件名→确定以后出现编辑区。

② 编写程序可以在编辑区内输入程序，也可以从已编辑好的.TXT 文件里复制到此区域；在做 8051 仿真时，一定要保留"$MOD51"。

③ 编译链接将编辑好的程序保存，单击"运行"，若程序无误，一步即完成编译链接且直接进入仿真，单片机工作；程序编译出错后在下方编译信息栏会给出错误信息列表，修改错误后，重复编译步骤。

④ 仿真结果查看将操作界面切换到原理图，仿真结果如图 10-2-1 所示。发光二极管依次被点亮，实现了流水灯的效果。

任务三　调用 NI Multisim11 中 MCU 的应用范例

一、任务目标

1．掌握调用 NI Multisim11 中 MCU 的应用范例的方法。
2．进一步学习单片机电路的仿真与调试。

二、任务实施过程

单击工具栏中 📂 按钮，依次打开"MCU Sample Circuits"（单片机电路示例）→"805x

Sample"（805x 示例）文件夹，再打开"TrafficLight"（*.ms11）文件。得到图 10-3-1 所示的
交通灯控制器仿真示例电路图。

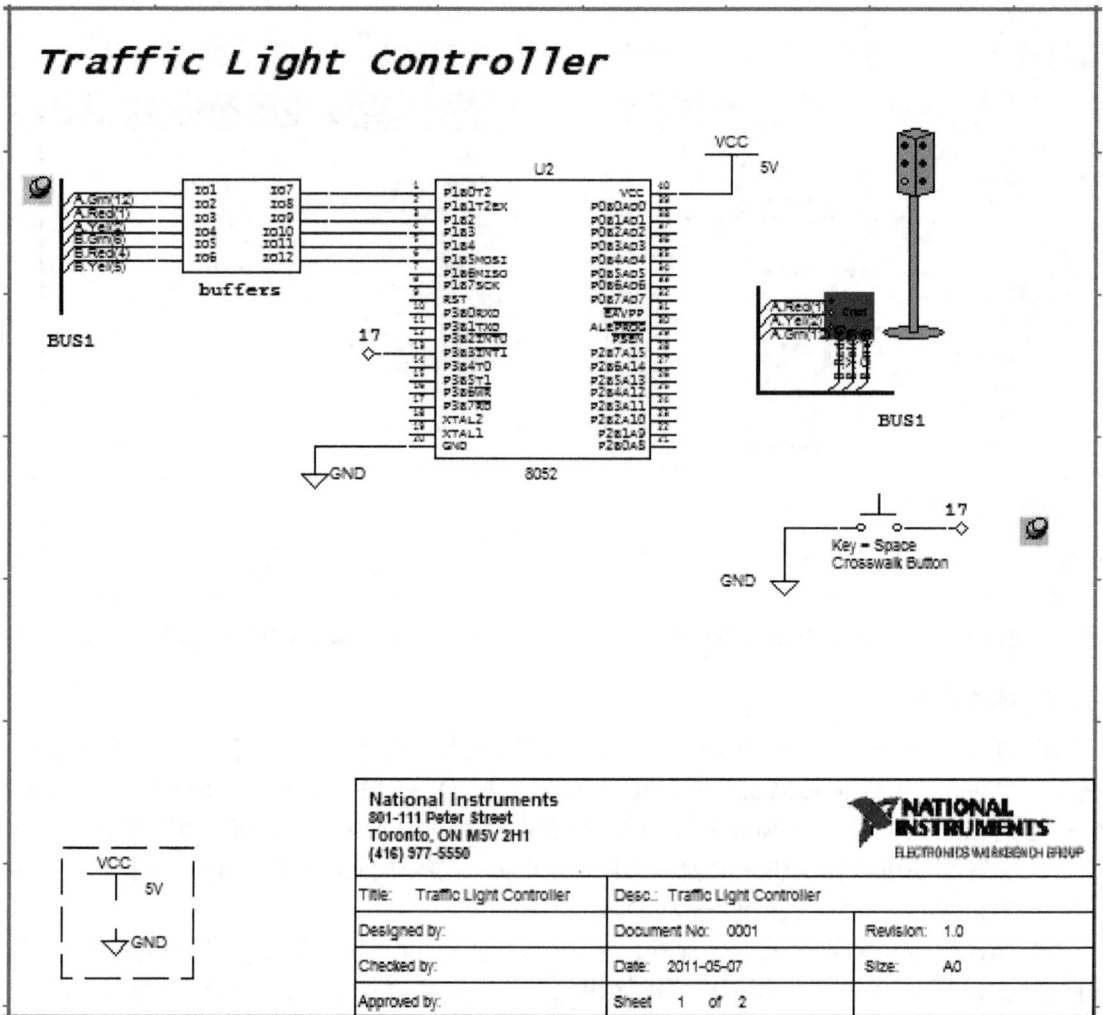

图 10-3-1　交通灯控制器电路

单击 MCU 菜单如图 10-3-2 所示，分别选择"MCU Code Manager"（MCU 源码管理器）；
"Debug View"（调试窗口）；"Memory View"（内存窗口）；"Build"（构造）这些功能
选项进行观察。

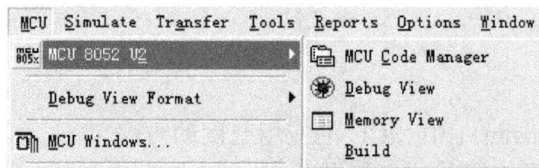

图 10-3-2　MCU 菜单的子菜单

单击【MCU】→【MCU 8052 U2】→【MCU Code Manager】命令，弹出如图 10-3-3 所
示对话框，打开"TrafficLight.asm"文件，可以看到详细的源程序如图 10-3-4 所示。

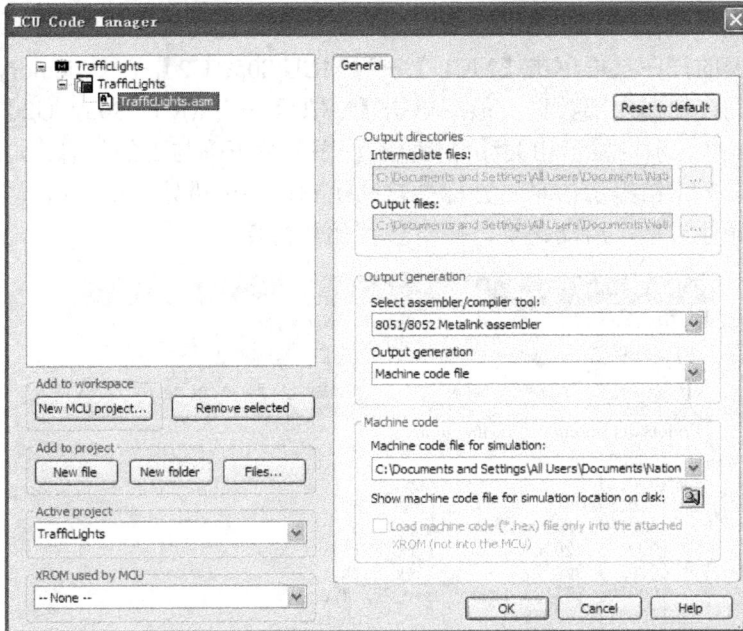

图 10-3-3 "MCU Code Manager" 对话框

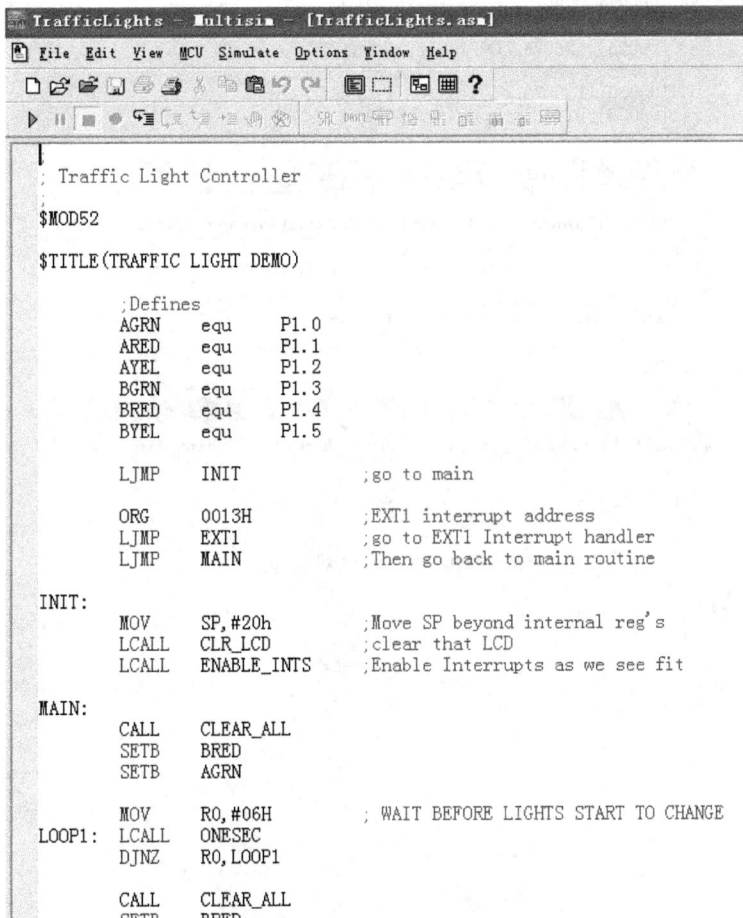

图 10-3-4 程序编辑区

单击【MCU】→【MCU 8052 U2】→【Debug View】命令，弹出调试对话框，窗口上方显示交通灯控制器的程序；再单击【MCU】→【MCU 8052 U2】→【Memory View】命令，窗口下方可观察到存储器内部数据；最后单击【MCU】→【MCU 8052 U2】→【Build】命令，窗口中间的信息显示栏显示相关编译信息，程序汇编正确与否的信息，如图 10-3-5 所示。若程序有错误，单击出错提示信息，光标会自动跳到程序出错处，检查错误并修改，直到编译通过。程序编译通过后，启动仿真，则可进行加载仿真。

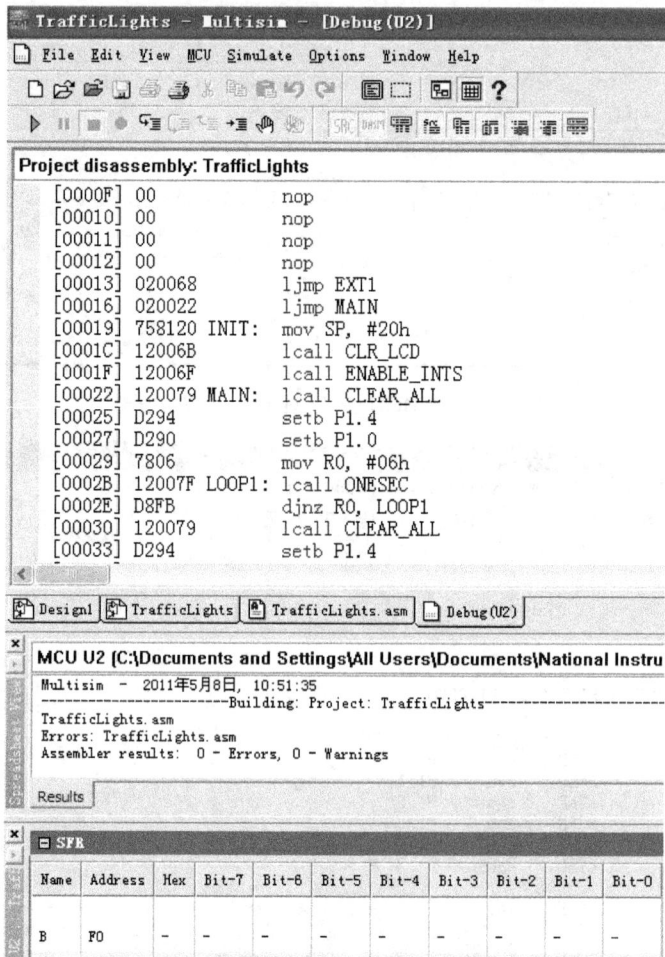

图 10-3-5　调试对话框

项目十一 NI Multisim11 在课程设计中的应用

任务一 触摸延时开关电路的设计与仿真

一、任务目标

1．熟悉 NI Multisim11 软件的使用方法。
2．掌握基本逻辑门电路的工作原理和应用。
3．创建低频小功率三极管 9013 仿真模型，并保存在 NI Multisim11 的"User Datase"数据库中。
4．设计一个触摸延时开关电路。

二、任务分析

电子触摸开关在各种仪器仪表的面板按钮及人们的日常生活中得到广泛的应用，如走廊灯触摸延时开关、台灯触摸开关、MP3 触摸按键等。电子触摸开关的使用不仅可避免机械开关长期使用触点接触不良现象，而且也给人们的日常生活带来了很大的方便。

如图 11-1-1 所示为一个触摸延时开关电路。当用手指触摸开关 S 时，直流继电器 J 吸合，当移开手指 20s 后，直流继电器 J 自动释放。

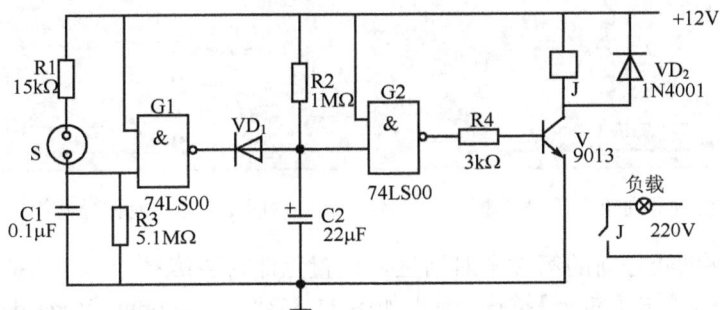

图 11-1-1 触摸延时开关电路原理图

图 11-1-1 所示电路中，与非门 G1 的一个输入端和与非门 G2 的一个输入端接正电源为

高电平，G1 和 G2 相当于两个反相器。当人手没有碰触摸开关 S 时，G1 的输入端为低电平，输出为高电平，VDl 截止，G2 的输入端为高电平，电容 C2 两端充有正向电压，G2 输出低电平，三极管 V 截止，继电器 J 不吸合。当人手碰摸触摸开关 S 时，VD1 通过 R1 和人体电阻迅速给 C1 充电，使 G1 的输入端变为高电平，输出低电平，二极管 VD1 导通，C2 通过 VD1 迅速放电，使 G2 的输入端为低电平，输出高电平，V 导通，继电器 J 吸合，负载工作。而当人手离开触摸开关 S 时，Cl 经 R3 迅速放电，使 G1 的输入端又重新为低电平，输出高电平，二极管 VDl 截止，电容 C2 充电，经过大约 20s 时间（取决于充电时间常数 C2 与 R2 的乘积），C2 上电压升至一定值，G2 的输出又变为低电平，三极管 V 截止，继电器 J 释放，负载停止工作。

三、任务实施过程

1. 创建低频小功率三极管 9013 仿真模型

（1）进入元件创建导向的第 1 个对话框，输入元件初始信息

单击菜单【Tools】→【Component Wizard】命令，打开 "Component Wizard-Step 1 of 8"（元件导向第一步）对话框，如图 11-1-2 所示。

① 输入 "Component Name"（元件名称）：9013；"Author Name"（作者名称）：由系统创建，也可以根据需要修改；"Function"（元件用用途说明）：文本框中的内容。

② 从 Component Type（元件类型）下拉列表中选择 "Analog"（模拟元件）选项。

- Simulation and layout（model and footprint）：该选项设定该元件包括电路仿真所需的元件模型及印制电路板设计所需的元件外形。
- Simulation only（model）：该选项设定该元件只需包含电路仿真所需的元件模型。
- Layout only（footprint）：该选项设定该元件只需包含印制电路板设计所需的元件外形。

在此选择第 1 项，同时产生元件模型及元件外形。

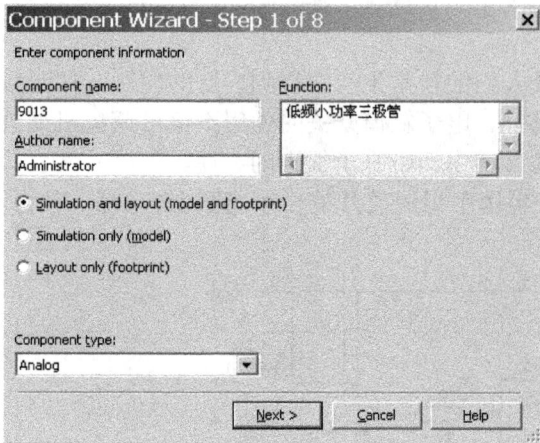

图 11-1-2 元件导向第一步对话框   图 11-1-3 元件导向第二步对话框

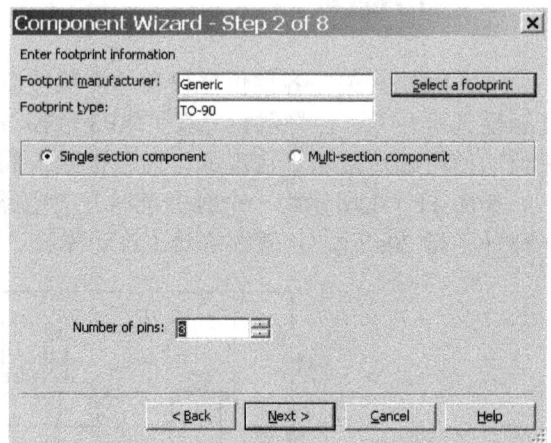

（2）进入元件创建导向的第 2 个对话框，设置元件封装信息

在图 11-1-2 中，单击【Next】按钮，弹出如图 11-1-3" Component Wizard-Step 2 of 8"（元件导向第二步）对话框。

- Footprint manufacturer（封装制造厂商）：这里选择 Generic。
- Footprint type（封装型号）：这选定为 TO-90，封装型号必须符合 PCB 软件所需求的定

义名称。

单击 [Select a footprint]（选择一个封装）按钮，出现一系列符合 PCB 软件标准的封装型号，供选择使用，如图 11-1-4 所示。单击【Select】按钮回到图 11-1-3 所示元件导向第二步对话框。

- ⊙ Single section component 这项设定该元件为单一封装元件，若选取该项，则可在"Number of Pins"栏内指定该元件包含的引脚数，次处指定为 3。
- ○ Multi-section component 这项设定该元件为复合封装元件。

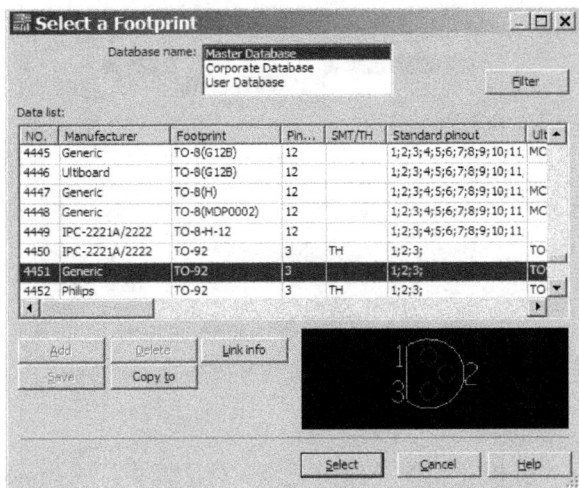

图 11-1-4　Select a Footprint 对话框

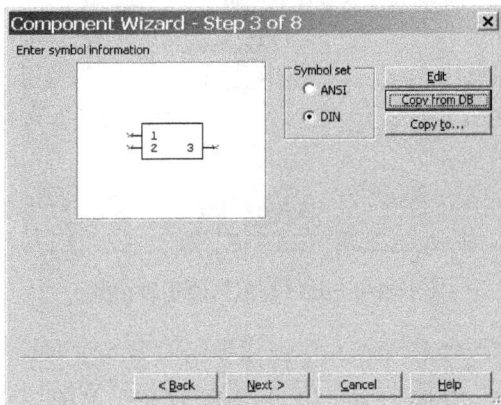

图 11-1-5　元件导向第三步对话框

（3）进入元件创建导向的第 3 个对话框，编辑元件符号

在图 11-1-3 中，单击【Next】按钮，弹出如图 11-1-5 所示"Component Wizard-Step 3 of 8"（元件导向第三步）对话框。在"Symbol set"区域中选择 DIN；从现有的元件库中复制元件符号，单击 [Copy from DB] 按钮，弹出如图 11-1-6 所示对话框，选择 NPN 三极管型号为 ZTX107 作为复制元件模型的来源，然后，单击【OK】按钮，返回"Component Wizard-Step 3 of 8"对话框，创建完成的元件符号如图 11-1-7 所示。

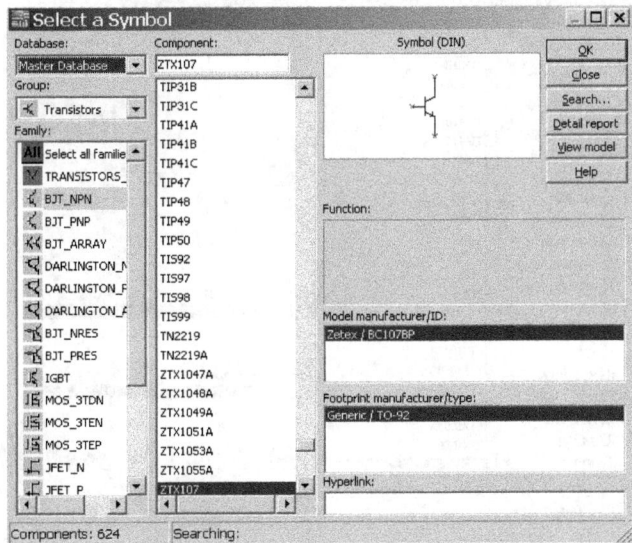

图 11-1-6　"Select a Symbol"对话框

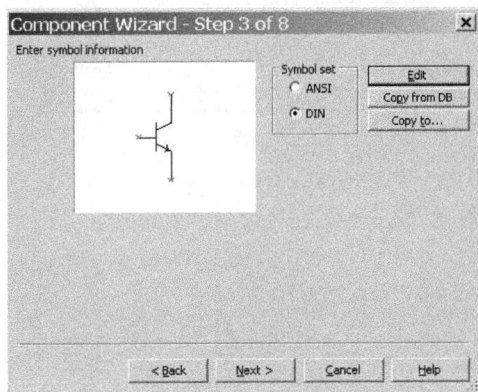

图 11-1-7　创建完成的元件符号

（4）进入元件创建导向的第 4 个对话框，配置引脚信息

在图 11-1-7 中，单击【Next】按钮，弹出图 11-1-8 所示"Component Wizard-Step 4 of 8"（元件导向第四步）对话框，按图中所示配置引脚，再单击【Next】按钮，弹出图 11-1-9 所示的符号与电路板封装间的映射对话框。

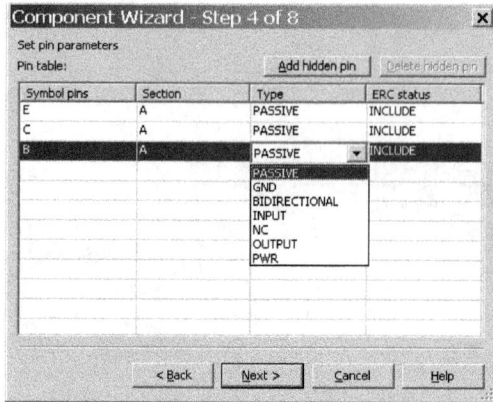

图 11-1-8   元件导向第四步对话框

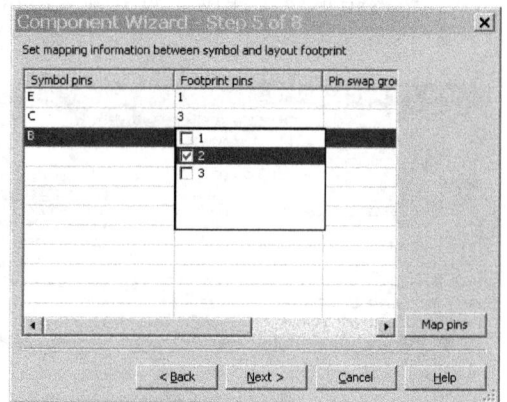

图 11-1-9   元件导向第五步对话框

（5）进入元件创建导向的第 5 个对话框，设置符号和封装引脚信息

在图 11-1-9 所示"Component Wizard-Step 5 of 8"（元件导向第五步）对话框中，"Symbol pins"为符号引脚名称，"Footprint pins"为电路板封装引脚号码，必须按元件实际引脚标号来定义。这里三极管的 E、C、B 脚分别对应电路板封装引脚号码为 1、3、2。

（6）进入元件创建导向的第 6 个对话框，选择仿真模型

图 12-1-9 中，单击【Next】按钮，弹出图 11-1-10 所示"Component Wizard-Step 6 of 8"（元件导向第六步）对话框。单击 `Select from DB` 按钮，弹出如图 11-1-11 所示对话框，选择 NPN 三极管型号为 ZTX107 作为复制元件模型的来源，然后，单击【OK】按钮，返回 Component Wizard-Step 6 of 8 对话框，如图 11-1-12 所示。

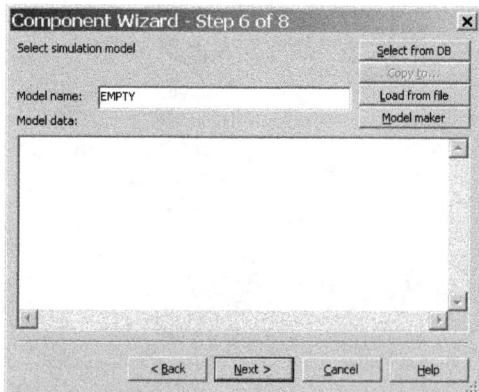

图 11-1-10   元件导向第六步对话框

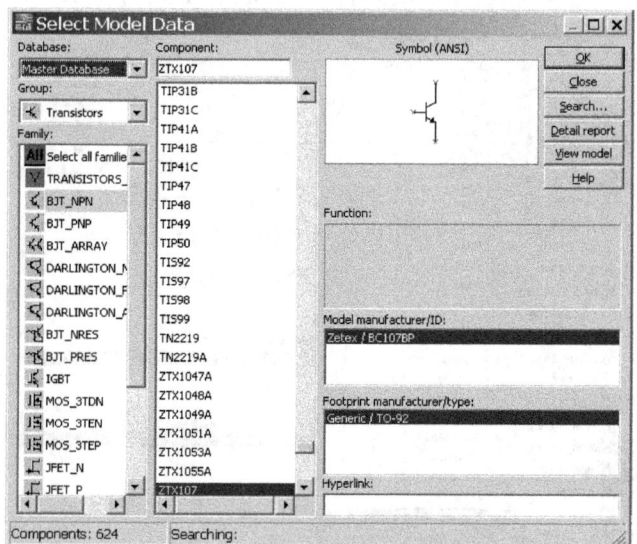

图 11-1-11   "Select Model Data"对话框

单击 [Model maker] 按钮，弹出如图 11-1-13 所示"Select Model Maker"（模型生成器）对话框。可以从中选择模型生成器自动生成仿真模型。由于 9013 属于 BJT，选择后单击 [Accept] 按钮，弹出图 11-1-14 对话框。从图可见，其中大约有数十项需要填写或选择的参数，如此多的参数很难从一般元件手册上查找到，因此，本任务不采用这种模型设计方式。

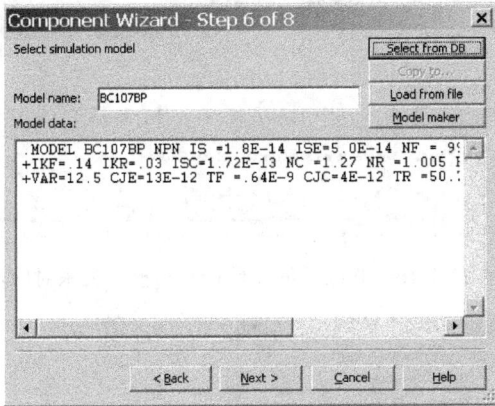

図 11-1-12　模型选定后的对话框

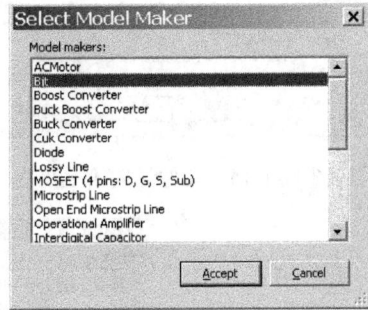

图 11-1-13　"Select Model Maker"对话框

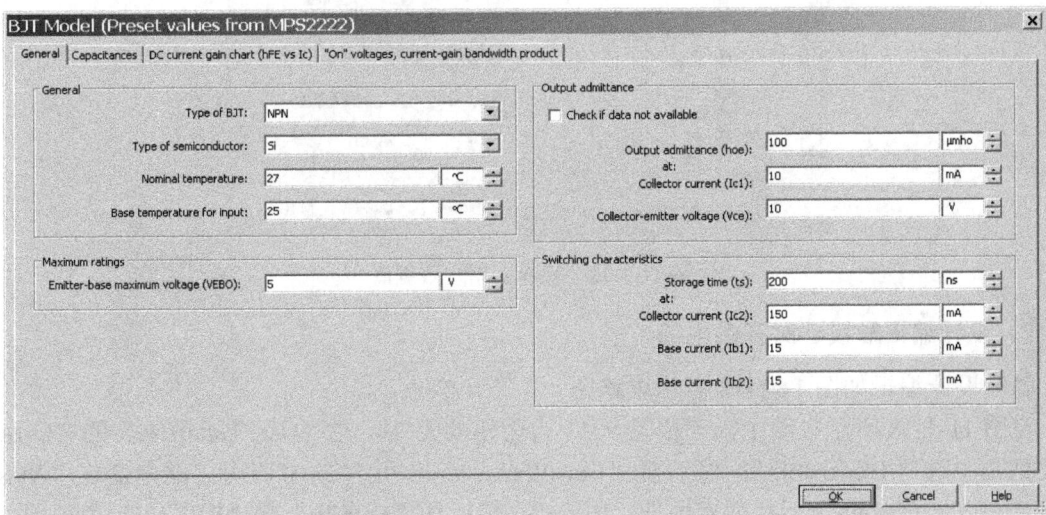

图 11-1-14　BJT Model 对话框

单击 [Load from file] 按钮，可以选择一个模型文件进行加载，模型文件是由 C 语言编写的元件模型定义程序。

（7）进入元件创建导向的第 7 个对话框，对元件符号和仿真模型的对应关系进一步的修改及确认

在图 11-1-12 中，单击【Next】按钮，弹出图 11-1-15 所示"Component Wizard-Step 7 of 8"（元件导向第七步）对话框。显示的三极管序号有误，必须进行修改。单击右边栏中的序号，在所弹出的下拉列表中选择新序号，如图 11-1-16 所示。

（8）进入元件创建导向的第 8 个对话框，保存元件到元件库

在图 11-1-16 中，单击【Next】按钮，弹出元件创建导向的第 8 个对话框。在"User Database"的"Group"下拉列表中选"Transistors"然后单击【Add family】按钮，新建一个"Localtransisters"元件族来保存创建的元件，如图 11-1-17 所示。

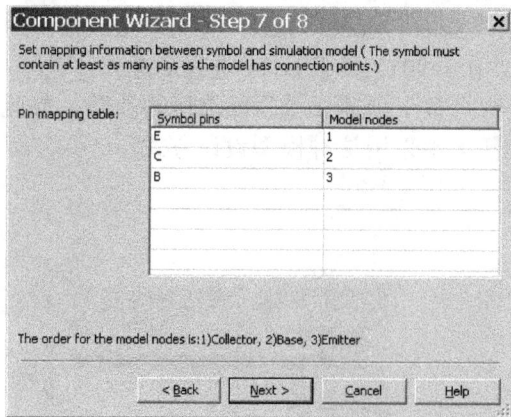

图 11-1-15　元件导向第七步对话框

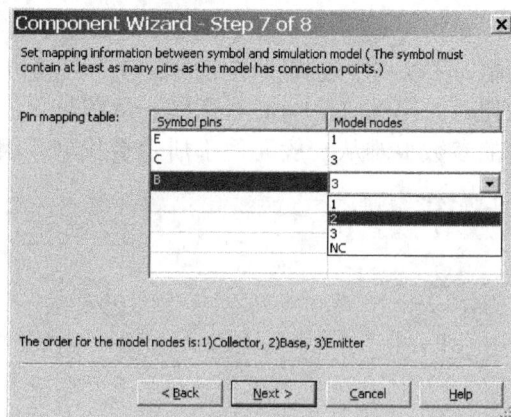

图 11-1-16　修改后的元件符号与模型关系对应表

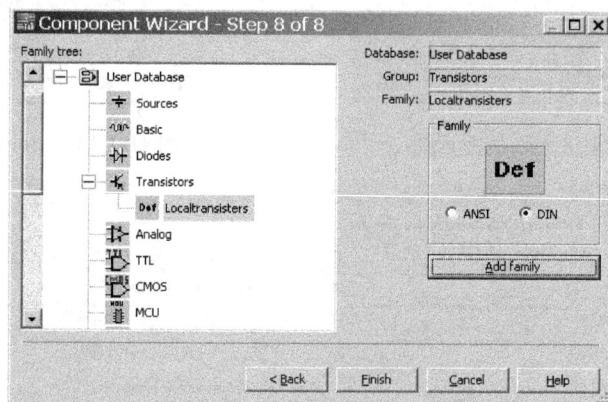

图 11-1-17　保存到用户数据库

2．设计编辑触摸延时开关电路

（1）设计编辑如图 11-1-18 所示电路图

在图 11-1-18 所示电路中，三极管 9013 为创建的元件，在"User Database"的"Group"下拉列表中选"Transistors"，然后从"Localtransisters"元件族中调用；继电器在"Master Database"的"Group"下拉列表中选"Basic"，然后从"Family"的"RELAY"中调用。

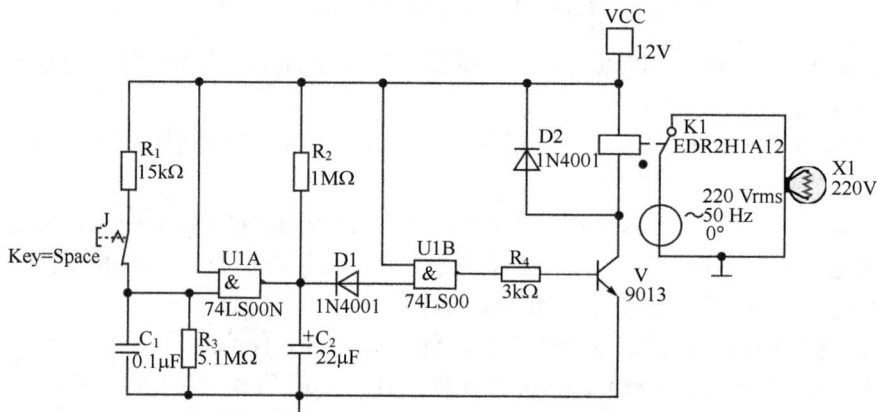

图 11-1-18　触摸延时开关电路仿真实验图

（2）电路功能仿真测试

通过空格键控制开关 J 的闭合与断开，观察灯泡点亮的规律是否与"任务分析"中的结果相同。

任务二　红外线报警器的设计与仿真

一、任务目标

1．熟悉 NI Multisim11 软件的使用方法。
2．掌握集成运算放大器的基本知识和基本应用电路。
3．设计一个红外线报警器。

二、任务分析

红外线报警器电路原理图如图 11-2-1 所示。主要由热释电人体红外传感器、放大滤波电路、双限比较器、基准电压、指示电路组成。

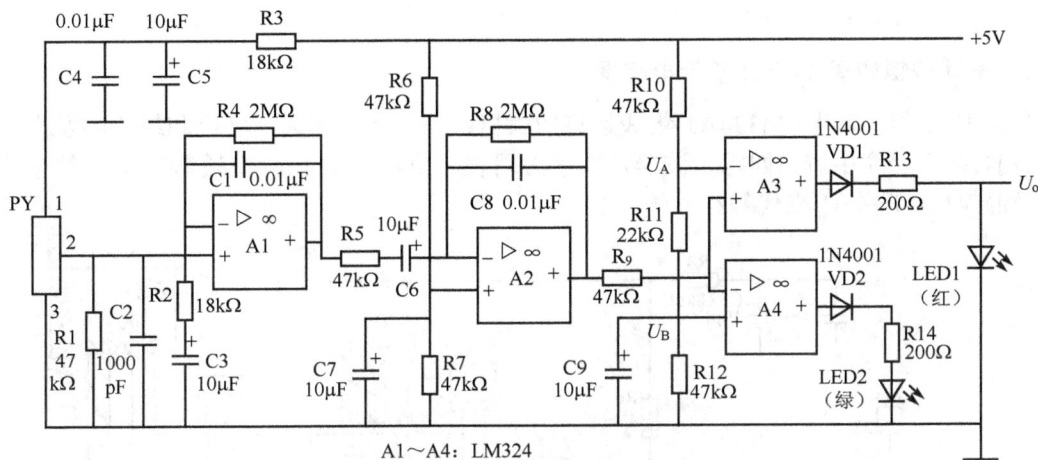

图 11-2-1　红外线报警器电路原理图

红外线报警器电路采用 SD02 型热释电人体红外传感器，当人体进入该传感器的监视范围时，传感器就会产生一个交流电压（幅度约为 1mV），该电压的频率与人体移动的速度有关。在正常行走速度下，其频率约为 6Hz。

电路中，R3、C4、C3 构成退耦电路，R1 为传感器的负载，C2 为滤波电容，以滤掉高频干扰信号，传感器的输出信号加到运算放大器 A1 的同相输入端，A1 构成同相比例放大电路，其电压放大倍数取决于 R4 和 R2，其大小为：

$$A_{uf1} = 1 + \frac{R4}{R2} = 1 + \frac{2000}{18} \approx 112$$

A1 放大后的信号经电容 C6 耦合至运算放大器 A2 的反相输入端，构成反相比例放大电路，电阻 R6、R7 将 U1B 同相端偏置于电源电压的一半。A2 的电压放大倍数为：

$$A_{\mathrm{uf}2} = -\frac{R8}{R5} = -\frac{2000}{47} \approx -42$$

因此，传感器信号经两级运放后总共放大了 $A_{\mathrm{uf}1} \times A_{\mathrm{uf}2} = 112 \times (-42) = -4704$ 倍。

A3 和 A4 构成双限幅电压比较器，A3 的参考电位为：

$$U_{\mathrm{A}} = \frac{22 + 47}{47 + 22 + 47} \times 5 = 3\mathrm{V}$$

A4 的参考电位为：$U_{\mathrm{B}} = \dfrac{47}{47 + 22 + 47} \times 5 = 2\mathrm{V}$

另外，C7、C9 为退耦电容。C1、C3、C8 用于保证电路对高频信号有较强的衰减作用，对低频信号有较强的放大作用。

当传感器无信号输出时，A1 静态输出电压为 0.4～1V 之间；A2 在静态时，由于同相端电位为 2.5V，其直流输出电平为 2.5V。由于 $U_{\mathrm{B}} < 2.5\mathrm{V} < U_{\mathrm{A}}$，所以，A3、A4 输出低电平，故静态时，LED1 和 LED2 均不发光。

当人体进入监视范围时，双限比较器的输入发生变化。当人体进入时 $U_{\mathrm{o}2} > 3\mathrm{V}$，因此，A3 输出高电平，LED1 亮；当人体推出时，$U_{\mathrm{o}2} < 2\mathrm{V}$，A4 输出高电平，LED2 亮。当人体在监视范围内走动时，LED1 和 LED2 交替闪所。

三、任务实施过程

1. 设计编辑如图 11-2-2 所示电路图

从模拟元件库调用 LM324AJ 集成运算放大器；指示元件库调用红色和绿色的发光二极管（LED）；仪器库中调用四踪示波器及数字万用表。用幅值为 1mV，频率为 6Hz 的正弦交流信号源 V1 和开关 J1 来代替红外传感器。

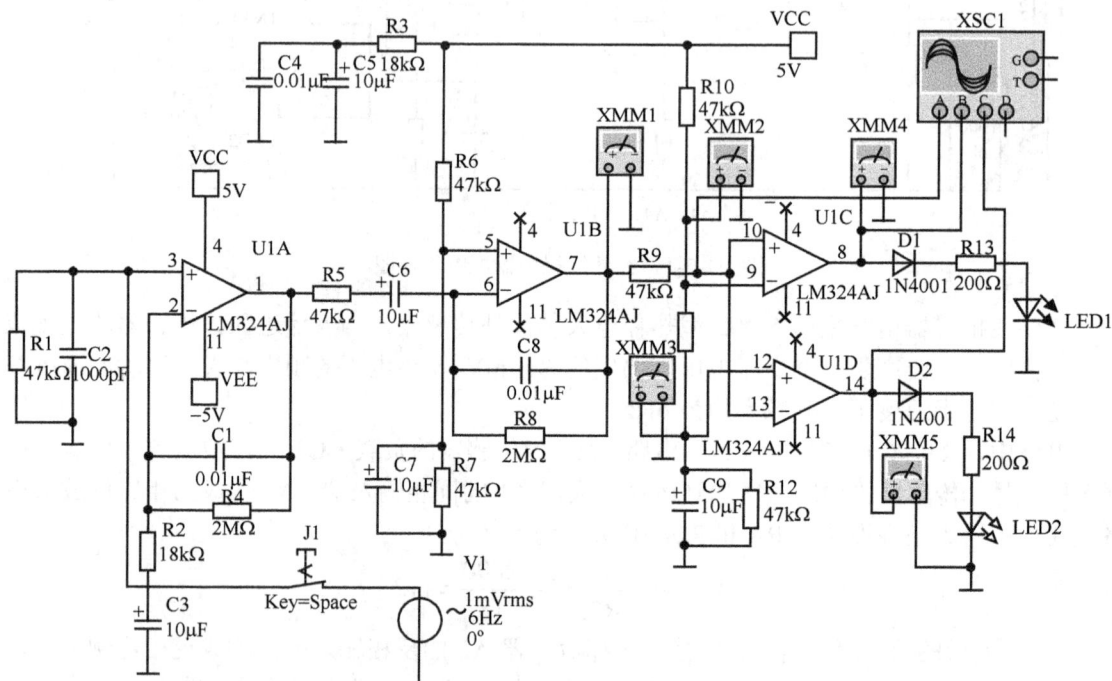

图 11-2-2　红外线报警器仿真实验电路图

2．电路功能仿真测试

在菜单中执行"Simulate"/"Run"命令；也可启动窗口上的仿真开关或单击仿真按钮，即可进行仿真观察。

① 当开关 J1 断开时，表示传感器无信号输出，运放 U1B 静态时，由于同相端电位为 2.5V，其输出电平为 XMM1=2.428V，由于 XMM3＜2.428V＜XMM2，所以，运放 U1C 和 U1D 输出为-5.02V 低电平，故静态时，LED1 和 LED2 均不发光。

② 当开关 J1 闭合，表示人体进入监视范围时，双限比较器的输入发生变化，其输入输出波形通过四踪示波器 XSC1 观察得到如图 11-2-3 所示。当运放 U1B 输出为 4.015V，因此，运放 U1C 输出为 3.771V 高电平，LED1 亮。当运放 U1B 输出为 1.928V，故运放 U1D 输出为 3.796V 高电平，LED2 亮，LED1 和 LED2 交替闪所。仿真结果与设计相符，如表 11-2-1 所示。

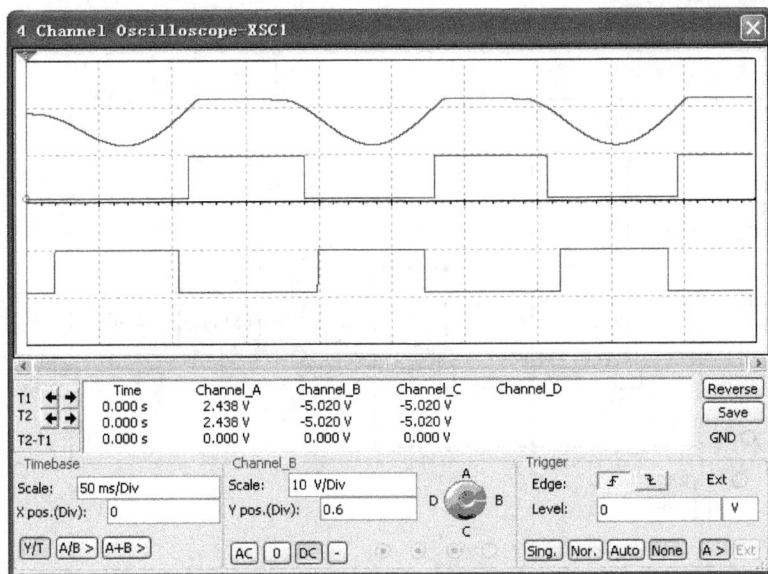

图 11-2-3　双限比较器的输入和输出波形

表 11-2-1　红外线报警器仿真结果

J1	XMM1	XMM2	XMM3	XMM4	XMM5	LED1	LED2
断开	2.428V	2.969V	2.030V	−5.020V	−5.020V	灭	灭
闭合	4.022	3.004V	2.048V	3.771V	−5.020V	亮	灭
闭合	1.928V	2.919V	2.013V	−5.020	3.796V	灭	亮

任务三　函数信号发生器的设计与仿真

一、任务目标

1．利用 NI Multisim11 设计一个振荡频率 f=1kHz 的 RC 桥式正弦波振荡器。

2．设计一个用集成运放构成的方波和三角波发生器，设计要求如下：

① 频率范围　　100～1000Hz

② 三角波峰–峰值　　　VPP=12V
③ 方波峰–峰值　　　　VPP≤24V
④ 集成运算放大器选用 741（或自选）。

二、任务分析

图 11-3-1 所示为 RC 桥式正弦波振荡器。其中，R1、C1、R2、C2 串并联电路构成正反馈支路，同时兼做选频网络，R5、R6、R7 及二极管构成负反馈和稳幅环节，R6 可用电位器来代替，调节电位器可以改变负反馈深度，以满足振荡的振幅条件并改善波形。利用两个反向并联二极管 D1、D2 正向电阻的非线性特性来实现稳幅。R7 的接入是为了削弱二极管非线性的影响，以改善波形失真。

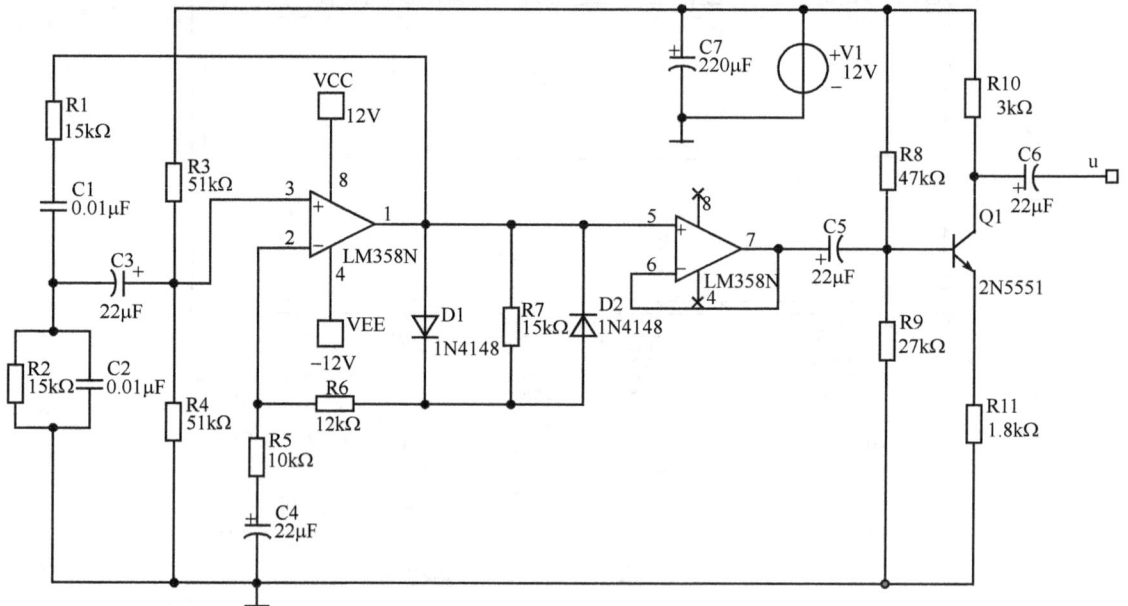

图 11-3-1　RC 桥式正弦波振荡电路

电路振荡频率值为 $f_0 = \dfrac{1}{2\pi\sqrt{R1R2C1C2}}$

起振的振幅条件 $A_V > 3$，$A_V = 1 + \dfrac{R6 + R7 /\!/ r_D}{R5}$

振荡器产生的振荡信号经中间隔离级输至三极管共发射放大电路再放大，放大后的输出电压要求达到最大不失真。

把滞回比较器和积分比较器首尾相接形成正反馈闭环系统。如图 11-3-2 所示，则比较器输出的方波经积分器得到三角波，三角波又触发比较器自动反转形成方波，这样即可构成方波和三角波发生器，由于采用运放组成积分电路，因此可实现恒流充电，三角波线性大大改善。

方波和三角波的频率值为 $f_0 = \dfrac{R3 + RP1}{4R2(R4 + RP2)C1}$

方波的幅值为 $U_{1om} = \pm V_{CC}$

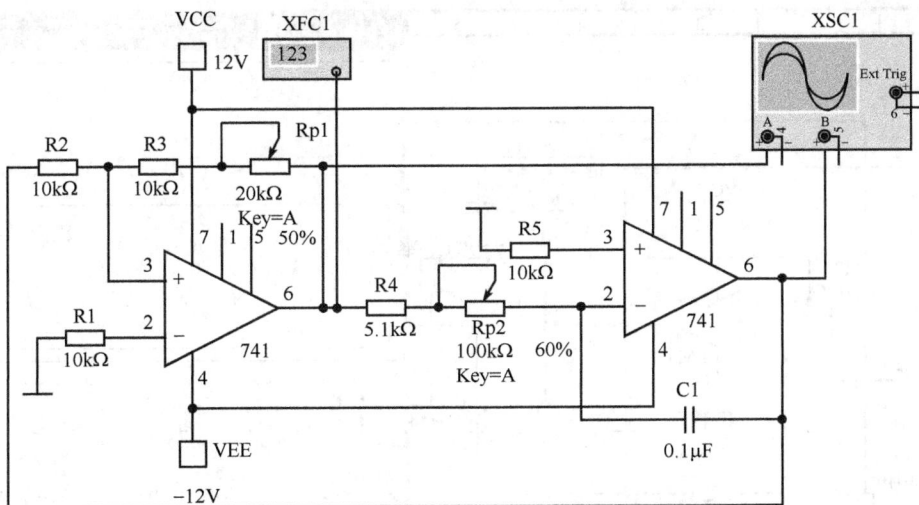

图 11-3-2　方波和三角波发生器

三角波的幅值为 $U_{2om} = -\dfrac{R2}{R3 + RP1}V_{CC}$

三、任务实施过程

1．设计编辑如图 11-3-1 所示电路

2．正弦波振荡器仿真调试

（1）调试振荡电路的 R6 值

将电容 C3 与选频网络相连的一端断开，接入仿真信号发生器，其输出 1kHz，约 200mV 正弦波经 C3 输入同相放大电路，用仿真双踪示波器同时观测输入和第一级输出电压波形。打开仿真开关，改变 R6 值，使第一级输出电压幅值略大于输入电压幅值的 3 倍，如图 11-3-3 所示。去掉仿真信号发生器，接好 C3，再用仿真示波器观察是否有波振荡形，用频率计测量振荡频率，如图 11-3-4 所示。若不起振，应调大 R6，若波形失真应调小 R6，使振荡波形不失真。

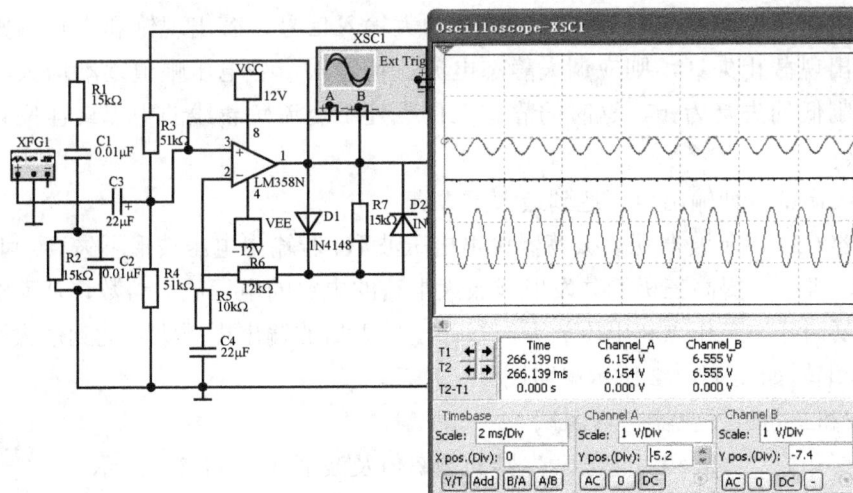

图 11-3-3　调试振荡电路的 R6 值

Oscilloscope-XSC1

	Time	Channel_A	Channel_B
T1	486.049 ms	5.817 V	5.341 V
T2	486.049 ms	5.817 V	5.341 V
T2-T1	0.000 s	0.000 V	0.000 V

Timebase — Scale: 2 ms/Div — X pos.(Div): 0 — Y/T Add B/A A/B
Channel A — Scale: 1 V/Div — Y pos.(Div): -5.2 — AC 0 DC
Channel B — Scale: 1 V/Div — Y pos.(Div): -7.4 — AC 0 DC -

Frequency Counter-XFC1

1.328 kHz

Measurement: Freq　Period　Pulse　Rise/Fall
Sensitivity (RMS): 3 mV
Trigger level: 0 V
Coupling: AC　DC
☐ Slow change signal
Compression rate: 16

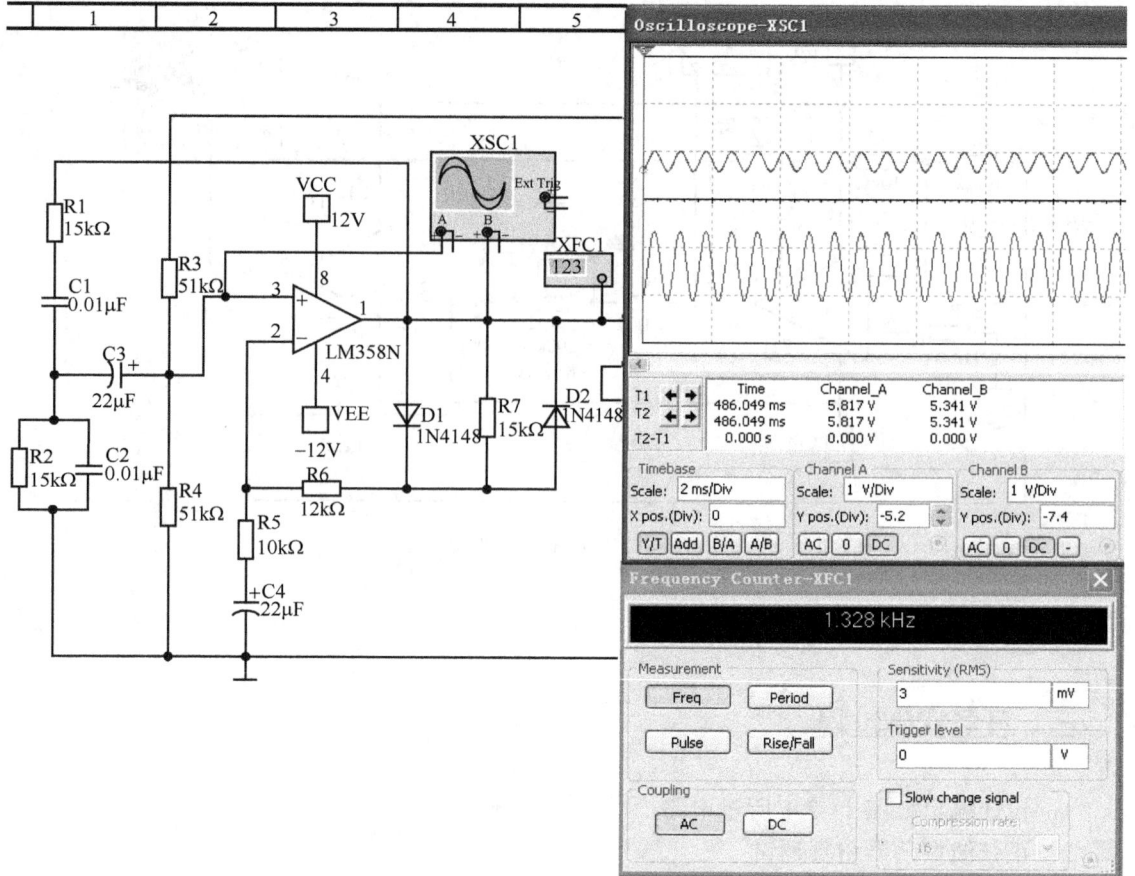

图 11-3-4　振荡波形和振荡频率测试

（2）调试三极管共射放大电路的静态工作点

断开电容 C5 两端，在仿真状态下调节 R8、R10、R11 使静态电流 I_E=（1～2）mA，静态电压 U_{CEQ}=(3～6)V。再将电容 C5 负极与三极管 Q1 的基极连接，用仿真信号发生器经 C5 输入 1kHz 的正弦信号，逐渐增大输入信号电压幅值，用示波器观察输出电压波形是否失真，当输出电压波形刚出现失真时，停止增大输入信号，若出现饱和失真，则应调小静态电流，若出现截止失真，则应调大静态电流。使输入信号电压幅值逐渐增大，同时出现既削顶和又削低的失真为止，这时的静态工作点处于交流负载线的中点最佳位置，信号动态范围最大。

（3）联级调试，使输出电压达到最大不失真

接好电容 C5，用示波器观察振荡器输出电压波形。若输出电压波形不失真，可调大 R10，或调小 R11，进一步提高三极管共发射极放大电路的电路的电压放大倍数，从而增大输出电压幅值。反复调静态工作点和电压放大倍数，使放大后的输出电压刚好达到最大不失真。

3．设计编辑如图 11-3-2 所示电路图

4．方波和三角波发生器仿真调试

打开仿真开关，方波和三角波发生器的频率值及波形如图 11-3-5 所示。

调试时应注意：在图 11-3-2 中，调节电位器 RP2 可改变方波和三角波的输出频率，一般

不会影响输出波形的幅度，若要大范围改变频率，可通过改变电容 C1 来调整，RP2 可实现频率微调。RP1 可实现幅度微调，但会影响方波和三角波的输出频率。

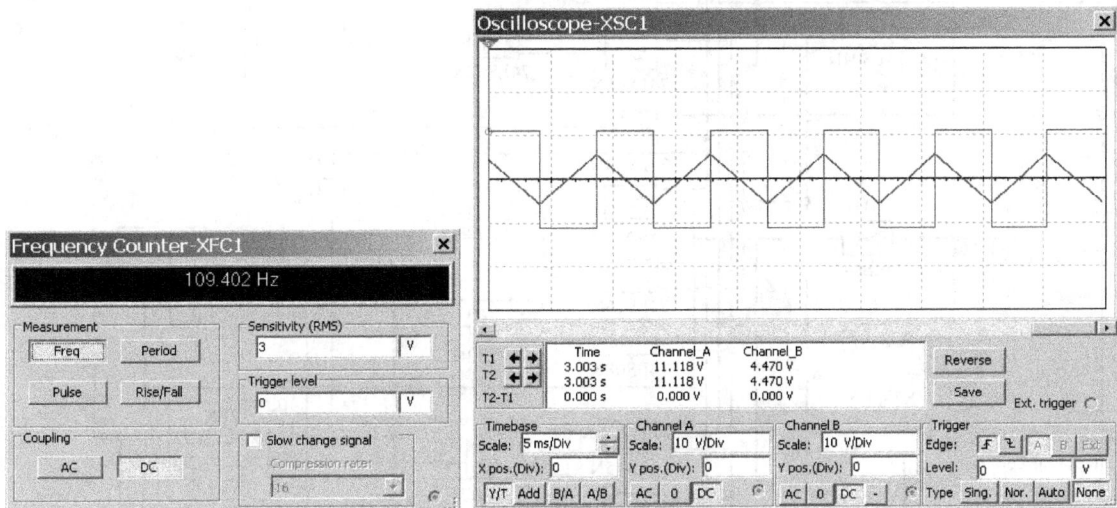

图 11-3-5　方波和三角波发生器的频率值及波形

任务四　自动售饮料机电路的设计与仿真

一、任务目标

1．熟悉 NI Multisim11 软件的使用方法。
2．掌握基本门电路的电路特性和 D 触发器芯片的应用。
3．了解数字电路的竞争冒险现象。
4．设计一个简易的自动售饮料机并仿真。

二、任务分析

本任务设计要求实现自动销售饮料，其中，按【A】键一次，模拟投入 1 元硬币，用绿灯 A 显示；按【B】键一次，模拟投入 5 角硬币，用绿灯 B 显示；按空格键清零；Y 表示售出 1 瓶饮料，用红灯显示；Z 表示找回 1 枚 5 角硬币，用蓝灯显示。由于信号传输的路径，有的仅有 1 级门电路，有的有 4 级，所以该电路有严重的竞争冒险现象。【A】、【B】键按下的时间不能太短，否则触发器不能及时地翻转；也不能太长，否则输出容易出错。

三、任务实施过程

1．设计编辑如图 11-4-1 所示电路原理图。
2．电路功能仿真显示【Space】键接高电平，黄灯亮，电路为正常工作状态。连续按【B】键 3 次或者先按 1 次【B】键，再按一次【A】键；或者先按 1 次【A】键，再按一次【B】键，红灯亮。连续按【A】键两次，红灯、蓝灯都亮。

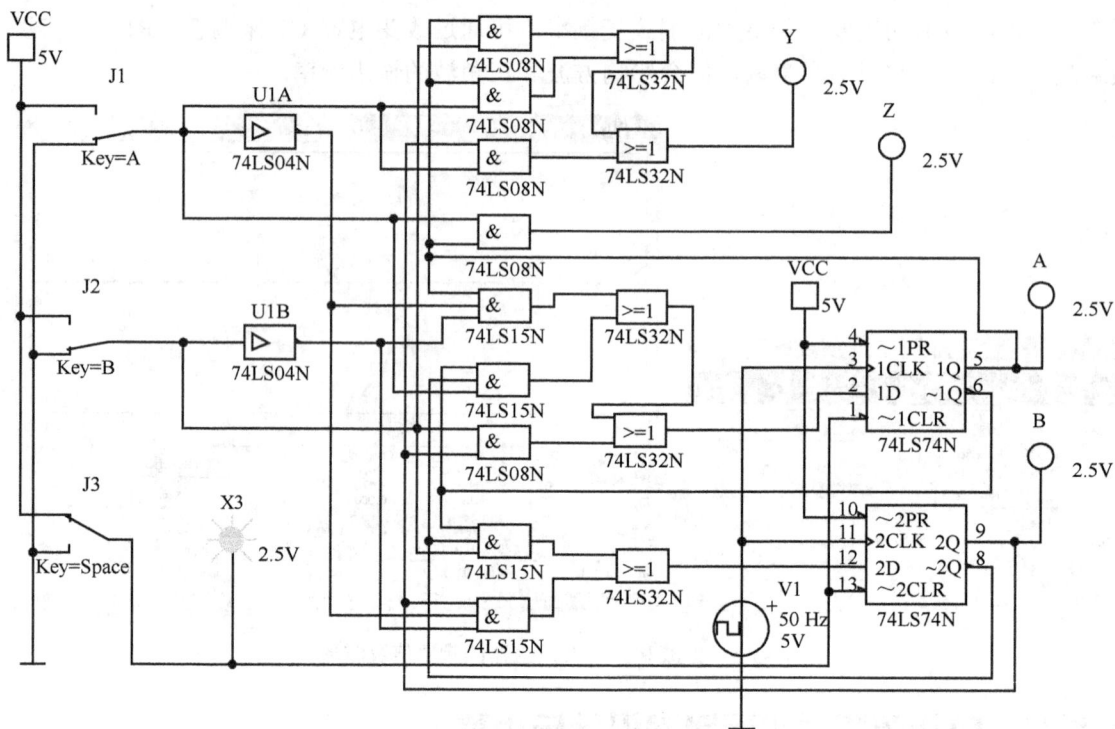

图 11-4-1　自动售饮料机仿真电路

任务五　8 路竞赛抢答器的设计与仿真

一、任务目标

1. 熟悉 NI Multisim11 软件的使用方法。
2. 掌握优先编码器、锁存器和 BCD 七段显示译码器的应用。
3. 设计一个简易 8 路竞赛抢答器电路。

二、任务分析

简易 8 路竞赛抢答器仿真电路如图 11-5-1 所示。抢答器按键采用开关组 J，其中有 8 个开关，每个开关的一端接地，另一端经 R1 为 180 Ω 的排阻接高电平。当某个开关往下拨时，低电平被送到 74LS148 的相应输入端，74LS148 对该信号进行编码。

因为人们习惯于用第 1 组到第 8 组表示 8 个组的抢答组号，而编码器输出的是"0"到"7"8 个数字编码，若直接显示用起来不方便。采用 74LS27 组成的变号电路，将 RS 锁存器输出的"000"变成"1"送到 74LS48 的 6 脚 D 端，使第 8 组的抢答信号变成 4 位信号"1000"，则译码器对"1000"译码后，使显示电路显示数字"8"，符合了人们的习惯。

在抢答开始前，由主持人清除信号，按下复位开关 S，使 BCD 七段显示译码器 74LS48 的消隐输入端 BI/RBO =0，数码管熄灭。当主持人宣布"抢答开始"（开关 S 松开）后，锁存器解除封锁并维持原态，74LS48 的消隐输入端 BI / RBO 仍为 "0"，数码管仍不显示数字。此时，74LS279 的 13 脚信号 "0" 经非门 U1D 反相变成 "1"，使与非门 U1C 的输入全部为 "1"，则其输出为 "0"，74LS148 的 EI =0，74LS148 允许编码。从此时起，只要有任意一个抢答键按下，则编码器的该输入端信号 "0"，编码器按照 BCD8421 码对其进行编码并输出，编码信号经 74LS279 将该编码锁存，并送入 74LS48 进行译码和显示。与此同时，74LS148 的 14 脚信号由 1 翻转为 0，经 RS 锁存器 74LS279 的 15 脚输入后在 13 脚出现高电平，使 BCD 七段显示译码器 74LS48 的消隐输入端 BI / RBO =1，数码管显示该组数码。另外，RS 锁存器 13 脚的高电平经非门 U1D 取反，使与非门 U1C 的输入为低电平，则输出为 "1"，使 74LS148 的 EI 为 "1"，编码器被禁止编码，实现了封锁功能。数码管只能显示最先拨动开关的对应数字键的组号，实现了优先抢答功能。

三、任务实施过程

1. 设计编辑如图 11-5-1 所示电路图
2. 电路功能仿真测试

启动仿真，抢答开始前，开关 J 的 8 组均置 "0"，准备抢答，将开关 S 置 "0"，数码管熄灭，再将 S 置 "1"。抢答开始，某一组开关置 "1"，观察数码管的显示情况，然后再将其他 7 个开关中任 1 个置 "1"，观察数码管的显示情况有否改变。

重复上述的内容，改变 8 个开关中任 1 个开关状态，观察抢答器的工作情况。

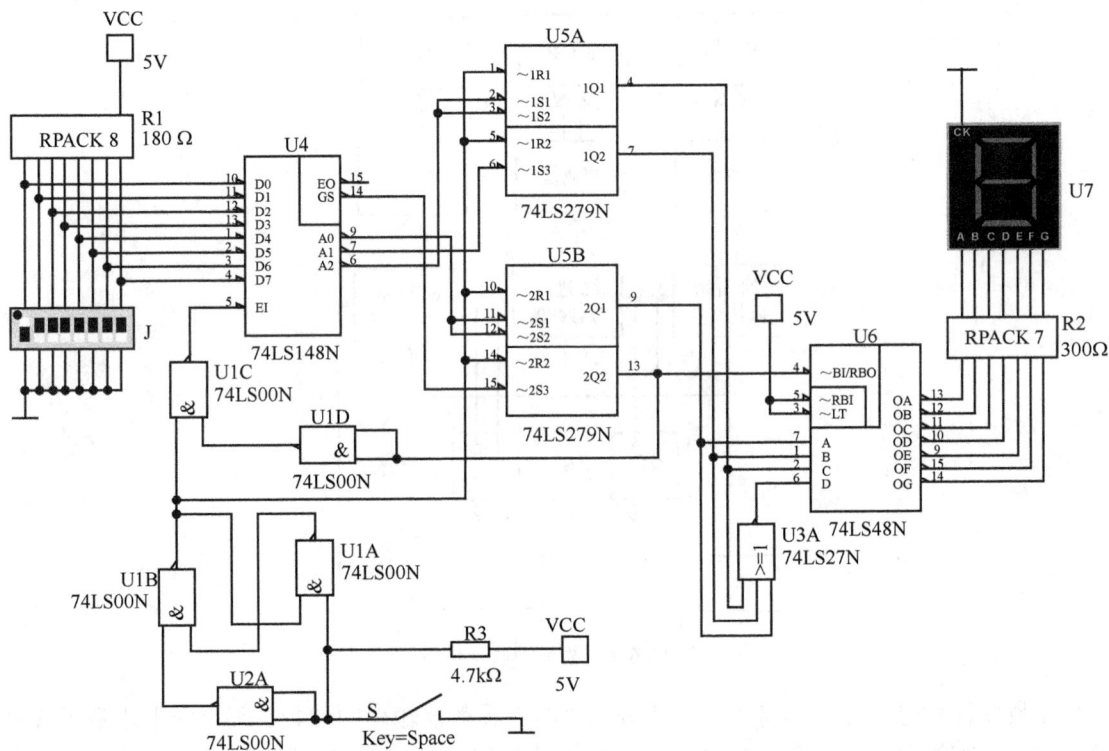

图 11-5-1　8 路竞赛抢答器电路

任务六　数字钟的设计与仿真

一、任务目标

1．设计一个数字钟，基本要求：
① 具有计时功能，能够显示"时"、"分"、"秒"六位数字；
② 具有校时功能，能分别独立的校"时"、校"分"；
③ 具有手动清零功能。
2．用中小规模集成电路实现电路的设计。
3．学会使用子电路/分层模块设计电路的方法。

二、任务分析

数字钟原理框图如图 11-6-1 所示。脉冲源产生频率为 1Hz 的连续脉冲作为秒信号。正常工作时，所有开关均置于"正常"状态，"秒"信号送入"秒"计数器的 CP 输入端，秒计数器按 60 进制规律进行计数；连续输入 60 个"秒"信号后，"秒"计数器将进位信号"分"信号送至"分"计数器的 CP 输入端，分计数器同样按 60 进制的规律进行计数；当"分"计数器连续记录了 60 个脉冲后，将产生进位信号"时"信号送至"时"计数器的 CP 输入端；"时"计数器逢 24 小时复位为零，完成一天的计时。

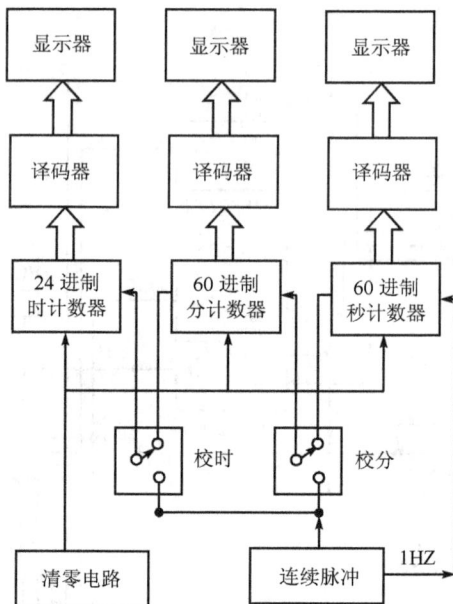

图 11-6-1　数字钟原理框图

计数器计数时，译码器将"秒"、"分"、"时"计数器输出的 8421 码译成七段数码管显示十进制所需的电信号送至 LED 数码管，由 6 块数码管将计数结果显示出来。本任务直接采用 NI Mulusim11 软件提供的共阴译码七段排列显示器。

当数字钟计时出现误差时,需要校正时间(或称校时)。一般电子手表都具有"时"、"分"、"秒"等的校时功能。本任务只进行"分"、"时"的校时设计,

数字电子钟的整体清零通过清零开关实现。将清零开关置于"清零"状态,可使各计数器置零,即可使时钟的"时"、"分"、"秒"全部置零。

三、任务实施过程

1. 秒信号发生器的设计

可用 555 时基电路构成多谐振荡器产生频率为 1kHz 的脉冲信号,再经分频器分频后获得 1Hz 的标准的秒信号。本任务设计直接采用 NI Mulusim11 软件提供的时钟脉冲源。

2. 计时、校时和清零电路的设计

用 3 片集成计数器 74LS390 分别构成"时"、"分"、"秒"计数电路。"秒"、"分"均为 60 进制计数器,即显示 00~59,它们的个位为 10 进制,十位为 6 进制。"时"为 24 进制计数器,显示 00~23,个位仍为 10 进制,但当十位计到 2,而个位计到 4 时清零,就可实现 24 进制了。采用异步反馈清零法进行设计,如图 11-6-2 所示。

图 11-6-2(a)所示电路正常工作时,J1 接高电平、J2 接低电平,计数器从 0~59 计数。当电路进行校时或校分时,J2 接高电平。电路清零时 J1 接低电平。

24 进制计时电路如图 11-6-2(b)所示。当电路正常工作时,J3 接高电平,电路清零时 J3 接低电平。

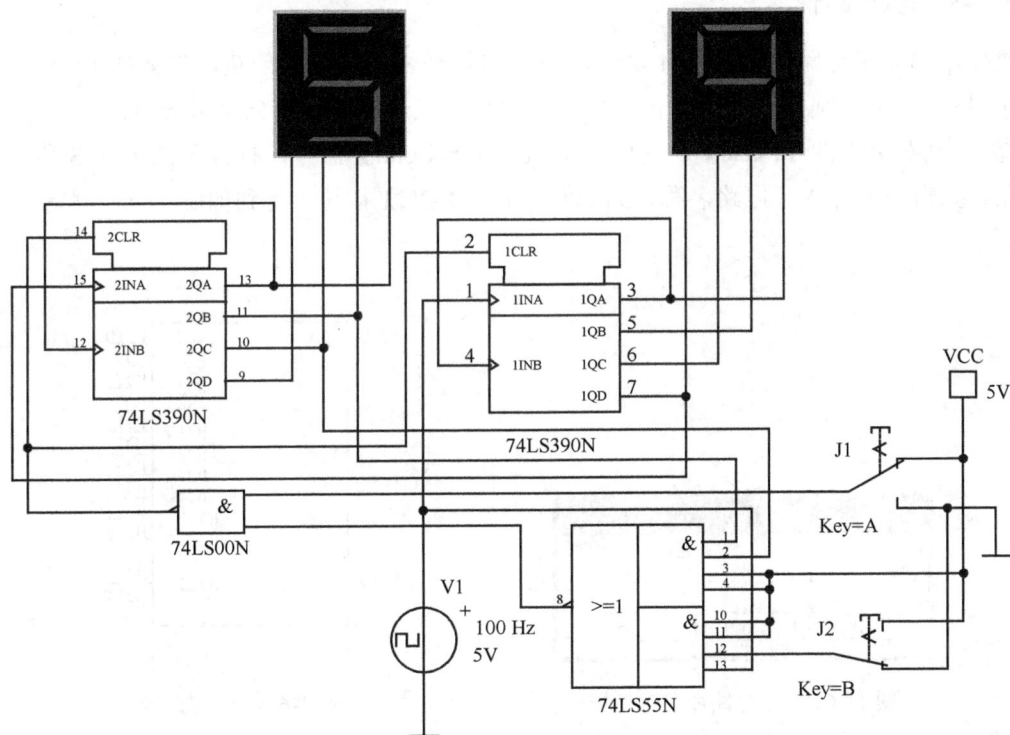

(a)秒/分计时及校时电路

图 11-6-2 计时及校时电路

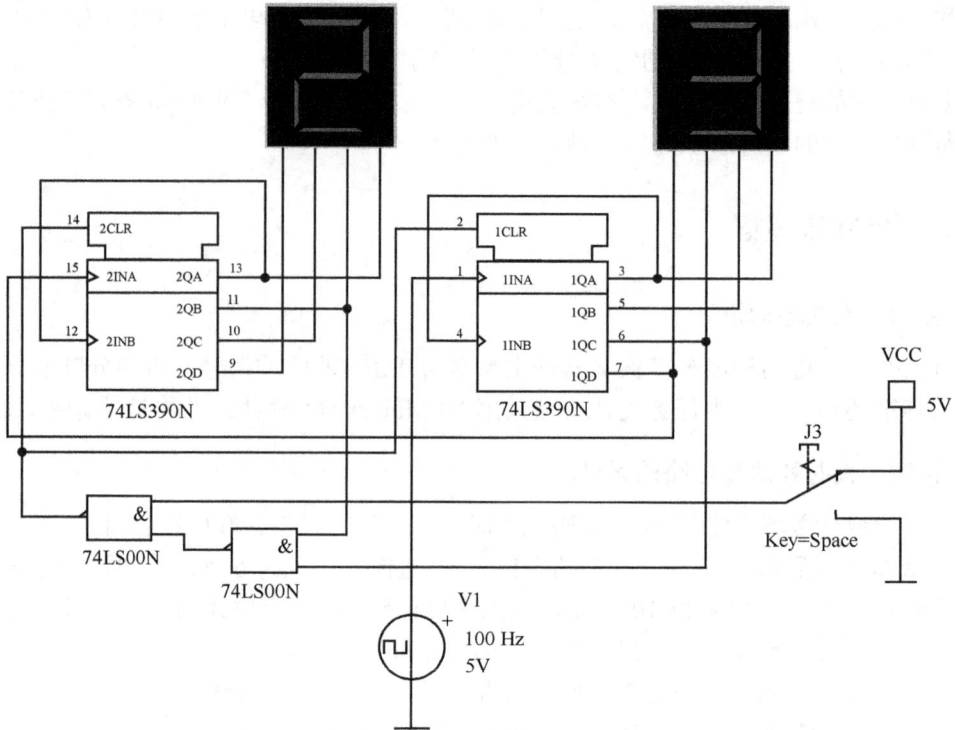

（b）小时计时电路

图 11-6-2　计时及校时电路（续）

3. 整体电路设计

整体电路以子电路的形式进行设计。60 进制计数器子电路的创建，具体如下：

① 按住鼠标左键，拉出一个长方形，把用来组成子电路的部分全部选定。

② 启动菜单中的【Place】→【Replace by Subcircuit】命令，打开如图 11-6-3 所示对话框。在其编辑栏内输入子电路名称，如 60C，单击【OK】按钮，得到如图 11-6-4 所示子电路模块。

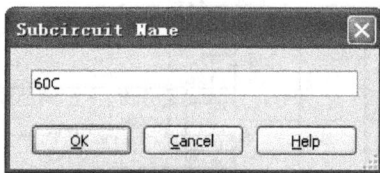

图 11-6-3　子电路命名对话框

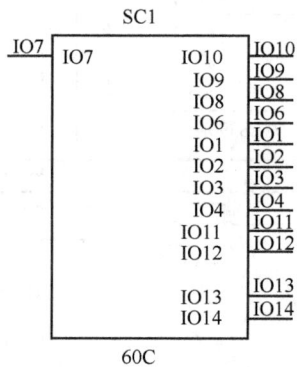

图 11-6-4　子电路模块

③ 双击子电路模块，弹出如图 11-6-5 所示子电路属性对话框。在对话框中单击【Edit

Subcircuit】按钮可对子电路进行编辑如图 11-6-6 所示。最后生成的 60 进制计数器子电路如图 11-6-7 所示。

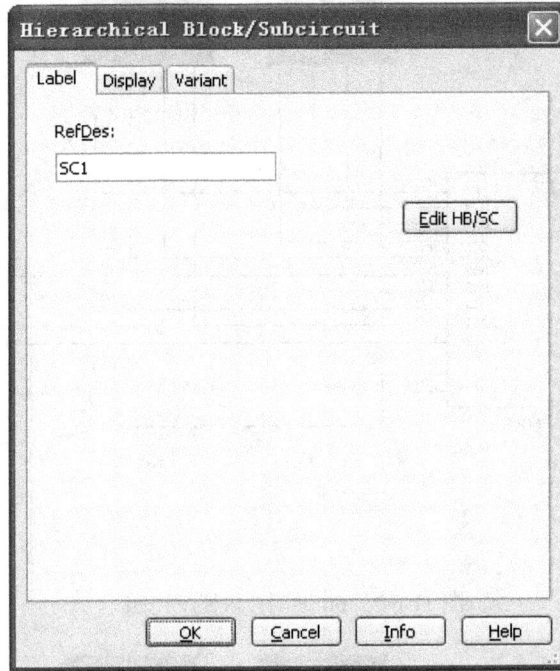

图 11-6-5　子电路属性对话框

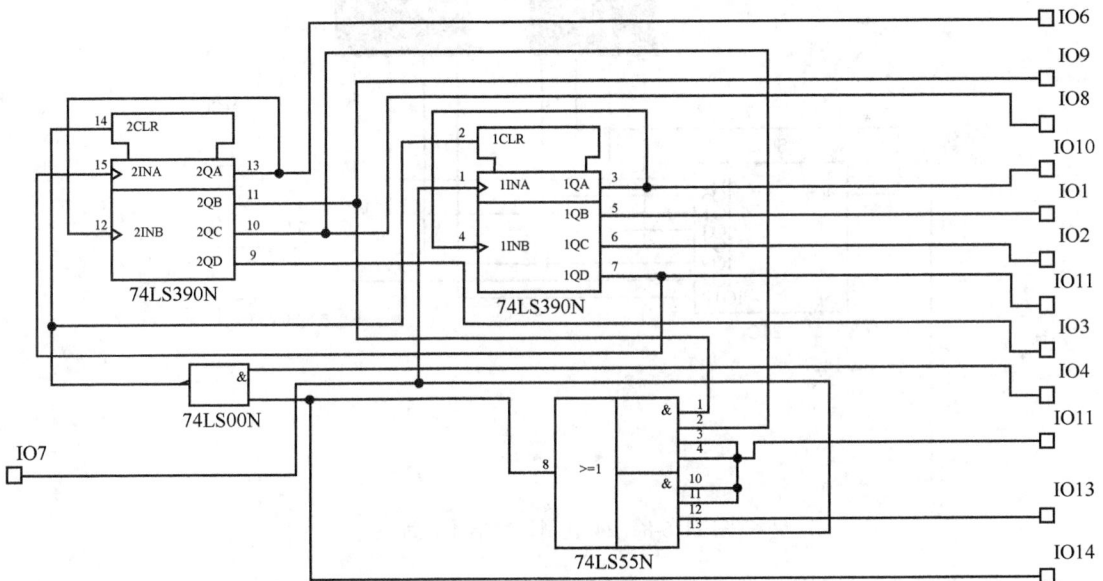

图 11-6-6　子电路模块内部电路

24 进制计数器子电路的创建方法与 60 进制计数器子电路的创建方法相同，其电路如图 11-6-8 所示。

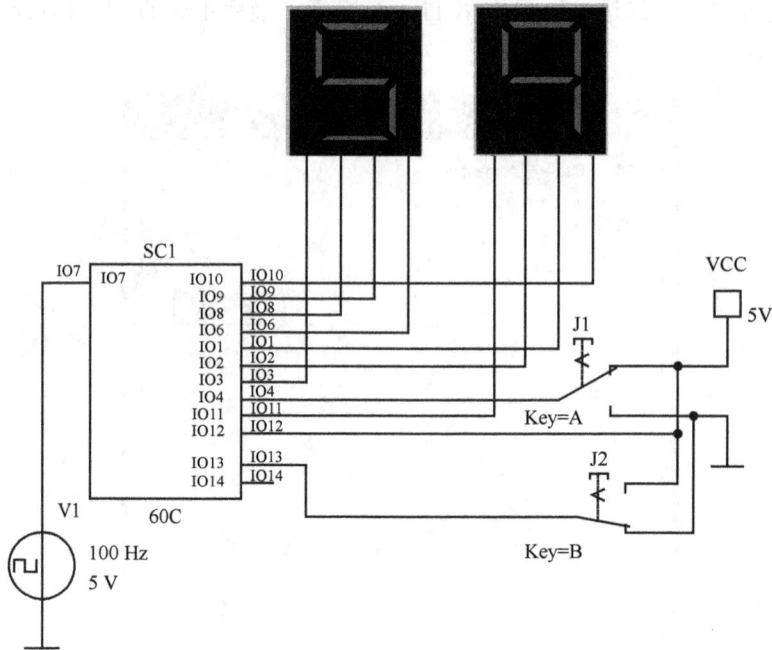

图 11-6-7　60 进制计数器子电路

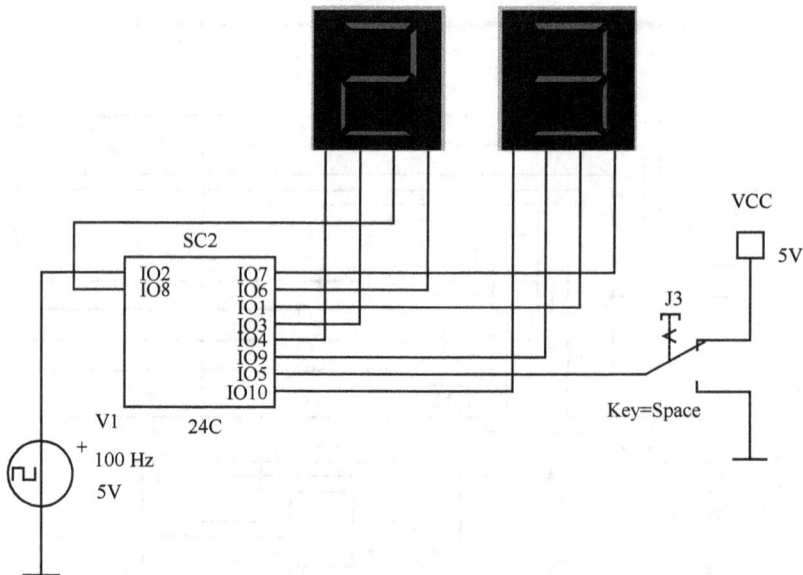

图 11-6-8　24 进制计数器子电路

利用 60 进和 24 进制计数器子电路构成的数字钟整体电路如图 11-6-9 所示。其中 J1 为整体清零开关（【Space】空格键控制），当开关 J1 接低电平时数字钟的"小时"、"分"、"秒"均被清零，即六位数码管都显示"00"。当数字钟正常工作时，开关 J1 接高电平。J2 为校分开关（由【A】键控制），当开关 J2 接低电平时，数字钟为正常工作状态，当开关 J2 接高电平时，数字钟"秒"被清零的同时并进行校"分"。J3 为校时开关（由【B】键控制），同理当其接低电平时数字钟正常工作，接高电平数字钟"分"被清零的同时并进行校"时"。

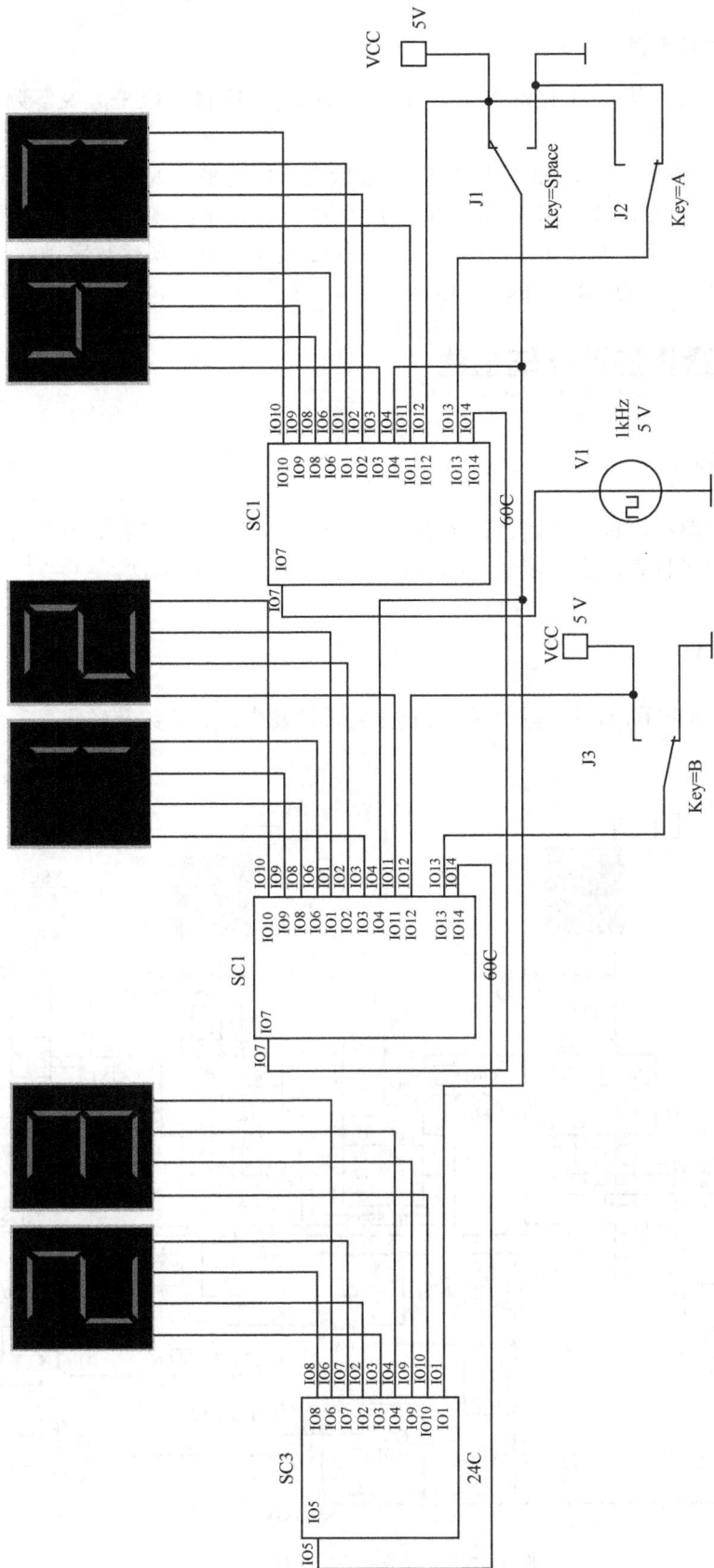

图 11-6-9　数字钟整体电路

4．电路功能仿真测试

① 打开仿真开关，开关 J1 接高电平，开关 J2 和开关 J3 接低电平，观察数字钟的显示状态；

② 开关 J1 接低电平，开关 J2 和开关 J3 分别接高、低电平，观察数字钟的显示状态；

③ 开关 J1 接高电平，开关 J2 接低电平，开关 J3 接高电平，观察数字钟的显示状态；

④ 开关 J1 接高电平，开关 J3 接低电平，开关 J2 接高电平，观察数字钟的显示状态；

⑤ 校准数字钟在 12 点 30 分开始正常计时。

任务七　电子秒表的设计与仿真

一、任务目标

1．学习数字电路中时钟发生器、计数器、译码显示等单元电路的综合应用。

2．设计一个电子秒表，进一步学习简单电路的设计与仿真的方法。

二、任务分析

图 11-7-1 所示为电子秒表原理图。按功能分为时钟发生器、计数及译码显示和秒表控制单元电路。

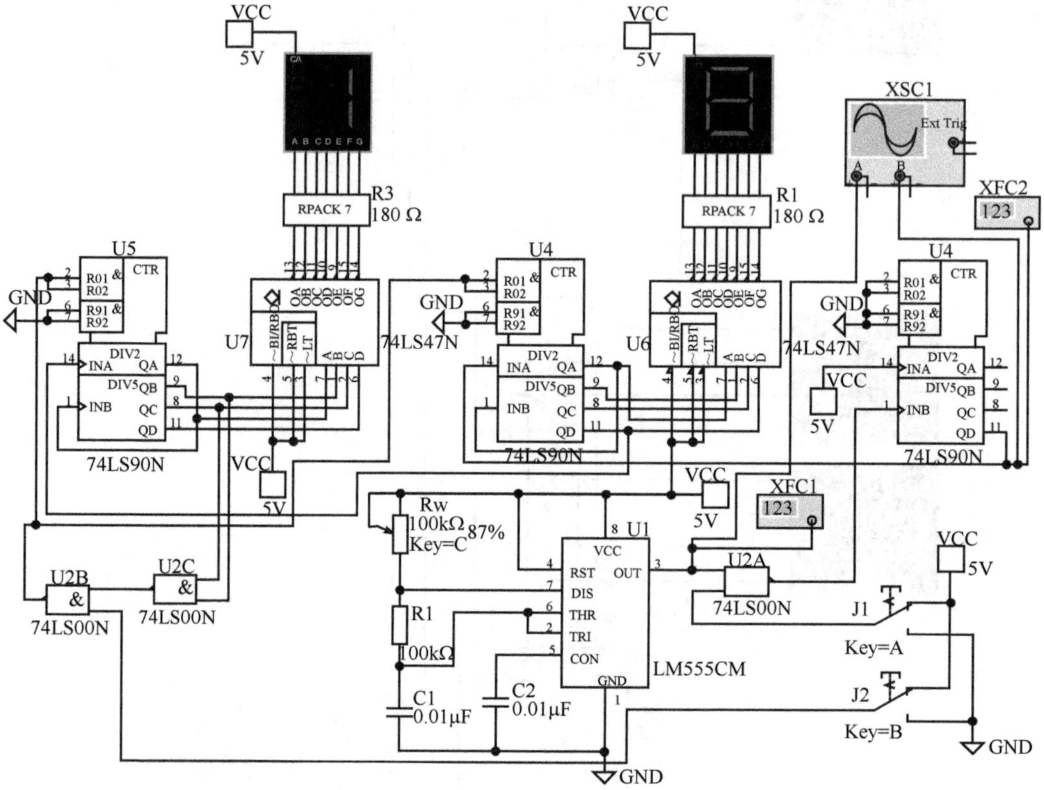

图 11-7-1　电子秒表原理图

1．时钟发生器

用 555 定时器构成多谐振荡器，调节电位器 RP，使在 555 定时器的输出端 3 脚获得频率为 500Hz 的矩形波信号，当控制开关 J1、J2 接 V$_{CC}$ 时，500Hz 的脉冲信号经与非门 U2A 送到 U3 的计数输入端 INA。

2．计数及译码显示

二-五-十进制加法计数器 74LS90 构成电子秒表的计数单元，其中，U3 构成 5 进制计数器对频率为 500Hz 的时钟脉冲进行 5 分频，在输出端 QD 获得 100Hz 的脉冲信号，作为 U4 和 U5 组成的 60 进制计数器的时钟输入。U6、U7 构成 8421BCD 七段显示译码器，将各位计数器的计数值译成能驱动共阳 LED 数码管的七段信号。

3．秒表控制电路

电路中当开关 J1、J2 接 VCC 时，秒表正常计时，J1 接地时，秒表停止计数，J2 接地秒表清零。

注意：本任务中时钟发生器脉冲频率设计为 100Hz，是为了仿真方便，实际应用中应设计为 1Hz，可通过改变多谐振动器中的 RP、C1 的参数，再经分频电路分频后得到。秒表可以显示 00～59s。

三、任务实施过程

1．设计编辑如图 11-7-1 所示电路。

2．电路功能仿真测试启动仿真开关：

（1）用示波器、频率计分别测试多谐振动器、分频电路输出端的电压波形及频率，调节 RP 使多谐振动器输出矩形波的频率为 500Hz，分频电路输出矩形波的频率为 100Hz，测试结果如图 11-7-2 所示。

（2）先让开关 J1、J2 接 VCC，观察秒表显示计数情况；然后，将开关 J1 接地，观察秒表是否立即停止计时，并保留所计时之值；最后开关 J2 接地，观察秒表是否清零。

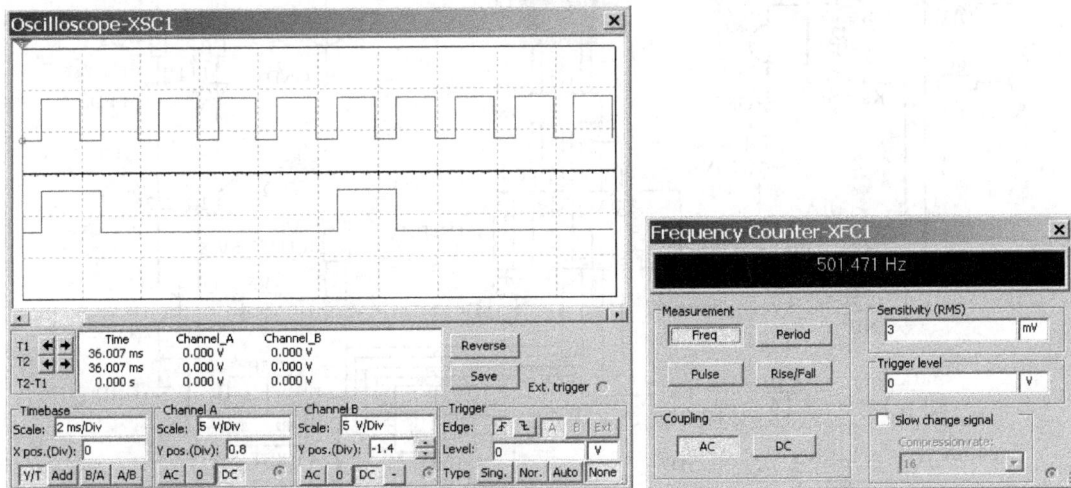

图 11-7-2　多谐振动器、分频电路输出端的电压波形及频率

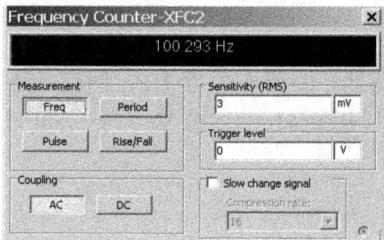

图 11-7-2　多谐振动器、分频电路输出端的电压波形及频率（续）

任务八　电子摇奖机的设计与仿真

一、任务目标

1. 熟练掌握 NI Multisim11 软件的使用。
2. 进一步提高电路的设计和仿真调试能力。

二、任务分析

图 11-8-1 所示为电子摇奖机电路，该电路采用 4MHz 左右的高频振荡器，能随机摇出 0～9 中的某个数字。

电子摇奖机电路按功能分为高频振荡器、计数器、译码器、LED 数码管显示、摇奖及复位控制电路、正常工作指示电路。

三、任务实施过程

1. 设计编辑如图 11-8-1 所示电路

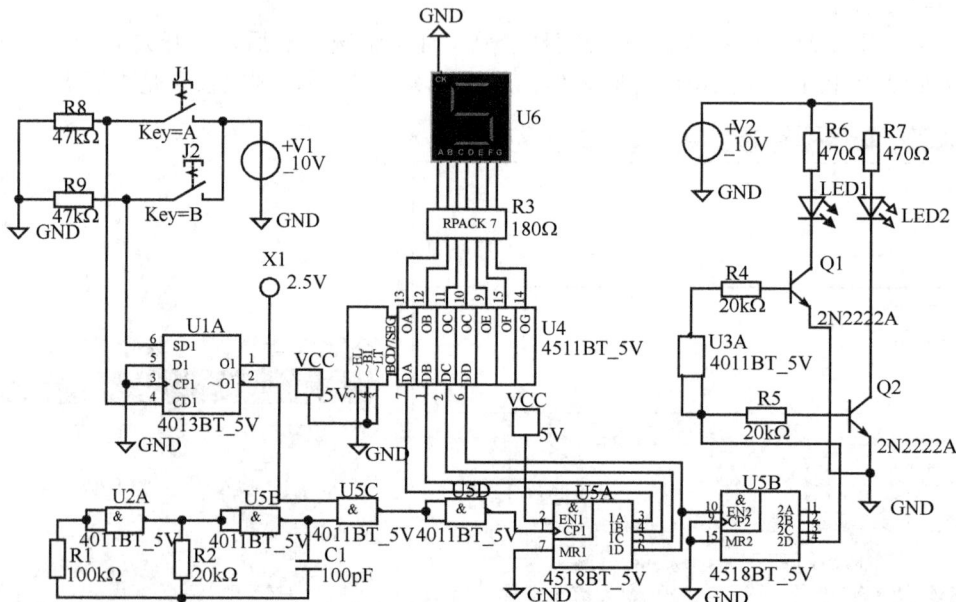

图 11-8-1　电子摇奖机电路

2．电路功能仿真测试

启动仿真开关：

① 用示波器、频率计分别测试高频振动器输出（U2D 的输出端）的电压波形及频率，仿真测试结果如图 11-8-2 所示。

② J1 为复位开关，J2 为取数开关。先断开 J1、J2 开关，然后，闭合 J2 开关，再闭合 J1 开关，分别观察数码管、LED1 和 LED2 的显示状态。

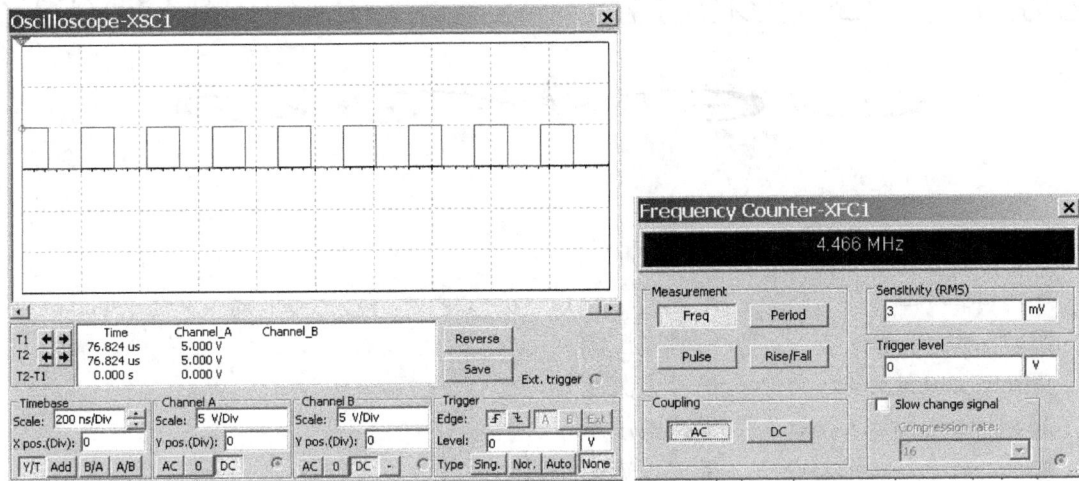

图 11-8-2　高频振动器仿真结果

附录 A NI Multisim11 元器件库图标及对应的元器件（采用 DIN 标准）

1. Sources （电源库）

POWER_SOURCES   电源
SIGNAL_VOLTAGE_SOURCES   信号电压源
SIGNAL_CURRENT_SOURCES   信号电流源
CONTROLLED_VOLTAGE_SOURCES   受控电压源
CONTROLLED_CURRENT_SOURCES   受控电流源
CONTROL_FUNCTION_BLOCKS   控制功能模块
DIGITAL_SOURCES   数字电源

2. Basic （基本元件库）

BASIC_VIRTUAL   基本虚拟元件
RATED_VIRTUAL   额定虚拟元件
RPACK   排阻
SWITCH   开关
TRANSFORMER   变压器
NON_LINEAR_TRANSFORMER   非线性变压器
RELAY   继电器
CONNECTORS   连接器
SOCKETS   管座
SCH_CAP_SYMS   可编辑的元器件符号
RESISTOR   电阻
CAPACITOR   电容
INDUCTOR   电感
CAP_ELECTROLIT   电解电容
VARIABLE_CAPACITOR   可变电容
VARIABLE_INDUCTOR   可变电感
POTENTIOMETER   电位器

3. Diodes （二极管库）

DIODES_VIRTUAL	虚拟二极管
DIODE	普通二极管
ZENER	稳压二极管
LED	发光二极管
FWB	单相整流桥
SCHOTTKY_DIODE	肖特基二极管
SCR	晶闸管
DIAC	双向触发二极管
TRIAC	三端双向晶闸管
VARACTOR	变容二极管
PIN_DIODE	PIN 二极管

4. Transistors （晶体管库）

TRANSISTORS_VIRTUAL	虚拟晶体管
BJT_NPN	双极结型 NPN 晶体管
BJT_PNP	双极结型 PNP 晶体管
BJT_ARRAY	双极结型晶体管阵列
DARLINGTON_NPN	达林顿 NPN 晶体管
DARLINGTON_PNP	达林顿 PNP 晶体管
DARLINGTON_ARRAY	达林顿晶体管阵列
BJT_NRES	带偏置双极结型 NPN 晶体管
BJT_PRES	带偏置双极结型 PNP 晶体管
IGBT	绝缘栅双极型晶体管
MOS_3TDN	N 沟道耗尽型金属-氧化-半导体场效应管
MOS_3TEN	N 沟道增加型金属-氧化-半导体场效应管
MOS_3TEP	P 沟道增加型金属-氧化-半导体场效应管
JFET_N	N 沟道耗尽型结型场效应管
JFET_P	P 沟道耗尽型结型场效应管
POWER_MOS_N	N 沟道 MOS 功率管
POWER_MOS_P	P 沟道 MOS 功率管
POWER_MOS_COMP	COMP MOS 功率管
UJT	单结型晶体管
THERMAL_MODELS	热效应管

5. Analog （模拟元件库）

ANALOG_VIRTUAL	虚拟模拟集成电路
OPAMP	运算放大器
OPAMP_NORTON	诺顿运算放大器
COMPARATOR	比较器
WIDEBAND_AMPS	宽带运算放大器

SPECIAL_FUNCTION　　　　　特殊功能运放

6. ＴＴＬ TTL 元件库

74STD　　　　　　　74STD 系列
74STD_IC　　　　　　74STD_IC 系列
74S　　　　　　　　74S 系列
74S_IC　　　　　　　74S_IC 系列
74LS　　　　　　　　74LS 系列
74LS_IC　　　　　　74SLS_IC 系列
74F　　　　　　　　74F 系列
74ALS　　　　　　　74ALS 系列
74AS　　　　　　　　74AS 系列

7. CMOS CMOS 元件库

CMOS_5V　　　　　　5V 的 4XXX 系列
CMOS_5V_IC　　　　　5V 的 4XXX 系列
CMOS_10V　　　　　　10V 的 4XXX 系列
CMOS_10V_IC　　　　10V 的 4XXX 系列
CMOS_15V　　　　　　15V 的 4XXX 系列
74HC_2V　　　　　　2V 的 74HC 系列
74HC_4V　　　　　　4V 的 74HC 系列
74HC_4V_IC　　　　　4V 的 74HC 系列
74HC_6V　　　　　　6V 的 74HC 系列
TinyLogic_2V　　　　2V 的 TinyLogic 系列
TinyLogic_3V　　　　3V 的 TinyLogic 系列
TinyLogic_4V　　　　4V 的 TinyLogic 系列
TinyLogic_5V　　　　5V 的 TinyLogic 系列
TinyLogic_6V　　　　6V 的 TinyLogic 系列

8. Misc Digital （其他数字元件库）

TIL　　　　　　　　TTL 系列
DSP　　　　　　　　DSP 系列
FPGA　　　　　　　FPGA 系列
PLD　　　　　　　　PLD 系列
CPLD　　　　　　　CPLD 系列
MICROCONTROLLERS　　微控制器
MICROPROCESSORS　　微处理器
MEMORY　　　　　　记忆存储器
LINE_DRIVER　　　　线性驱动器
LINE_RECEIVER　　　线性接收器
LINE_TRANSCEIVER　　线性收发器

9. Mixed （混合元件库）

MIXED_VIRTUAL	虚拟混合元件
ANALOG_SWITCH	模拟开关
ANALOG_SWITCH_IC	模拟开关集成芯片
TIMER	定时器
ADC_DAC	模数-数模转换器
MULTIVIBRATORS	多谐振荡器

10. Indicators （指示器库）

VOLTMETER	电压表
AMMETER	电流表
PROBE	探测器
BUZZER	蜂鸣器
LAMP	灯泡
VIRTUAL_LAMP	虚拟灯泡
HEX_DISPLAY	数码管
BARGRAPH	条型光柱

11. Power （电源模块）

BASSO_SMPS_AUXILIARY	辅助开关电源
BASSO_SMPS_CORE	开关电源芯片
FUSE	熔丝
VOLTAGE_REFERENCE	电压调节器
VOLTAGE_REGULATOR	电压参考器
VOLTAGE_SUPPRESSOR	电压抑制器
POWER_SUPPLY_CONTROLLER	供电控制器
MISCPOWER	多功能电源
PWM_CONTROLLER	脉宽调制控制器

12. Misc （杂项元件库）

MISC_VIRTUAL	虚拟杂项元件
OPTOCOUPLER	光电耦合器
CRYSTAL	石英晶体振荡器
VACUUM_TUBE	真空电子管
BUCK_CONVERTER	开关电源降压转换器
BOOST_CONVERTER	开关电源升压转换器
BUCK_BOOST_CONVERTER	开关电源升降压转换器
LOSSY_TRANSMISSION_LINE	有损耗传输线
LOSSLESS_LINE_TYPE1	无损耗传输线类型 1
LOSSLESS_LINE_TYPE2	无损耗传输线类型 2
FILTERS	滤波器

MOSFET_DRIVER	MOSFET 驱动器	
MISC	其他杂项元件	
NET	网络器件	

13. Advanced_Peripherals （高级外围设备元件库）

KEYPADS	键盘
LCDS	液晶显示器
TERMINALS	终端设备
MISC_PERIPHERALS	杂项外围设备

14. RF （射频元件库）

RF_CAPACITOR	射频电容器
RF_INDUCTOR	射频电感器
RF_BJT_NPN	射频双极结型 NPN 管
RF_BJT_PNP	射频双极结型 PNP 管
RF_MOS_3TDN	射频 N 沟道耗尽型 MOS 管
TUNNEL_DIODE	隧道二极管
STRIP_LINE	带状传输线
FERRITE_BEADS	陶铁磁珠

15. Electro_Mechanical （电机元件库）

SENSING_SWITCHES	检测开关
MOMENTARY_SWITCHES	瞬时开关
SUPPLEMENTARY_CONTACTS	附加触点开关
TIMED_CONTACTS	同步触点开关
COILS_RELAYS	线圈与继电器
LINE_TRANSFORMER	线性变压器
PROTECTION_DEVICES	保护装置
OUTPUT_DEVICES	输出装置

16. NI_Components （NI 元件库）

GENERIC_CONNECTORS	通用连接器
M_SERIES_DAQ	中规模系列数据采集
sbRIO	sbRIO 系列
cRIO	cRIO 系列

17. MCU （单片机元件库）

805x	8051、8052 系列单片机
PIC	PIC 系列单片机
RAM	数据存储器
ROM	程序存储器

附录 B　NI Multisim11 常用快捷键

Ctrl+A：　全部选中

Ctrl+B：　放置子电路

Ctrl+C：　复制

Ctrl+D：　显示文本描述框

Ctrl+F：　查找元器件

Ctrl+G：　显示图表

Ctrl+H：　放置层次模块

Ctrl+I：　放置输入输出端口

Ctrl+J：　放置节点

Ctrl+M：　修改元器件的参数、标签等

Ctrl+N：　新建一个文件

Ctrl+O：　打开文件

Ctrl+R：　顺时针旋转 90°

Ctrl+S：　将当前工作电路以*.ms11 的格式存盘

Ctrl+T：　放置文字

Ctrl+U：　放置总线

Ctrl+V：　粘贴

Ctrl+W：　放置元器件

Ctrl+X：　剪切

Ctrl+Y：　恢复

Ctrl+Z：　撤销

Ctrl+Shift+A：放置圆弧

Ctrl+Shift+B：子电路替换

Ctrl+Shift+E：放置椭圆

Ctrl+Shift+G：放置多变形

Ctrl+Shift+L：放置线条

Ctrl+Shift+R：逆时针旋转 90°

Ctrl+Shift+W：放置导线

Ctrl+ Alt+A：放置文本

Ctrl+ Alt+I：显示当前文件的信息

Alt+X：水平翻转

Alt+Y：上下翻转

F1：帮助文件

F5：开始仿真

F6：暂停仿真

F8：放大观看电路

F9：缩小观看电路

Delete：删除

参考文献

1. 黄智伟，李传琦，邹其洪.基于 NI Multisim10 的电子电路计算机仿真设计与分析. 北京：电子工业出版社，2008
2. 卢艳红，季峰，虞沧. 基于 Multisim10 的电子电路设计、仿真与应用. 北京：人民邮电出版社，2009
3. 聂典等.Multisin9 计算机仿真在电子电路设计中的应用. 北京：电子工业出版社，2007
4. 谭永红等. 电子线路实验进阶教程. 北京：北京航空航天大学出版社，2008
5. 刘德旺等. 电子制作实训. 北京：中国水利电力出版社，2004
6. 刘建成，严婕. 电子技术实验与设计教程. 北京：电子工业出版社，2007
7. 唐俊英. 电子电路分析与实践. 北京：电子工业出版社，2009
8. 蔡大山等.PCB 制图与电路仿真. 北京：电子工业出版社，2010
9. 郭勇等.EDA 技术基础. 北京：机械工业出版社，2010
10. 赵广林. 常用电子元器件识别/检测/选用一读通. 北京：电子工业出版社，2007

反侵权盗版声明

　　电子工业出版社依法对本作品享有专有出版权。任何未经权利人书面许可，复制、销售或通过信息网络传播本作品的行为；歪曲、篡改、剽窃本作品的行为，均违反《中华人民共和国著作权法》，其行为人应承担相应的民事责任和行政责任，构成犯罪的，将被依法追究刑事责任。

　　为了维护市场秩序，保护权利人的合法权益，我社将依法查处和打击侵权盗版的单位和个人。欢迎社会各界人士积极举报侵权盗版行为，本社将奖励举报有功人员，并保证举报人的信息不被泄露。

举报电话：（010）88254396；（010）88258888
传　　真：（010）88254397
E-mail：　dbqq@phei.com.cn
通信地址：北京市万寿路 173 信箱
　　　　　电子工业出版社总编办公室
邮　　编：100036